QIHOU XIEPO XIA
DONGTAIPINGYANG JINGROUYU DE
ZIYUAN XIANGYING

气候胁迫下
东太平洋茎柔鱼的资源响应

余 为　陈新军　冯志萍　方星楠　温 健　著

中国农业出版社
农村读物出版社
北 京

本专著得到国家重点研发计划（2019YFD0901405）、国家自然科学基金（41906073）以及上海市人才发展资金项目（2021078）的资助。

　　近年来，国家大力支持和发展"蓝色粮仓"科技创新工程，而远洋渔业是该工程的重要组成部分。远洋渔业不仅丰富了我国的水产品种类，而且促进了经济发展；同时，"渔权即海权"，支持和发展远洋渔业具有显著的国家战略意义。茎柔鱼是重要的大洋性头足类物种，主要分布在东太平洋海域。目前我国远洋渔业年总产量在 200 万 t 左右，而茎柔鱼年产量在 30 万 t 左右，占据了我国远洋渔业总产量很大比例，茎柔鱼渔业是我国远洋渔业重要的组成部分。

　　然而，我国茎柔鱼渔业也面临一些挑战：一是茎柔鱼在东太平洋海域空间分布广泛，目前开发的渔场主要分布在秘鲁外海、智利外海和赤道等海域。各海域内海洋环境差异显著，给企业渔船高效开发该资源带来一定难度。企业迫切需要联合高校探明茎柔鱼不同渔场的时空分布格局，精准预测渔场位置。二是茎柔鱼是生态机会主义物种，其资源对气候和环境变化敏感，随着茎柔鱼资源的不断开发，加上异常气候变化等各种因素，茎柔鱼资源呈现剧烈波动，各国加大了对茎柔鱼资源的开发力度。南太平洋区域性国际渔业管理组织从 2012 年开始着手对茎柔鱼渔业资源进行评估和管理。因此，厘清渔场的时空分布在不同气候背景下的响应规律，对于茎柔鱼渔业可持续开发和管理十分必要。

　　在此背景下，本专著根据长时间序列的茎柔鱼生产统计数据，以渔业气候学为核心，开展物理海洋学与渔业资源、统计学等学科交叉研究，重点评估气候变化（太平洋年代际涛动、厄尔尼诺/拉尼娜、全球气候变暖等）对东太平洋不同海域茎柔鱼栖息地演变的影响，理解茎柔鱼资源变动的本质，为该资源的可持续利用和管理提供科学依据。专著共分为六章，依次介绍了茎柔鱼生活史及其对气候和环境变化响应的研究概况、东太平洋茎柔鱼渔场的时空分布特征、不同海域茎柔鱼种群分布差异的海洋动力因素分析、传统渔场秘鲁外海茎柔鱼的资源变动与不同环境因子的关联、秘鲁外海茎柔鱼栖息地对不同时空尺度气候变化的响应以及气候胁迫下智利外海茎柔鱼和竹筴鱼栖息地的协同演变等内容。

　　本专著的出版，有利于提升对大洋性头足类资源变动规律及其机理的认知。本专著可供从事水产界、海洋界的科研、教学等科学工作者和研究单位使用，是一本实用的参考资料。由于时间仓促、覆盖内容广，国内少有同类的参考资料，因此本专著难免存在一些不足之处，恳请各位读者批评指正。

编　者

2022 年 3 月

前言

第一章

茎柔鱼生活史及其对气候和环境变化响应的研究概况

头足类是具有巨大开发潜力的重要经济性海洋动物，其生命周期短，一般为1~2年，广泛分布在大洋和浅海水域中（Rodhouse，2001）。在过去几十年中，头足类渔业发展迅速，商业捕捞产量持续增长。20世纪70年代初期，头足类产量不足100万t，经过多年的发展，到2007年其产量一度升至431万t（王尧耕和陈新军，2005）。头足类每年产量年平均增长率远高于其他海洋动物，其渔业发展保持良好势头，在世界海洋渔业中的地位举足轻重。然而，头足类种群的资源丰度和渔场分布极易受不同时空尺度的气候变化和海洋环境条件影响，特别是当产卵场和育肥场环境条件发生异常变化时，就会导致头足类年产量发生剧烈波动（Pierce et al.，2008）。

茎柔鱼（*Dosidicus gigas*）是大洋性头足类动物，隶属头足纲（Cephalopoda）、鞘亚纲（Coleoidea）、十腕总目（Decapodiformes）、枪形目（Teuthoidea）、开眼亚目（Oegopsida）、柔鱼科（Ommastrephidae）、茎柔鱼属（*Dosidicus*）。其胴部圆锥形，眼眶外不具膜，外套软骨与漏斗软骨分离。体表具大小相间的近圆形色素斑，漏斗陷前部浅穴中有纵褶，两侧各具3~4个小边囊。两鳍相接略呈横菱形。触腕穗吸盘4行，中间2行大，大吸盘角质环具尖齿，其中4个较大，位置互成直角。内壳角质，狭条形。

在柔鱼科中，茎柔鱼是个体最大、资源量最为丰富的种类之一，主要分布于东太平洋海域。其群体主要栖息于125°W以东的加利福尼亚半岛北部40°N至智利南部47°S的范围内。茎柔鱼是东太平洋海域食物链中的"关键种"：一方面茎柔鱼是高级捕食群体的重要食物来源；另一方面，茎柔鱼也是次级生产力的消费者。此外，茎柔鱼的经济价值极高，成为智利、秘鲁、哥斯达黎加、厄瓜多尔、俄罗斯、日本、韩国、中国等的主要捕捞对象。据联合国粮农组织（FAO）的统计资料，2000年全球茎柔鱼总产量为21.0万t，随后茎柔鱼年平均总产量稳定在60万~80万t；2014年达到历史最高产量，为116.2万t；2015年总产量为100.4万t。我国于2001年在秘鲁外海对茎柔鱼资源进行首次探捕，产量为1.78万t。2004年茎柔鱼总产量跃升至20.6万t，作业船数达到120余艘。2005—2010年，茎柔鱼捕捞总量有所递减，在4万~8万t波动，但2011年之后，我国茎柔鱼捕捞产量维持在20万t的水平，约占我国远洋鱿钓总量的1/3。因此，茎柔鱼已成为我国头足类产量最高的种类之一，同时茎柔鱼渔业也是我国远洋渔业的重要组成部分。

茎柔鱼生命周期短，其群体对气候和海洋环境变化十分敏感（Medellín-Ortiz et al.，2017）。海洋环境的任何轻微波动都可能影响到茎柔鱼的生长、存活、洄游路径以及资源补充。因此，气候和海洋环境变动可能是造成茎柔鱼资源量波动的重要诱因（Rodhouse，2013）。现阶段各国学者对茎柔鱼群体结构、年龄生长等基础生物学已有较为系统的研究，但是针对茎柔鱼资源变动、栖息地演变及与气候变化的关系等研究由于受到数据和技术的限制，很多科学问题尚未得到解决。我国开发的茎柔鱼渔场从早期秘鲁外海，现已延伸至智利外海、赤道海域以及哥斯达黎加外海（Liu et al.，2016）。这些渔场内海况复杂，且茎柔鱼对不同气候和环境变化的响应也不尽相同。因此，迫切需要弄清茎柔鱼栖息地演变对多尺度气候和海洋环境的生态响应过程，为渔场开发和资源的可持续利用提供科学依据。

随着茎柔鱼资源的不断开发，加上异常气候变化等各种因素，各国加强了对公海海域茎柔鱼资源的争夺。2009年南太平洋区域性国际渔业管理组织正式成立，2012年开始着手对茎柔鱼、竹筴鱼等渔业资源进行评估和管理（唐议等，2014）。为了维护我国在东南太平洋海域的相关头足类渔业权益，确保茎柔鱼资源的合理开发和科学管理，掌握茎柔鱼种群动力学、资源渔场及对气候变化的生态响应等是当前迫切需要解决的重要科学问题。因此，本专著利用渔业资源与统计学、海洋学等学科交叉，掌握茎柔鱼资源丰度和时空分布变化规律，科学预测茎柔鱼栖息地热点海域，评估气候和海洋环境变化对其栖息地变动的影响，最终阐明茎柔鱼栖息地适宜性演变对气候和海洋环境变化的生态响应过程。此课题有助于我国在东南太平洋海域可持续开发利用茎柔鱼资源，同时为其相关养护政策的制定获取更多话语权提供有力的科学依据。

第一节　茎柔鱼生活史

（一）年龄与生长

茎柔鱼为短生命周期的物种，通常一年生，稚体和幼体阶段快速生长（Nigmatullin et al.，2001）。茎柔鱼存在多个长度群组的重叠（Nesis，1970），研究表明茎柔鱼在不同地理区域其胴长具有明显差异（表1-1），早期的体长频率分布法（Jackson et al.，2000）并不适合应用在该种类生长研究中。目前，耳石广泛应用于茎柔鱼日龄和生长研究中（Markaida et al.，2004；Chen et al.，2013）。在东太平洋海域，秘鲁外海的茎柔鱼日龄跨度范围较大，而在其他海域相对较小（Liu et al.，2013）；在智利外海，根据耳石测得的日龄，茎柔鱼可分为两个不同的产卵群体（Chen et al.，2011）。头足类耳石仍存在尺寸小、形状不规则、生长增量宽度不确定等挑战（Arkhipkin and Shcherbich，2012），因此需要借助其他硬组织（如角质颚）来进一步研究。茎柔鱼角质颚的微结构参数与耳石轮纹数存在线性关系，相关性系数接近1，可以较好地估算茎柔鱼的日龄（胡贯宇等，2015）。相关研究已成功构建秘鲁外海茎柔鱼日龄、胴长与角质颚的微结构参数之间的关系式（胡贯宇等，2017），进一步验证并完善了角质颚在日龄鉴定中的应用。

表 1-1　不同地理区域茎柔鱼的胴长范围

地理区域	年份	胴长（mm）	参考文献
秘鲁	2001	200～880	叶旭昌和陈新军，2007
	2008—2009	209～1149	陈新军等，2012
	2006—2010	209～1149	Liu 等，2013
智利	2007—2009	167～837	Liu 等，2013
	2007—2008	287～702	陆化杰，2009
	2003—2004	250～750	Ibáñez 等，2007
赤道	2011	201～421	陈新军等，2012
	2013	93～495	陆化杰等，2014
	2018	200～460	章寒等，2019

根据日龄和胴长的关系建立起生长模型，多个研究表明不同地理区域的茎柔鱼生长模式存在一定差异（Arguelles et al.，2001；Zepeda-Benitez et al.，2014）。秘鲁专属经济区海域雄性和雌性茎柔鱼的最佳拟合生长模型均为渐进式增长（Goicochea-Vigo et al.，2019），而在智利海域则呈现非渐进式增长模式（Chen et al.，2011）。不同季节的产卵群体也表现出不同的生长模式，在秘鲁外海冬春季产卵的茎柔鱼的日龄与胴长符合线性模型，而夏秋季产卵的茎柔鱼的日龄与胴长符合幂指数模型（Liu et al.，2013）。生长模式的差异可能与海洋环境因素有关，较温暖的环境温度会导致更快的生长速度、较小的尺寸，而较冷的温度则导致生长较慢、尺寸较大、生命周期更长（Arkhipkin et al.，2015）。

（二）繁殖

茎柔鱼是头足类动物中繁殖力最高的物种，大型雌性产卵最高可达 3 200 万个，通常情况产 0.3 万～13 万个卵，在其生命周期中只有一个繁殖季节，多次产卵（Nigmatullin et al.，2001）。此外，多个采样数据表明特定水域内雌性茎柔鱼数量要多于雄性（表 1-2），这可能与雄性繁殖后快速死亡，而雌性则需进一步产卵繁殖有关（Nigmatullin et al.，2001）。茎柔鱼雌性的初次性成熟胴长普遍要大于雄性（表 1-2），性成熟胴长受环境影响显著（Nesis，1970）。在 1997—1998 年厄尔尼诺事件发生期间，秘鲁沿岸的雄性和雌性茎柔鱼的初次性成熟胴长均小于 40 cm，但是厄尔尼诺事件结束后的几年内，茎柔鱼的初次性成熟胴长快速上升到 80 cm 左右，并维持在这个水平（Tafur et al.，2010）。茎柔鱼在应对不同环境条件时，可以分为两种相反的生活史策略：在暖水环境中，茎柔鱼会采取小型成熟策略，以减少繁殖的能量消耗；而在冷水环境中，茎柔鱼会有更大的性成熟个体（Keyl et al.，2008）。

表 1-2 不同海域茎柔鱼性成熟胴长及雌雄比例

地理区域	时间	性成熟胴长（mm）	雌雄比例	参考文献
秘鲁	1991—1994 年	♀：320；♂：280	0.99：1	Tafur and Rabí，1997
	2001 年 6 月—2001 年 8 月	♀：374；♂：228	2.52：1	叶旭昌和陈新军，2007
	2008—2010 年	♀：539；♂：507	3.99：1	刘必林等，2016
智利	2007—2009 年	526	2.89：1	Liu 等，2013
	2007—2008 年	324	2.48：1	陆化杰，2009
	2003—2004 年	400	2.22：1	Ibáñez 等，2007
赤道	2011 年	397	2.59：1	陈新军等，2012
	2013 年	—	1.50：1	陆化杰等，2014
	2018 年	327	2.04：1	章寒等，2019

由于在各个季节茎柔鱼群体中均发现了性成熟的个体，研究认为茎柔鱼具有全年产卵的繁殖策略（Nigmatullin et al.，2001）。不同的研究区域内茎柔鱼的产卵高峰时期存在差异，秘鲁沿岸水域茎柔鱼产卵高峰出现在 11 月至翌年 1 月和 7—8 月（Tafur and Rabí，1997）；而在秘鲁专属经济区水域外，茎柔鱼的产卵峰期则介于 1—5 月间（Liu et al.，2013）。秘鲁海域茎柔鱼的主要产卵场集中在秘鲁沿岸的北部海域（3°S—8°S）和南部海域（13°S—17°S）（Tafur et al.，2001），秘鲁专属经济区外 11°S 附近的水域被认为是潜在的产卵场（Liu et al.，2013）。产卵场区域受到海洋水流影响，较强的离岸流可能会将一部分卵和幼体运输到赤道附近，这部分茎柔鱼在成鱼阶段又返回秘鲁沿岸进行产卵（Anderson and Rodhouse，2001）。与此同时，茎柔鱼繁殖期间能量获取和分配方面的研究也在逐步深入，最近 Chen 等（2020）利用脂肪酸分析法，发现雌性茎柔鱼在繁殖期间可能采用了混合繁殖策略，即繁殖能量主要来自直接摄食，必要时肌肉组织中的储备能量部分转化以支持繁殖。

（三）摄食

茎柔鱼是海洋生态系统食物链的中间物种，串联起低营养级和高营养级生物，主要以鱼类、甲壳类和头足类为食（Nigmatullin et al.，2001），又是许多大型捕食者的重要猎物，如抹香鲸（*Physeter macrocephalus*）（Ruiz - Cooley et al.，2004）、狐形长尾鲨（*Alopias vulpinus*）（González - Pestana et al.，2018）、剑鱼（*Xiphias gladius*）（Castillo et al.，2007）等。秘鲁海域的茎柔鱼处于营养级的中上层，在 4.14 左右（Tam et al.，2008）。茎柔鱼几乎 24 h 都在进食，捕食强度最大的时间在凌晨，夜晚聚集在 0～200 m 的水层中（Nigmatullin et al.，2001），茎柔鱼的昼夜垂直迁移超过 1 000 m（Sakai et al.，2017），这种垂直迁移行为可能受到猎物分布（Rosas - Luis et al.，2011）和最小含氧带（Stewart et al.，2013）的影响。在秘鲁海域开展的研究中，比较不同发育程度和性别茎柔鱼的食性，没有较大区别（贾涛等，2010），但是随着季节和地理区域的改变，不同栖息环境下茎柔鱼的摄食组成差异会较为显著（Field et al.，2007；Alegre et al.，2014）。

胃含物分析法和同位素分析法是目前研究茎柔鱼摄食常用的两种研究手段。研究发现，大中型茎柔鱼胃含物中鱼类的比例最高，甲壳类仅在 25～40 cm 胴长组中发现，茎柔鱼的同类相食情况存在于多个胴长组内（贾涛等，2010）。在秘鲁海域，对采集到的茎柔鱼进行胃含物分析，并结合残留的耳石和角质颚进行种类鉴定，发现串光鱼和灯笼鱼科是茎柔鱼最主要的饵料物种（操亮亮等，2021），证明了茎柔鱼的摄食组成与猎物的资源和空间分布紧密相关，其中串光鱼广泛分布在东南太平洋海域（Cornejo and Koppelmann，2006），是该海域主要的鱼类资源之一。利用同位素分析法对茎柔鱼组织（Ruiz-Cooley and Gerrodette，2012）、角质颚（Liu et al.，2018）、内壳（Li et al.，2017）开展了大量的研究，从角质颚的边缘测量稳定同位素，不同年份和地区之间的同位素值存在显著差异（Hu et al.，2019）。也有研究者同时结合胃含物分析法和同位素分析法开展了茎柔鱼摄食研究，结果表明两种方法均显示出茎柔鱼有较高的营养位置，但在评估营养关系时两种方法的结果存在一定差异，作者还指出长周期变化的同位素关系可以有效补充短周期变化的胃含物研究（Ruiz-Cooley et al.，2006）。

（四）洄游模式

茎柔鱼有明显昼夜垂直洄游现象（Sakai et al.，2017；Gilly et al.，2006；Bazzino et al.，2010）。在加利福尼亚湾海域，茎柔鱼白天在水深 200～300 m 活动，而傍晚的时候则向上洄游到表层附近进行摄食活动（Gilly et al.，2006；Bazzino et al.，2010）。在大洋中，白天茎柔鱼栖息水层主要为 800～1 200 m，夜晚开始上浮，活动水层为 0～200 m（Sakai et al.，2017）。茎柔鱼的洄游模式尚不清楚，可能与大洋环流和水团的分布有关（Taipe et al.，2001）。茎柔鱼在南半球大致的洄游路径为：秘鲁海域为南半球茎柔鱼的主要产卵场，在秘鲁北岸海域孵化的茎柔鱼仔幼体可能随秘鲁海流向西偏移到南赤道流，成熟后又回到秘鲁沿岸产卵（Keyl et al.，2008；Anderson and Rodhouse，2001）。而 Liu 等（2016）利用耳石微量元素和海表温的关系，重建了茎柔鱼的洄游路径，发现秘鲁南部海域的茎柔鱼可能向南部洄游，游至智利北部海域，成熟后返回秘鲁产卵。Nigmatullin 等（2001）研究发现茎柔鱼南半球夏季和秋季进行大范围的洄游，从 4 月开始，5—6 月在秘鲁南部集群。

第二节　茎柔鱼国内外渔业现状

从 1965 年末至 1966 年初，最初由苏联渔业调查船在秘鲁、智利近海海域进行探捕，并发现了大量茎柔鱼群体。而茎柔鱼渔业起始于 1974 年，以南美沿海国（秘鲁和智利）手钓作业为主，但作业效率低下，渔获量较少。1991 年，日本和韩国鱿钓船在秘鲁海对茎柔鱼种群进行试捕与调查工作，并取得了成功。随后，茎柔鱼资源开始大规模开发。根据 FAO 的统计资料，茎柔鱼产量从 1991 年的 4.6 万 t 增加到 1992 年的 11.8 万 t，之后几年至 1997 年维持在 10 万～20 万 t。1998 年由于受强厄尔尼诺事件的影响，其产量极度下降达到历史最低值，仅为 2.7 万 t。1999—2002 年茎柔鱼年产量逐步恢复至近 40 万 t，2003 年产量猛增至 80 万 t，之后至 2008 年基本维持这个水平。目前秘鲁、中国和智利为主要的茎柔鱼捕捞国，2019 年对应的茎柔鱼产量分别为 52.7 万 t、33.1 万 t 和 5.8 万 t，占 2019 年茎柔鱼总产量的 97% 以上，而日本、韩国等茎柔鱼的产量相对较低（图 1-1）。据 FAO 统计资料显示，2006 年茎柔鱼产量位居世界海洋捕捞种类的第 12 位。当前，茎柔鱼已成为世界头足类产量最高的种类之一。

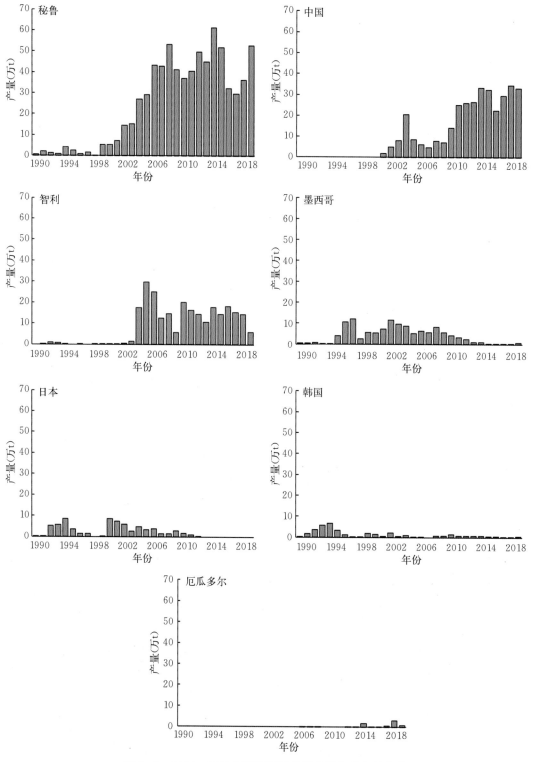

图 1-1　1990—2019 年不同国家捕捞茎柔鱼的产量变化

　　我国于 2001 年 6—9 月在秘鲁外海海域对茎柔鱼资源进行了首次探捕调查，当年共有几十艘鱿钓船在秘鲁外海进行作业生产，探捕取得成功并获得茎柔鱼产量约 1.8 万 t。2002 年有 11 家渔业公司共 43 艘渔船进入该海域生产，年产量达到 5 万 t。2004 年我国鱿钓船猛增至 119 艘，产量达约 20.6 万 t。2005—2009 年由于茎柔鱼渔获价格较低，经济效益不佳，捕捞产量有所降低，年产量在 4 万～8 万 t 波动，作业渔船也减少至 50 艘左右。2006—2009 年在农业部探捕项目的支持下，我国鱿钓渔船分别对智利和哥斯达黎加外海茎柔鱼资源进行了探捕，探捕期间平均日产量超过 5 t。2010 年由于茎柔鱼渔获价格提高，其捕捞产量恢复到 10 万 t 以上，作业渔船达到 104 艘，产量激增至 14.2 万 t。2011 年共有 39 家渔业公司 172 艘渔船参与生产作业，比 2010 年增加 68 艘，累计总产量达 25.06 万 t（包括智利外海的 1.97 万 t）；平均单船产量为 1 457 t，比 2010 年提高91.6 t。茎柔鱼单船平均产量在 2004 年和 2008 年超过了 1 500 t。目前，东太平洋茎柔鱼渔业在我国远洋鱿钓渔业中占据着极为重要的地位，其年产量占我国远洋鱿钓产量的 1/3以上，是我国远洋渔业的重要组成部分（表 1-3）。

表 1-3　中国茎柔鱼渔业各年作业船数、产量和单船平均产量

年份	船数	产量（t）	单船平均产量（t）
2001	22	17 770	807.7
2002	43	50 483	1 174.0
2003	74	81 000	1 094.6
2004	119	205 600	1 727.7
2005	93	86 000	924.7
2006	43	62 000	1 441.9
2007	37	46 400	1 254.1
2008	50	79 064	1 581.3
2009	54	70 000	1 296.3
2010	104	142 000	1 365.4
2011	172	250 600	1 457.0
2012	254	261 000	1 027.6
2013	205	264 000	1 287.8
2014	264	325 000	1 231.1
2015	252	323 600	1 284.1
2016	276	223 300	809.1
2017	356	296 100	831.7
2018	435	346 200	795.9
2019	503	331 212	658.5

第三节 茎柔鱼对气候和海洋环境响应的研究进展

(一) 太平洋赤道海域以东的海流与水团系统

东太平洋具有复杂的海流系统和水团结构。在太平洋赤道以南海域，存在着赤道海流系统 (Equatorial current system，ECS)（马成璞等，1983) 和秘鲁海流系统 (Peru current system，PCS)（Montecino and Lange，2009) 两个极为重要的洋流系统。ECS 主要包括北赤道流 (North equatorial current，NEC)、南赤道流 (South equatorial current，SEC)、赤道潜流 (Equatorial undercurrent current，EUC)、赤道逆流 (Equatorial counter current，ECC)（马成璞等，1983)。南北赤道流受东南信风和东北信风的影响，自东向西流。在这两股海流之间存在着位于表层且极其狭窄的 ECC 以及底层的 EUC（马成璞等，1983)。赤道热带海流系统因受太阳的照射，具有高温高盐的特点 (Hsin，2016)。PCS 又称为洪堡海流系统 (Humboldt current system，HCS)，分别由位于表层的秘鲁海流 (Peru current，PC) 和底层秘鲁-智利潜流 (Peru - Chile under current，PCUC) 组成 (Liu et al.，2013)。PC 由南向北流动，而位于表层下方的 PCUC，南接 EUC 由北向南流动 (Montecino and Lange，2009；Montes et al.，2010)。

秘鲁海流自 45°S 左右将来自极地具有低温低盐特征的亚极地表层水 (Sub - Antarctic surface water，SASW) 由南向北运输。SASW 在运输过程中，一部分与高温高盐的亚热带表层水 (Subtropical surface water，SSW) 在 18°S 附近混合，另一部分在 8°S 附近与赤道表层水 (Equatorial surface water，ESW) 混合 (Montecino and Lange，2009)。因此可看出，赤道热带海流系统在全球范围内对热量、盐分和水质等方面的重新分配起非常重要的作用 (Hsin，2016)。由于寒暖流交汇这一复杂的环境特征，该海域温、盐梯度较大，生物种群较多，既包括高温高盐的生物群落，还包括低温低盐的生物群落。上升流海区由于海水涌升作用，底层海水中的营养盐被带到表层，经过浮游植物的光合作用，使初级生产力和次级生产力增强，从而形成良好的渔场（胡振明等，2009)。

(二) 厄尔尼诺和拉尼娜事件的影响

厄尔尼诺和拉尼娜现象是北太平洋气候系统中最强的年际变率气候信号，是 ENSO (El Niño - Southern Oscillation) 循环位于暖位相和冷位相时海表温度发生变化的异常过程，最初起源于赤道太平洋中东部海域出现一股异常暖或冷的水团（图 1 - 2)，其演变可由温度、叶绿素浓度、初级生产力、纬向风和温跃层深度等因子来判别 (Wang et al.，2012)。

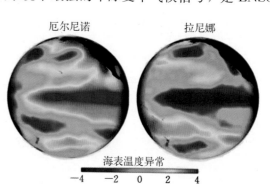

图 1 - 2 厄尔尼诺和拉尼娜现象

1. 对茎柔鱼渔场内水团的影响

在厄尔尼诺期间，信风减弱，EUC 强度增加，暖水团 ESW 向南流进秘鲁海域，将温暖的 SSW 推向秘鲁沿岸，并减弱了秘鲁海域的上升流。在拉尼娜期间，信风增强，EUC 减弱，PC 增强，上升流强度增加，并将温暖的 SSW 向西推进，秘鲁海域形成一个温度相对较低的混合水域（Keyl et al.，2008）。

表 1-4 列举了 1996—2012 年发生拉尼娜和厄尔尼诺事件的月份，可以看出厄尔尼诺事件多发生于后半年，而拉尼娜事件多发生于前半年。从 2009 年 6 月开始到 2010 年的 4 月均发生厄尔尼诺事件，而 2010 年 7 月至 2011 年 4 月均发生拉尼娜事件。因此，较多学者定义 2009 年为强厄尔尼诺年份，而 2010 年为强拉尼娜年份（Hoving et al.，2013；Robinson et al.，2016）。同理，也可定义 1996 年和 1999 年为强拉尼娜年份，而 1997—1998 年为强厄尔尼诺年份，这些年份发生的异常气候事件在国际上获得一致认可（Markaida，2006；Arguelles et al.，2008；Keyl et al.，2008；Tafur et al.，2010）。

表 1-4　1996—2012 年厄尔尼诺和拉尼娜发生的月份区间

年份	拉尼娜	厄尔尼诺	参考文献
1996	1—12		
1997	1—2	7—12	Markiada et al.，2006
1998		1—5	
1999	1—12		
2000	1—12		
...			
2006	1—3	8—12	徐冰等，2012
2007	9—12		
2008	1—5		
2009	1—3	6—12	
2010	7—12	1—4	Yu et al.，2016
2011	1—4		
2012	1—3		

注：以时间序列为主，选取了有明确厄尔尼诺和拉尼娜发生事件月份的参考文献。

2. 对茎柔鱼生活史及渔场的影响

厄尔尼诺和拉尼娜事件对茎柔鱼个体大小产生显著影响。1996 年为强拉尼娜年份，1997—1998 为强厄尔尼诺年份，成熟茎柔鱼的胴长明显减小，直至 1999 年开始逐渐增加，而到 2000 年开始有大型种群的出现（Markaida，2006；Arguelles et al.，2008；Keyl et al.，2008；Tafur et al.，2010）。相同情况还发生在 2009 年的强厄尔尼诺事件，加利福尼亚湾瓜伊马斯成熟茎柔鱼的胴长再次减小，全为小型群体，至 2010 年开始胴长逐渐增加（Hoving et al.，2013）。Arkhipkin 等（2014）收集了 1991—1996 年、1997—1998 年（厄尔尼诺时期）和 1999—2011 年秘鲁海域两个群体（胴长大于 500 mm 和小于 490 mm）的成熟茎柔鱼，基于耳石读取日龄并结合整个温度史，研究温度对茎柔鱼年龄的影响。结果表明，茎柔鱼在早期发育的第 1 至第 3 个月和后期第 7 至第 8 个月的温度对年龄具有较弱但显著的负相关关系，这对其是否有 1 年以上的生命周期非常重要。此外，2001 年茎柔鱼胴长的增大是因为 1997—1998 年强厄尔尼诺事件和 1999—2000 年强拉尼娜事件组合的结果，而不是单一的事件所导致的。有研究表明，茎柔鱼在中冷期（拉尼娜事件发生之后）的生长率要高于厄尔尼诺和拉尼娜时期（Keyl et al.，2011）。

此外，厄尔尼诺事件改变茎柔鱼的种群结构，降低了茎柔鱼的初次性成熟的大小、寿命和繁殖力（Hoving et al.，2013）。1996 年为强拉尼娜年份，1997—1998 年为强厄尔尼诺年份，也就是这种"强烈事件"组合，促使东太平洋生态系统结构发生巨大变化，进而导致茎柔鱼胴长变化。环境的变化对茎柔鱼初次性成熟的大小尤为重要（Arkhipkin et al.，2014；Hoving et al.，2013）。在水温温暖时期，即厄尔尼诺时期，随着温度的增加，上层海水中的浮游植物、叶绿素浓度、初级生产力减少（Robinson et al.，2016）。这时，小型群体生在产卵前体细胞生殖投入能量少，在饵料不足的情况下处于优势状态（Hoving et al.，2013；Tafur et al.，2010）。而拉尼娜事件会导致上升流增强，海域里的营养盐逐渐恢复，大型群体也逐渐恢复。茎柔鱼表型的可塑性，是应对强烈气候变化的一个适应措施（Hoving et al.，2013；Tafur et al.，2010）。

厄尔尼诺和拉尼娜事件对茎柔鱼的资源量和渔场位置也具有显著影响。根据 Csirke 所统计秘鲁专属经济区内的年渔获量数据，1997—1998 年达到有史以来最低。随后渔获量逐年升高，至 2006 年开始每年基本达到 40 万 t 以上。在 2008 年达到了近几年最高的捕捞量，而在 2010 年出现了最低的捕捞量（Csirke et al.，2015），这可能分别与 2007 年下半年强拉尼娜事件和 2008 年下半年强厄尔尼诺事件有关。秘鲁沿岸具有广泛的上升流，而上升流的强弱极易受到厄尔尼诺和拉尼娜的影响。当发生拉尼娜事件时，秘鲁海域温度降低，上升流加强，营养盐水平增加，有利于渔场的形成，渔获量增加，渔场位置向北移动；当发生厄尔尼诺事件时，上升流减弱，海温增加，营养盐水平减少，不利于渔场的形成，渔获量减少，渔场位置向南移动（Csirke et al.，2015；Yu et al.，2017；徐冰等，2012）。Yu 等（2016）选取海表温度、叶绿素浓度、海表面高度距平值为环境因子构建了栖息地模型，分析了 2006—2012 年秘鲁茎柔鱼在厄尔尼诺和拉尼娜事件下的栖息地变化情况。结果表明，在拉尼娜事件下，茎柔鱼适宜栖息地面积和总渔获量增加；在厄尔尼诺事件下，适宜栖息地面积和总渔获量减少。

（三）太平洋年代际涛动的影响

太平洋年代际涛动（Pacific decadel oscillations，PDO）是一种从年际到年代际时间尺度的气候变率强信号，为海气相互作用的产物，反映了北太平洋地区长期的气候环境背景（Zhang et al.，1997）。以太平洋海表温度异常（Sea surface temperature anomaly，SSTA）定义，PDO 可分为 PDO 暖位相（PDO 暖期）和 PDO 冷位相（PDO 冷期）（Mantua et al.，1997）。在 PDO 暖期内，SSTA 空间模态表现为北太平洋西北部和中部海域异常冷，东太平洋和北美沿岸海域水温异常变暖；而 PDO 冷期内 SSTA 空间模态变化与暖期截然相反（图 1-3）（Mantua and Hare，2002）。尽管很多文献资料分析了 PDO 基本观测特征，但其物理过程和形成机制目前还未得到充分认识（杨修群等，2004）。杨修群等（2004）基于 PDO 产生的源地将其形成机制归类为三种观点：第一类认为 PDO 可能形成于热带海气耦合系统内部；第二类认为 PDO 可能源自中纬度海气耦合系统内部；第三类则认为 PDO 是热带和中纬度海气相互作用的结果，而热带不稳定海气相互作用则起着信号放大的作用。

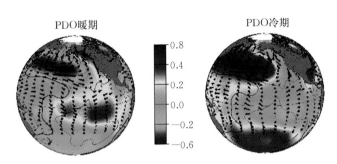

图 1-3　太平洋年代际涛动冷暖期内冬季的海表温度、海平面气压和表层风应力异常值
(Mantua and Hare，2002)

研究表明，PDO 在 21 世纪将持续存在，给 ENSO 事件（El Niño Southern Oscillation）、黑潮和亲潮海流等提供了年代际气候背景（Yatsu et al.，2013）。已有的文献指出了不同尺度气候环境变化之间存在交互作用（刘秦玉等，2010；吕俊梅等，2005）。例如，在 PDO 暖位相时期，厄尔尼诺事件发生频率高且强度较强；而在 PDO 冷位相时期，拉尼娜事件发生频率高且强度较强（吕俊梅等，2005）。另外，黑潮延伸流区的海表温度受 ENSO 和 PDO 显著影响，这一过程具有滞后相关性，因此可以使用 ENSO 指数和 PDO 指数作为黑潮温度变化的前兆因子来预测黑潮流域表温的变化及其周边气候（王闪闪等，2012）。

事实上，PDO 冷暖气候模态更替不仅对各地区天气气候产生重要影响，同时对很多海洋鱼类种群的兴衰起到调节作用（Mantua and Hare，2002）。因此，越来越多的学者开始关注 PDO 对海洋鱼类种群动态的影响。例如，Mantua 等（1997）根据气候观测数据，发现北太平洋中纬度海域海洋气候变化循环发生，这种变化模态振幅从数年到数十年不规则变化。同时，研究表明这种气候突变出现在 1925 年、1947 年和 1977 年，且最后两次气候模态转换与阿拉斯加和加利福尼亚海域的鲑产量显著变化相一致。Tian 等（2004）利用相关分析和主成分分析法，研究气候指数和海洋环境变量包括季风指数、南方涛动指数、PDO 指数、北极涛动指数、海表温度等与太平洋秋刀鱼资源丰度和生物学特性的关系。结果表明，秋刀鱼丰度的年代际变化模式与 1987—1988 年和 1997—1998 年的气候模态突变吻合一致。Phillips 等（2014）调查了 1961—2008 年北太平洋长鳍金枪鱼幼鱼的空间分布与海表温度以及 PDO 指数和多元 ENSO 指数的关联，结果显示温度对长鳍金枪鱼资源丰度（以单位捕捞努力量渔获量表征）具有正相关关系，空间上具有不同的影响作用，体现在空间向北时，温度与长鳍金枪鱼资源丰度的正相关性增加。而 PDO 指数对长鳍金枪鱼资源丰度整体上都是负相关关系。Zwolinski 和 Demer（2014）分析认为加利福尼亚海流中的太平洋沙丁鱼补充量与 PDO 直接相关，PDO 正位相时和负位相分别对应了沙丁鱼种群增加和降低的过程。PDO 暖期内沙丁鱼的平均补充率是冷期的 3 倍。推测认为这可能与 PDO 不同时期产卵季节前期栖息地环境以及成鱼的肥满度有关。Zhou 等

（2015）分析了黄海鳀群体变动与 PDO 之间的关联。结果显示，鳀群体变动与 PDO 指数呈现相同的变化模态，气候可能是驱动生态十年尺度变化的主要因子，而适宜的海表温度可能是鳀洄游的主要驱动因素，这说明利用气候指数预测鱼类群体变动的潜在可能。

近年来，研究发现 PDO 的变化与头足类种群动态存在一定关联。如 Koslow 和 Allen（2011）研究发现，加利福尼亚海湾南部枪乌贼仔乌贼的密度局部和大尺度环境变化相关。分析结果显示，仔乌贼丰度与近表层温度、营养盐和叶绿素显著相关。此外，逐步回归分析表明，仔乌贼丰度与 ENSO 现象和 PDO 关联密切，相关统计结果表明 ENSO 和 PDO 指数可以用来管理枪乌贼渔业。在西北太平洋海域，Chen 等（2012）研究发现黑潮路径变化与 PDO 相互耦合，驱使北太平洋柔鱼渔场重心在纬度上的分布存在年际间差异，但这一研究重点偏向于探究黑潮路径的影响，而关于 PDO 对柔鱼渔场变动的作用描述不多。Mantua 和 Hare（2002）系统概述了 PDO 变化对太平洋地区海洋生态系统以及渔业的影响，其研究范围局限于 PDO 对长生命周期的鱼类种群动态影响，对于短生命周期的头足类研究甚少，对于柔鱼科物种的研究则更为匮乏。

（四）全球变暖

除此之外，气候变暖是当前全球关注的热门话题，气候变暖不仅对人类生存环境带来影响，而且整个地球生态系统也随之发生改变。自 20 世纪初以来，全球地表温度已上升 0.74 ℃，过去 50 年间气温增长平均速率是过去 100 年的 2 倍。全球变暖导致海洋水温升高，全世界海洋温度在过去 40 年间同样显著上升，其中海洋表层以下 300 m 内海水温度平均升高了 0.31 ℃，3 000 m 水温平均升高了 0.06 ℃（王亚民等，2009）。根据联合国政府间气候变化专家小组的预测，到 2100 年全球海洋平均水温将上升 1.0～3.7 ℃（IPCC，2007）。海水温度上升对世界渔业资源产生极大影响，包括改变鱼类赖以生存的栖息地环境以及鱼类资源丰度和分布形式，同时可能导致传统渔场的消失，鱼类洄游路线和时间发生变化。因此，在全球气候变暖条件下，世界渔业资源势必会形成新格局，各国会加强对鱼类资源的争夺（Hazen et al.，2013）。已有研究表明，在西北太平洋海域，秋刀鱼（Cololabis saira）和柔鱼（Ommastrephes bartramii）栖息地在海水温度上升时，其栖息地逐渐向高纬度海域转移（Tseng et al.，2011；Xu et al.，2016）。茎柔鱼是温度依赖型鱼种，因此对海洋水温条件极为敏感。全球海洋水温逐年上升，这势必对茎柔鱼栖息地分布产生重大影响，将导致其资源丰度和空间分布在时空上重新分配，但目前尚未有研究对此影响进行评估和预测。

（五）茎柔鱼渔场环境的影响

1. 海表面温度

国内外学者对茎柔鱼渔场分布及其表温的关系的研究结果较为一致。秘鲁海区茎柔鱼作业渔场的适宜温度为 17～23 ℃，智利外海茎柔鱼适宜温度范围为 17～19 ℃，而赤道海域最适温度范围为 23～27 ℃。

如表 1-5 所示，通过不同文献对比三个海域中茎柔鱼温度的适宜范围，可以看出赤道海域适宜海表面温度（Sea surface temperature，SST）在三个海域中最高，而智利海域的最适 SST 范围最低。这可以根据海域中的地理位置和海流环境来解释。赤道海域受赤道暖流的影响，并且光照强度最高，因此具有较高的海表面温度（Hsin，2016）；而秘鲁海域因受到赤道潜流（暖流）和秘鲁上升流（寒流）的影响，两者不同温度的水流相融合，从而相对赤道海域的海表面温度较低（Montecino and Lange，2009）。智利海域所处的纬度较高，且分布着 SASW，具有较低的温度范围（Montecino and Lange，2009）。每个海域的不同季节、不同月份的最适 SST 范围也存在着差异（易倩等，2014），这可能与气候的季节性变化有关。

表 1-5　不同海域和时间下茎柔鱼最适海表面温度范围

地理区域	年份	适宜温度范围（℃）	参考文献
秘鲁	2004	18.0～22.0　24.0～25.0	陈新军和赵小虎（2006）
	2006	19.3～23.2	孙珊等（2008）
	2011	16.0～25.0	易倩等（2014）
	1996—1997	17.0～22.0	Waluda 等（2006）
	1991—1999	17.0～23.0	Taipe 等（2006）
	2004—2012	18.4～22.0	Paulio 等（2016）
智利	2004	17.0～20.0、17.0～19.0	陈新军和赵小虎（2005）
	2006	13.9～15.6、16.4～19.6	钱卫国等（2008）
	2011	15.0～23.0	易倩等（2014）
赤道	2013	23.0～26.0	陈新军等（2019）
	2018	24.0～27.0	章寒等（2019）

2. 叶绿素浓度

叶绿素浓度可作为海洋初级生产力的指标。有研究表明，叶绿素浓度与浮游植物量呈明显的正相关关系（Iriarte et al.，2007）。而茎柔鱼的产量与分布受到叶绿素浓度的影响（Paulino et al.，2016），高浓度叶绿素的海域可能形成一个对茎柔鱼有利的摄食环境（Ichii et al.，2002）。不同海域的最适叶绿素范围也不一样，秘鲁海域茎柔鱼的最适叶绿素浓度 Chl-a 范围春季（9—11 月）为 0.3～0.4 mg/m³，夏季（12 月至翌年 2 月）为 0.25～0.3 mg/m³，秋季（3—5 月）为 0.3～0.4 mg/m³，冬季（6—8 月）为 0.3～0.35 mg/m³（胡振明等，2010）。而智利海域茎柔鱼 3 月的最适 Chl-a 为 0.12～0.23 mg/m³，4 月为 0.20～0.37 mg/m³，5 月为 0.08～0.31 mg/m³（方学燕等，2014）。Paulio 等（2016）认为在秘鲁海域专属经济区外叶绿素浓度为 0.2～0.5 mg/m³ 海域的产量较高（章寒等，2019）。秘鲁海域的叶绿素浓度要高于智利海域，这主要是因为秘鲁海域存在广泛的上升流。

3. 食物饵料

茎柔鱼是长期捕食的物种，在产卵期间茎柔鱼依旧进行捕食活动，饵料生物的状况会对茎柔鱼的资源情况产生影响（Nigmatullin et al.，2001）。净初级生产力、光合有效辐射等因子一定程度上可以表征海域中饵料生物的丰度，这些饵料丰度因子与茎柔鱼的丰度和资源分布存在一定联系（余为和陈新军，2017；余为等，2016）。净初级生产力是食物链中潜在营养能力的标志（李璇和陈文忠，2020），在秘鲁外海净初级生产力与茎柔鱼资源丰度存在正相关性，茎柔鱼最适宜栖息地分布于净初级生产力最高的海域（李婷等，2020），净初级生产力的分布状况一定程度上可以预测茎柔鱼渔场的分布，在产卵的高峰季，茎柔鱼可能会寻找生产力较高的海域（方星楠等，2021）。光合有效辐射是浮游植物进行光合作用的那部分辐射能（李璇和陈文忠，2020），能促进初级生产力的产生，与茎柔鱼资源丰度和分布均存在相关性。光合有效辐射呈现明显的季节性变化，春季较高，夏季处于全年最低水平，秋冬季又逐渐升高。光合有效辐射对茎柔鱼适宜栖息地分布的影响会随着季节的变化而存在差异，春季和夏季适宜栖息地随着适宜光合有效辐射范围逐渐向北移动，在其他季节光合辐射的影响不显著（方星楠等，2021）。

4. 海表面盐度

盐度对茎柔鱼分布范围有着重要的影响，高盐度锋面可能制约茎柔鱼的迁移和洄游（Ichii et al.，2002），茎柔鱼更倾向于栖息在盐度较低的海域（Sanchez - Velasco et al.，2016）。经调查，智利和秘鲁海域盐度分布情况均为北高南低，即越接近暖流的位置盐度越高（Davila et al.，2002；Grados et al.，2018；钱卫国等，2008；孙珊等，2008）。秘鲁海域茎柔鱼适宜盐度范围为35.1～35.4（胡振明等，2010），而智利海域适宜盐度范围为34.16～34.98（方学燕等，2014）。

5. 海表面高度

局部区域海水的上升或下降会引起海表面高度的变化（Combes and Matano，2019），海表面高度是一个综合影响因子，海表面高度的变化往往会对温度、盐度、叶绿素浓度等多个环境因子造成影响，从而影响茎柔鱼的资源丰度和分布。在分析茎柔鱼适宜栖息地区域时，海表面高度常作为构建适宜栖息地模型的因子之一，秘鲁外海茎柔鱼资源主要分布在海表面高度21.3～31.3 cm（方学燕等，2017），海表面高度在夏秋季的影响更为显著（冯志萍等，2020），但在一些研究中发现它对适宜栖息地的贡献率并不高（方星楠等，2021），可能与其复杂的影响作用有关，间接影响茎柔鱼资源。另外，海表面高度还被用于推断潜在的鱿鱼栖息地与相关的中尺度变化之间的关系，与涡旋动能一起表征涡旋的存在（Alabia et al.，2015）。

6. 溶解氧

目前国内缺乏溶解氧对茎柔鱼的研究，而国外已经有学者发现海域中溶解氧的含量对茎柔鱼也有很大的影响（Seibel，2015）。茎柔鱼有垂直洄游的习性，晚上在氧气充足的近表层水域进行捕食。在捕食期间，茎柔鱼对氧气的需求量很大（Seibel，2013）；而白天则会待在含氧量极少的深层海域，氧气含量少可以限制代谢，代谢抑制可能通过保存和有限存储可吸收食物，避免有害厌氧终产物在组织中的积累，并延长了在缺氧条件下的活动时间，同时也避免了被捕食者捕杀（Gilly et al.，2006；Rosa and Seibel，2010）。有研究发现，海域中氧气最小区域正在变浅，这可能影响茎柔鱼的水平和垂直分布以及捕食者的动态，这也是茎柔鱼栖息地逐渐增大的原因（Stewart et al.，2014）。海洋持续酸化也是近年来研究的热点，海洋酸化限制了茎柔鱼在温暖水域的携氧能力（Seibel，2013）。

第四节 当前茎柔鱼研究面临的问题

综合国内外研究现状，发现茎柔鱼群体与大尺度气候变化如太平洋年代际涛动、厄尔尼诺/拉尼娜现象以及全球气候变暖、局部海域环境变化的关系极其密切，其影响贯穿茎柔鱼整个生活史过程，对其栖息地变动产生极大作用，进一步影响到茎柔鱼渔业的发展。但是，目前国际上关于气候变化和茎柔鱼群体变动的研究较少且尚处于初级阶段，大多数研究是基于现象的观察或描述。对于以往研究可归纳出存在以下几点问题：

第一，茎柔鱼作为重要的经济种类，研究其栖息地分布模式有利于开发渔场、资源保护和可持续利用。然而从目前文献来看，尚未有研究阐明不同海域内茎柔鱼栖息地的分布特征。

第二，大洋性海洋生物栖息地对环境因子有特定的偏好范围，且栖息地的分布模态是各种环境变量综合作用的结果。针对茎柔鱼栖息地和多环境因子分析的研究比较缺乏，以往研究大多数利用单一变量。东太平洋海域环境复杂，沿岸具有上升流和秘鲁寒流等不同流系，需要综合考虑各种因素对茎柔鱼栖息地的影响。

第三，气候变化如太平洋年代际涛动、厄尔尼诺/拉尼娜事件以及全球气候变暖等不同时空尺度气候变化是如何影响茎柔鱼栖息地热点的分布，其机理如何？茎柔鱼资源丰度和空间分布又是如何响应气候和环境变化？如何利用气候和环境因子精确预测茎柔鱼的空间分布？这些问题均尚未解决。

第四，在东南太平洋洪堡洋流生态系统中，茎柔鱼作为关键种在生态系统中发挥极为重要的作用，而在此生态系统内智利竹筴鱼是另一个被广泛捕捞且与茎柔鱼位于相同营养级的鱼种，它与茎柔鱼在捕捞产量和资源丰度上具有协同变动特征，其原因是什么？在不同气候背景下，两个经济渔业种类的资源丰度、空间分布、产量等是否同步或异步变化？

虽然我国茎柔鱼渔业发展历史已逾20年，但是我国针对茎柔鱼的渔业海洋学研究起步较晚。茎柔鱼作为重要的头足类资源，各国越来越重视其资源开发和管理，气候变化对其资源影响成为国内外科学家共同关注的科学问题。因此，本专著通过多学科交叉研究，探索茎柔鱼种群变动对太平洋年代际涛动、厄尔尼诺/拉尼娜现象、全球气候变暖等不同时空尺度气候变化的响应机理，揭示茎柔鱼资源丰度和时空分布的年间变化规律，预测不同气候条件下茎柔鱼栖息地热点海域并探索与其他经济种类的协同变化，为东南太平洋茎柔鱼资源的可持续利用和科学管理提供依据；同时，本项目为大洋性柔鱼类资源应对气候变化响应机制提供一个系统的研究案例。

第二章

东太平洋茎柔鱼
渔场的时空分布特征

第一节　赤道海域茎柔鱼渔场的时空分布

茎柔鱼是我国重要的远洋捕捞对象，广泛分布于太平洋东部，即加利福尼亚半岛（30°N）以南至智利（45°S）以北海域，而在赤道附近可达到125°W（王尧耕等，2021；Nigmatullin et al.，2001）。茎柔鱼是日本、中国和南美洲沿海国家所在东南太平洋的重要捕捞对象（钱卫国等，2008）。中国大陆鱿钓船于2001年首次进入秘鲁海域进行规模化生产，2004年转向智利外海作业，之后规模不断扩大（陈新军等，2005；2012）。2004茎柔鱼年总产量达到20万t，2011年达到25万t，成为我国重要的远洋捕捞对象（陈新军等，2012）。

相关学者已对茎柔鱼的年龄和生长（Chen et al.，2011）、渔场分布（Taipe et al.，2001）、环境因子的影响（余为等，2017；Yu et al.，2017）以及繁殖习性（Markaida et al，2001；Tafur et al.，1997）做了较多研究，但研究区域主要集中于秘鲁、智利外海和加利福尼亚湾海域。茎柔鱼的渔场分布与其洄游密切相关，秘鲁外海茎柔鱼存在南北洄游现象，1—6月渔场重心向北偏移，7—12月向南偏移（徐冰等，2011）。加利福尼亚湾海域中，茎柔鱼在瓜伊马斯海域和圣罗萨莉亚海域之间也存在着明显的季节性洄游（胡贯宇等，2018）。研究表明，东太平洋赤道海域也有茎柔鱼分布，大多为小型群体，且渔汛时间长、产量稳定（Nigmatullin et al.，2001；陈新军等，2012）。但由于赤道海域是新开发的渔场，关于该渔场的分布以及环境因子的分析甚少。

广义加性模型（Generalized addictive model，GAM）已经在海洋渔业中有了广泛的应用，被用来评估环境因子对鱼类资源丰度的影响。万荣等（2020）用广义加性模型分析了黄海近岸海域短吻红舌鳎夏季产卵场的空间分布及其年际变化；武胜男等（2020）用广义加性模型选取了影响西北太平洋日本鲭资源丰度的关键环境因子。海表面温度、海表面高度、叶绿素浓度等是影响渔业资源的关键环境因子（Yu et al.，2017；万荣等，2020；武胜男等，2020）。本研究根据2017年1—7月我国远洋鱿钓船在东北太平洋赤道海域的生产统计数据，利用广义加性模型分析不同环境因子对茎柔鱼资源丰度的影响，并分析各月份茎柔鱼渔场重心的变化以及捕捞努力量与环境因子的关系，据此为赤道海域内茎柔鱼资源的合理开发和利用提供科学依据。

(一) 材料与方法

1. 材料

茎柔鱼渔获数据来自上海海洋大学中国远洋渔业数据中心，时间为 2017 年 1—7 月，海域为 81°W—123°W，3°N—9°S（图 2 - 1），空间分辨率为 0.5°×0.5°，时间分辨率为月。数据内容包括作业经纬度、作业时间、渔获量和作业次数。赤道海域属于我国近几年新开发的茎柔鱼渔场，渔获统计数据相对缺乏，而 2017 年 1—7 月拥有详细的渔业捕捞数据，因此本研究针对 2017 年 1—7 月赤道海域茎柔鱼渔场渔业数据进行重点分析。

环境因子选取海表面温度和叶绿素浓度，来自 Ocean - Watch 网站（https://ocean-watch. pifsc. noaa. gov），数据范围为 79°W—124°W，4°N—10°S。将下载的环境数据预处理成空间分辨率为 0.5°×0.5°，并与渔业数据进行匹配。

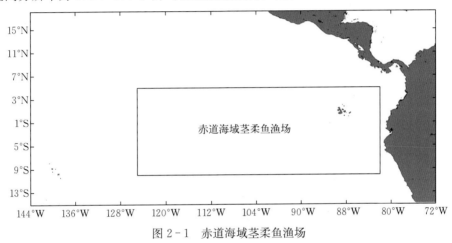

图 2 - 1 赤道海域茎柔鱼渔场

2. 分析方法

定义经、纬度 0.5°×0.5°为一个渔区，作业次数定义为捕捞努力量，按月计算每个渔区的捕捞努力量和平均单位捕捞努力量渔获量，分析捕捞努力量和平均单位捕捞努力量渔获量的月间变化，单位捕捞努力量渔获量的计算公式如下：

$$CPUE = \frac{C_i}{n_i} \qquad (2-1)$$

式 2 - 1 中，$CPUE$ 为单位捕捞努力量渔获量；C_i 为渔区 i 的总渔获量；n_i 为渔区 i 的捕捞努力量。

绘制每个月份的捕捞作业位置分布图，表征渔场资源分布的变动情况。统计赤道海域渔场的捕捞努力量，分析各月捕捞努力量在经、纬度上的分布情况，定义高捕捞努力量区域。利用渔场重心法，计算各月的经纬度重心，来表征渔场重心的位置变化情况。渔场重心的计算公式如下：

$$X = \sum_{i=1}^{k} (C_i \times X_i) / \sum_{i=1}^{k} C_i \qquad (2-2)$$

$$Y = \sum_{i=1}^{k} (C_i \times Y_i) / \sum_{i=1}^{k} C_i \qquad (2-3)$$

式 2-2、式 2-3 中，X、Y 分别为经、纬度重心位置；C_i 为渔区 i 的产量；X_i 为渔区 i 的经度；Y_i 为渔区 i 的纬度；k 为渔区总数。

利用广义加性模型，判断海表面温度、叶绿素浓度与单位捕捞努力量渔获量的相关性程度，并分析月份之间的相关性的差异。采用 R 软件包的 mgcv 函数库构建广义加性模型，计算公式如下：

$$CPUE = factor（month）+ s（sst）+ s（Chl-a）+ ε \qquad (2-4)$$

式 2-4 中，$factor$ 为影响函数，s 为平滑曲线函数，$ε$ 表示误差项，$month$ 为月份。

统计赤道海域渔场的捕捞努力量，分析各月份捕捞努力量在不同海表面温度和叶绿素浓度区间内的频率分布情况，定义各月份适宜温度范围和适宜叶绿素浓度范围。

（二）结果

1. 作业区域的分布情况

捕捞作业位置分布如图 2-2 所示，整体上看，1、3 月作业位置相对集中，其他月份较为分散。1—7 月作业位置逐渐向东南方向偏移，6—7 月作业位置偏移显著。1—5 月主要作业位置在纬度方向上变化较小，分布在赤道附近，即 2°N—2°S 内。自 5 月开始，主要作业海域逐渐向南偏移，每月偏移 2°左右。在经度方向上，主要作业位置的月间变化显著。1 月的主要作业区域为 115.0°W—120.0°W，并随着月份的增加逐渐向东偏移。前 5 个月偏移较小，为 3°～4°；6—7 月偏移较大，为 10°左右。

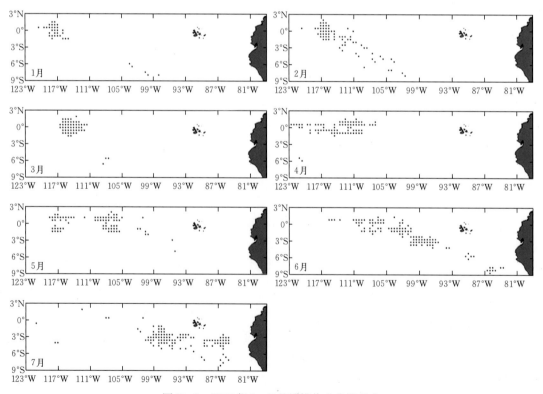

图 2-2　2017 年 1—7 月捕捞作业位置分布

2. 月平均单位捕捞努力量渔获量、捕捞努力量的月间变化

如图 2-3 所示，整体上看捕捞努力量随着月份的增加而增加，只有在 3—4 月有所下降，7 月捕捞努力量达到最高；而月平均单位捕捞努力量渔获量却在逐渐降低，在 4—5 月和 6—7 月略有升高。

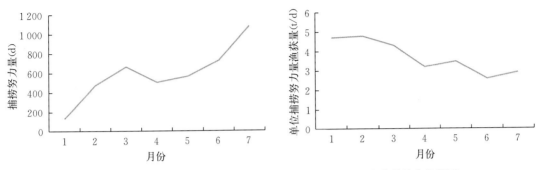

图 2-3 2017 年 1—7 月捕捞努力量、单位捕捞努力量渔获量的变化情况

3. 1—7 月渔场重心的时空变化

图 2-4 为 1—7 月渔场重心的时空变化图。从纬度上看，1—5 月的渔场重心基本没有发生变化，均在赤道上下浮动；但是到 6—7 月，渔场重心向南移动，且每月偏移 2 个纬度。从经度上看，渔场重心逐渐向东偏移，前 5 个月偏移较小，基本在 2 个经度范围内；6—7 月偏移较大，经度偏移 10° 左右。综上所述，渔场重心向东南方向偏移，且渔场重心的月间变化情况跟作业分布区域的月间变化基本情况一致。由此可见，作业次数密集的海域可以代表渔场的位置。

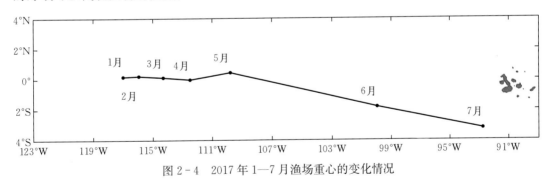

图 2-4 2017 年 1—7 月渔场重心的变化情况

4. 1—7 月捕捞努力量在经纬度上的变化

根据图 2-5 和表 2-1，得出 1—7 月捕捞努力量在经纬度上主要分布范围呈现显著的月间变化。

表 2-1 1—7 月捕捞努力量在经纬度上主要分布范围

月份	经度	纬度
1	117.5°W—118.0°W	1.0°N—1.5°N
2	116.0°W—116.5°W	0.5°N—1.0°N

(续)

月份	经度	纬度
3	114.0°W—114.5°W	0.5°N—1.0°N
4	110.0°W—113.0°W	0.5°N—1.0°N
5	107.5°W—108.0°W	1.0°N
6	97.0°W—98.5°W	2.5°S—3.0°S
7	97.0°W—97.5°W	3.0°S—4.0°S

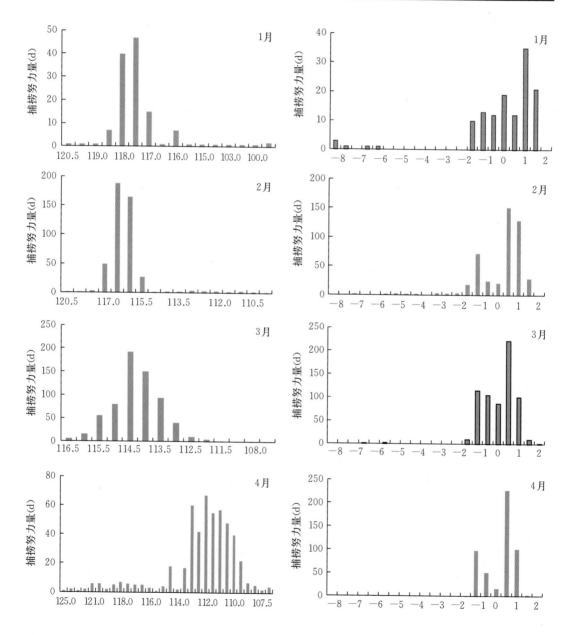

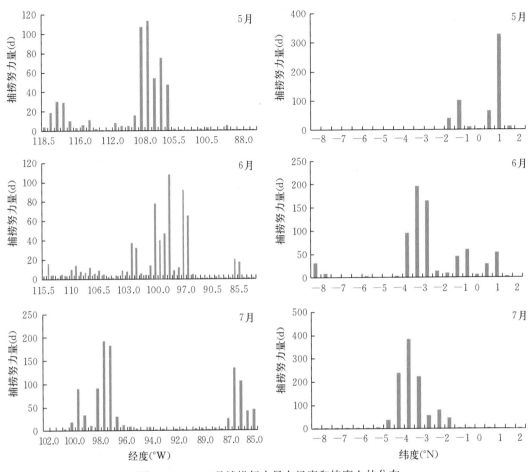

图2-5 1—7月捕捞努力量在经度和纬度上的分布

5. 环境因子与捕捞努力量、单位捕捞努力量渔获量的关系

如表2-2所示，广义加性模型检验各环境因子与单位捕捞努力量渔获量的关系，结果发现两个环境因子的 P 值均小于0.05，即海表面温度、叶绿素浓度均与单位捕捞努力量渔获量显著相关。

表2-2 各环境因子与单位捕捞努力量渔获量的广义加性模型检验结果

环境因子	自由度	F 值	P 值
SST	5.891	4.384	0.000 284
Chl-a	8.182	1.976	0.046 51

广义加性模型的结果如图2-6所示，月份对单位捕捞努力量渔获量的影响均为负影响，4月影响程度最大；海表面温度对单位捕捞努力量渔获量的影响先为负影响后为正影响，随着海表面温度的增大，对单位捕捞努力量渔获量的影响先减少后逐渐增大，但是影响程度变化不大；叶绿素浓度对单位捕捞努力量渔获量的影响均为负影响，随着叶绿素浓

度的增大，对单位捕捞努力量渔获量的影响程度先较小后减小再增大。

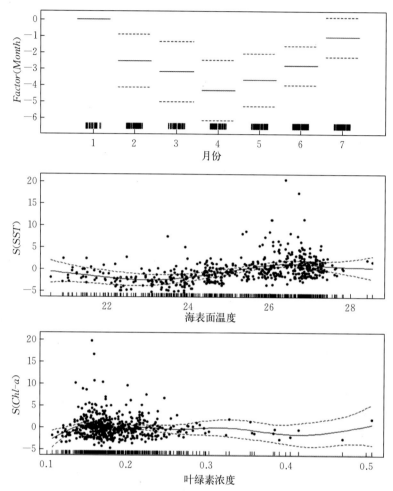

图 2-6　广义加性模型获得的 3 个变量对单位捕捞努力量渔获量的影响

　　捕捞努力量与环境因子的关系如图 2-7 所示，每月的适宜海表面温度范围和叶绿素浓度范围如表 2-3 所示，不同月份适宜海表面温度范围存在差异。最适海表面温度范围随月份先增加后减小。7 月最低，为 23.2～23.4 ℃；4 月最高，为 26.8～27.2 ℃。适宜叶绿素浓度范围在前 5 个月相同，均为 0.14～0.16 mg/m³；而 6 和 7 月的适宜叶绿素浓度逐渐升高，分别为 0.16～0.18 mg/m³ 和 0.18～0.20 mg/m³。

表 2-3　1—7 月适宜海表面温度和叶绿素浓度范围

月份	海表面温度（℃）	叶绿素浓度（mg/m³）
1	23.8～24.0	0.14～0.16
2	25.8～26.0	0.14～0.16
3	26.6～26.8	0.14～0.16

（续）

月份	海表面温度（℃）	叶绿素浓度（mg/m³）
4	26.8～27.2	0.14～0.16
5	25.6～26.0	0.14～0.16
6	24.4～25.0	0.16～0.18
7	23.2～23.4	0.18～0.20

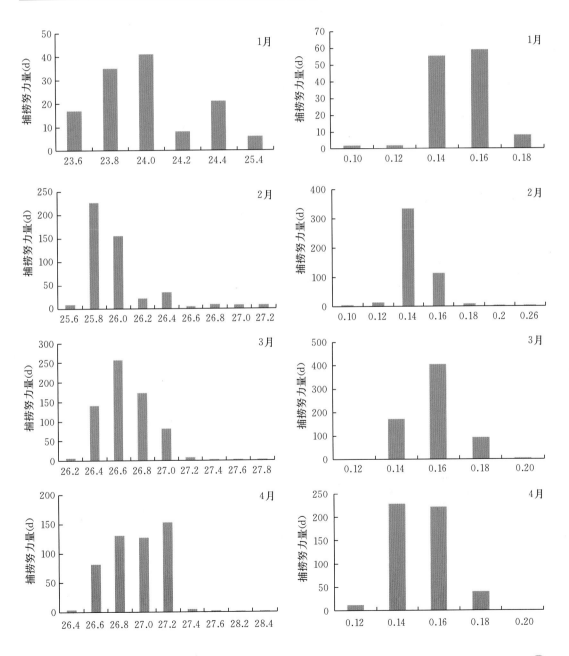

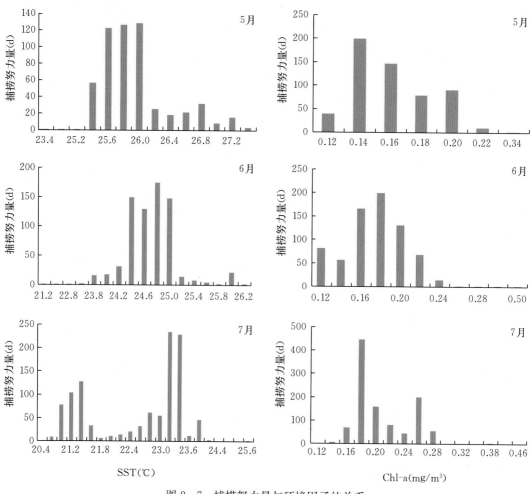

图2-7 捕捞努力量与环境因子的关系

(三) 讨论与分析

1. 茎柔鱼渔场与海流的关系

多项研究（陈新军等，2012，2006；孙珊等，2008；胡振明等，2009）均认为东太平洋海区的茎柔鱼渔场分布与加利福尼亚海流、赤道暖流和秘鲁寒流均有着密切的联系。在赤道海域，分布着由南赤道流、北赤道流、赤道潜流和赤道逆流所组成的暖流系统（Smith et al.，2019）。而东南太平洋秘鲁外海，赤道暖流与秘鲁寒流交汇，形成上升流海区（胡振明等，2009）。上升流海区由于海水涌升作用，底层海水中的营养盐被带到表层，经过浮游植物的光合作用，初级生产力和次级生产力增加，从而形成良好的渔场（胡振明等，2009，2008）。本研究发现，赤道海域茎柔鱼渔场的月间分布存在差异，都在赤道暖流和赤道逆流附近。渔场重心向东南方向偏移，即转向了赤道暖流与秘鲁寒流的交汇处的秘鲁海域，而秘鲁海域存在着广泛的上升流。因此，渔场可能与该海域内的流场分布有密切关联。

2. 环境因子与捕捞努力量的关系

茎柔鱼生命周期短，其资源分布和资源量易受到环境因子的影响（余为等，2017）。本研究表明，不同月份适宜的海表面温度范围存在着差异，1—7月最适海表面温度范围先增加后减小，并在4月有了最大值。根据章寒等（2019）研究2018年2—4月赤道海域茎柔鱼的生物学特征，并统计其采样点的海表面温度，2月为24.6～25.2℃，3月为24.6～25.6℃，4月为26.8～27.2℃。陈新军等（2019）研究了2013年4—6月赤道海域茎柔鱼的时空分布情况，认为4月高单位捕捞努力量渔获量海域主要集中在119°W—160°W，0°30′N—1°18′N；5月高单位捕捞努力量渔获量海域主要集中在115°56′W—116°76′W，0°36′N—1°12′N；6月高单位捕捞努力量渔获量海域主要集中在114°53′W—115°40′W，0°35′N—1°N。与本文研究的结果（渔场位置空间变化情况）基本一致。适宜海表温度范围4月为25.5～26.5℃，5月为24.0～25.5℃，6月为23.0～24.0℃。这些范围不但与本研究相同月份的最适温度相差不大，并且变化趋势也相同。

陈新军等（2019）认为，茎柔鱼不同渔场内的最适水温存在较大差异。统计本研究中所有月份捕捞努力量在海表面温度区间的分布情况，赤道海域1—7月最适海表面温度范围在23～27℃。智利外海茎柔鱼的最适海表温度为14～19℃（陈新军等，2005），秘鲁外海为17～23℃（胡振明等，2009）。由此可看出，在赤道海域，茎柔鱼的最适海表面温度范围比智利外海和秘鲁外海均要高。贡艺等（2018）认为，相对于秘鲁外海，因为智利外海所处纬度较高，其海表面温度相对更低，而赤道海域同时受赤道暖流的影响，并且光照强度最高，所以具有较高的海表面温度。

赤道海域茎柔鱼1—7月适宜叶绿素浓度范围为0.10～0.25 mg/m³。胡振明等（2010）研究了秘鲁海域茎柔鱼的渔场分布情况，认为最适叶绿素浓度的范围为0.20～0.40 mg/m³。方学燕等（2014）优化了智利外海2010—2013年3—5月茎柔鱼的预报模型，认为最适叶绿素浓度的范围为0.08～0.37 mg/m³。本研究中3—5月赤道海域茎柔鱼最适叶绿素浓度的范围为0.10～0.20 mg/m³。

3. 赤道海域茎柔鱼生物习性与渔场分布的关联

一些学者做了赤道茎柔鱼群体生物学特性的研究，包括胴长、体质量、性腺成熟度、性别比例以及胃含物等级，并与其他海域（秘鲁海域、智利外海、哥斯达黎加外海）做了比较（陈新军等，2012；陆化杰等，2014），认为赤道海域的茎柔鱼为小型群体，且雌性茎柔鱼发育并未成熟，雄性在赤道海域发育较快，已经接近成熟，推断雄性已经离开赤道海域往秘鲁外海进行生殖洄游，这与本研究的结论（渔场重心的时空变化）具有一致性。刘连为等（2015）利用基因组高通量测序技术所获得的12个多态性微卫星DNA位点并进行分析，发现秘鲁外海与赤道海域的茎柔鱼存在显著的遗传分化。

2003—2017年在农业部的支持下，我国首次发现了4个鱿鱼新渔场（西北印度洋、西南大西洋公海、智利外海、东北太平洋赤道），其中2个都分布在东太平洋海域（陈新军等，2019）。茎柔鱼广泛分布于东太平洋海域，但是对其的种群鉴定、洄游过程以及每个渔场是否存在联系仍尚不清楚（陈新军等，2012）。赤道海域作为鱿鱼新渔场之一，研究茎柔鱼在赤道海域的时空分布情况，为其他学者研究其种群鉴定、洄游过程等提供参考依据。

第二节　秘鲁外海茎柔鱼渔场的时空分布

茎柔鱼属于大洋头足类种类，广泛分布于东太平洋海域（王尧耕等，2005），且南北跨度大，在赤道海域的分布范围可延伸到约140°W，是我国远洋渔业主要捕捞的经济头足类之一（Nigmatullin et al.，2001；陈新军等，2019）。

茎柔鱼只有1~2年的生命周期，这种短生命周期生活史特征使得该群体对于栖息地环境和气候变化极为敏感（Waluda et al.，2006；Stewart et al.，2013），因此茎柔鱼渔场的时空分布受到不同时空尺度气候和海洋环境变化的调控。已有研究表明，茎柔鱼渔场的变动与海表面温度（SST）（陈新军等，2006）、水温垂直结构（胡振明等，2009）、海表面盐度（SSS）（胡振明等，2010）以及光合有效辐射（PAR）（余为等，2017）等环境因子相关。大尺度气候变化如太平洋年代际涛动（PDO）也能对茎柔鱼渔场环境变化起到调控的作用，进而影响其种群的兴衰。虽然许多学者针对秘鲁外海茎柔鱼的产量和渔场分布与海洋环境之间的关系进行分析和讨论，但大部分学者认为温度可能是对茎柔鱼产量和渔场分布影响最为显著的环境因子。例如，在秘鲁沿岸茎柔鱼作业渔场主要分布在SST为14~30℃的海域，最高捕捞努力量出现在表层水温为17~23℃的海域（Taipe et al.，2001）。其他学者认为秘鲁海域茎柔鱼主要分布SST为17~25℃范围的海域，且主要集中在18~21℃以及24℃范围内（陈新军等，2006）。通过此类研究表明，海水表层水温的变化能够对茎柔鱼渔场重心位置产生影响。

以年际周期发生的拉尼娜和厄尔尼诺事件往往会给太平洋海域带来显著的环境变化。当厄尔尼诺事件发生时，太平洋中部和东部海域异常增温，使得海表面温度变暖；而当拉尼娜事件发生时则相反，太平洋中部和东部海域异常降温，海表面温度下降。有研究表明，相较于厄尔尼诺事件，正常年份和拉尼娜事件下茎柔鱼生境可能更加适宜，这可能与水温变化有关（Li et al.，2017）。本研究通过量化茎柔鱼渔场的经度和纬度重心，厘清在拉尼娜和厄尔尼诺两种气候条件下秘鲁外海茎柔鱼渔场和环境的变化趋势，以及对比不同气候事件下茎柔鱼渔场重心的位置变化规律，明确茎柔鱼适宜栖息地范围，最终解析秘鲁外海茎柔鱼渔场时空分布对厄尔尼诺和拉尼娜事件的响应。本研究有利于了解秘鲁外海茎柔鱼渔场与水温变化的关系，为茎柔鱼资源的可持续利用及管理提供科学参考。

（一）材料与方法

1. 材料

（1）渔业数据来自上海海洋大学中国远洋渔业数据中心，茎柔鱼捕捞数据包括作业时间、作业位置、产量及捕捞努力量等信息，时间跨度为2006—2015年9—12月，空间范围覆盖秘鲁外海茎柔鱼渔场海域75°W—95°W、8°S—20°S，渔业数据的空间分辨率为0.5°×0.5°，时间分辨率为月。中国渔船在秘鲁渔场的作业位置均分布在秘鲁专属经济区200 nmile外，其中作业年份2007年发生了拉尼娜事件，2015年发生了厄尔尼诺事件。

（2）环境数据选取海表面温度及尼诺指数。其中，海表面温度数据选自夏威夷大学网站（http://apdrc.soest.hawaii.edu/data/data.php），时间分辨率为月，空间分辨率为

$0.5°×0.5°$。尼诺指数（ONI）可以用来表征厄尔尼诺、拉尼娜事件及正常气候。依据 Niño 3.4 区海表温距平值（SSTA）来获取尼诺指数，其数据来自美国国家海洋和大气管理局（NOAA）（https：//www.cpc.ncep.noaa.gov/products/analysis_monitoring/enso-stuff/ensoyears.shtml）。

2. 分析方法

（1）本研究基于捕捞努力量来计算秘鲁外海茎柔鱼渔场海域经度和纬度重心位置，用来量化渔场在经度和纬度上的主要位置。通过分析渔场重心位置的时空分布变化情况来研究东南太平洋茎柔鱼渔场的时空变化。茎柔鱼渔场经度及纬度重心的计算公式分别如下（Robinson et al.，2013）：

$$X = \frac{\sum_{i=1}^{n}(C_i \times X_i)}{\sum_{i=1}^{n} C_i} \tag{2-5}$$

$$Y = \frac{\sum_{i=1}^{n}(C_i \times Y_i)}{\sum_{i=1}^{n} C_i} \tag{2-6}$$

式 2-5、式 2-6 中，X 为茎柔鱼渔场的经度重心位置；Y 为茎柔鱼渔场的纬度重心位置；C_i 代表某个渔区 i 的捕捞努力量；X_i 代表茎柔鱼第 i 渔区的经度位置；Y_i 为茎柔鱼第 i 渔区的纬度位置；n 为渔区的总数。

（2）针对 2006—2015 年 9—12 月茎柔鱼渔场经度和纬度重心，采用聚类分析方法分析 10 年间茎柔鱼渔场年际差异，并依据聚类分析结果，绘制聚类树状图，描述茎柔鱼渔场重心的聚类差异。

（3）根据频率分布法，将茎柔鱼高产月份 9—12 月渔场内的 SST 按照 1 ℃ 划分区间，估算每个 SST 区间内捕捞努力量出现的频次，以此评估茎柔鱼在各月的适宜及最适温度范围。

（4）本研究厄尔尼诺及拉尼娜事件的判别依据为尼诺指数。当 Niño 3.4 区 SSTA 连续 5 个月超过 +0.5 ℃，则认定发生一次厄尔尼诺事件；当连续 5 个月低于 -0.5 ℃ 时，则认为发生一次拉尼娜事件。本文依据该异常气候的判别来选择 2007 年（拉尼娜年份）及 2015 年（厄尔尼诺年份）这两个特殊年份进行对比分析，研究厄尔尼诺和拉尼娜事件对茎柔鱼渔场内的 SST 以及渔场经、纬度重心变化所产生的影响。此外，本文利用交相关分析法评估秘鲁外海茎柔鱼渔场内的 SSTA 与尼诺指数之间的关联，以此来分析当异常气候事件发生时茎柔鱼渔场内的水温变化情况和产生的影响。

（二）结果与分析

1. 2006—2015 年 9—12 月茎柔鱼渔场重心的时空变化及聚类分析

（1）茎柔鱼渔场重心的时空变化　表 2-4 所显示的是 2006—2015 年 9—12 月茎柔鱼渔场经度和纬度重心的空间位置。其中，9 月茎柔鱼渔场经度重心分布在 $80.1°W—83.1°W$，纬度重心分布在 $10.5°S—15.1°S$；10 月渔场经度重心分布在 $79.4°W—83.0°W$，纬度重心分布在10.6°S—16.4°S；11月渔场经度重心分布在78.9°W—82.4°W，纬度重心分布在11.2°S—17.8°S；12月渔场经度重心分布在79.7°W—82.5°W，纬度重心分布在12.1°S—17.0°S。分析9—12月渔场重心位置变化发现，9—10月茎柔鱼渔场经纬度重心略微向西北方向偏移，而在11—12月则向东南方向移动。茎柔鱼渔场重心存在明显的年际和月份差异（图2-8）。

表2-4 2006—2015年9—12月茎柔鱼渔场经度和纬度重心分布

年份	9月		10月		11月		12月	
	经度（°W）	纬度（°S）	经度（°W）	纬度（°S）	经度（°W）	纬度（°S）	经度（°W）	纬度（°S）
2006	82.9	11.8	82.4	11.0	81.7	12.3	81.2	13.6
2007	83.1	10.5	82.7	10.6	82.0	11.2	81.9	12.5
2008	82.7	11.3	81.8	11.4	82.1	11.9	81.9	12.1
2009	82.4	11.9	83.0	11.0	82.4	11.8	81.2	14.0
2010	81.4	13.3	80.9	14.1	80.3	14.7	80.0	15.6
2011	81.3	15.1	81.5	13.5	81.3	14.0	81.3	15.4
2012	82.5	11.4	82.0	10.7	81.9	14.1	82.5	14.8
2013	80.7	14.5	80.9	15.3	80.2	16.5	79.9	16.7
2014	81.1	12.8	79.4	16.4	78.9	17.8	79.7	17.0
2015	80.1	14.7	80.4	15.8	80.0	15.9	79.7	16.2

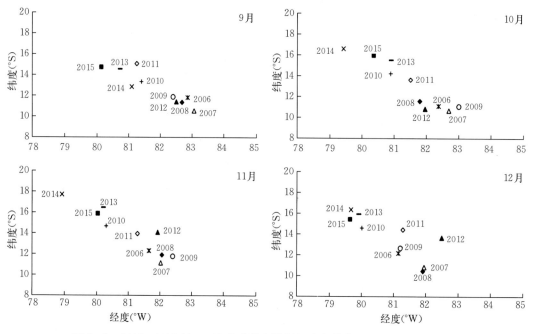

图2-8 2006—2015年9—12月茎柔鱼渔场经度和纬度重心的时空分布变化

（2）茎柔鱼渔场重心的聚类结果　如图2-9所示，9月茎柔鱼渔场的经、纬度重心分为（2006、2008、2007、2009、2012）、（2010、2014）与（2011、2013、2015）3类；10月分为（2007、2009、2006、2012、2008）、（2010、2011）与（2013、2015、2014）3类；11月茎柔鱼渔场经、纬度重心的分类结果为（2008、2009、2007、2006）、（2011、2012、2010）和（2013、2015、2014）3类；而12月则分为（2008、2014、2009、2007、2011、2010、2013）、（2012）和（2006、2015）3类。

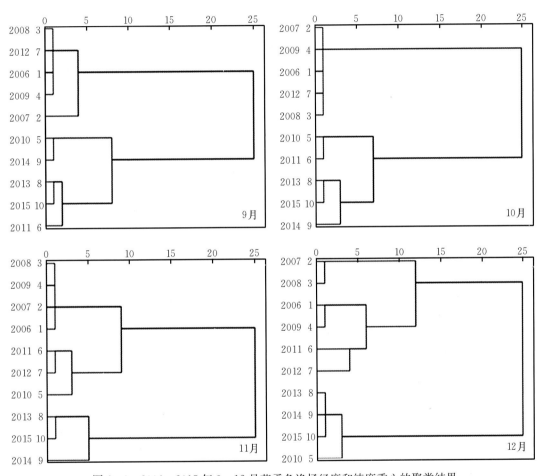

图2-9　2006—2015年9—12月茎柔鱼渔场经度和纬度重心的聚类结果

2. 捕捞努力量的时空分布及与SST之间的关系

（1）捕捞努力量在经纬度上的分布　2006—2015年9—12月茎柔鱼捕捞努力量在经纬度上的分布情况如图2-10所示，9月的捕捞努力量主要集中于79.5°W—82.5°W，10.0°S—15.5°S；10月的捕捞努力量主要集中在79.5°W—83.0°W，10.0°S—11.5°S和13.5°S—17.5°S；11月的捕捞努力量主要集中于78.5°W—82.5°W，11.0°S—12.5°S和14.5°S—18.0°S；12月的捕捞努力量则是主要在78.5°W—82.5°W，12.5°S—17.5°S。

（2）捕捞努力量与SST的关系　图2-11为2006—2015年9—12月秘鲁外海茎柔鱼捕捞努力量在不同SST区间上的分布情况。其中，9月茎柔鱼的捕捞努力量分布在15～

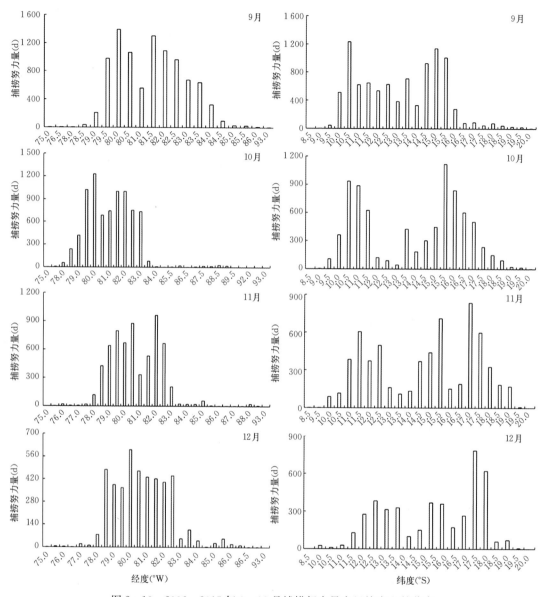

图 2-10　2006—2015 年 9—12 月捕捞努力量在经纬度上的分布

21 ℃上，适宜的 SST 范围为 17～19 ℃，适宜温度区间内的捕捞努力量占当月捕捞努力量总值的 82.90%，最适温度为 18 ℃；10 月茎柔鱼捕捞努力量分布在 16～20 ℃区间内，适宜的 SST 范围是 17～19 ℃，该区间捕捞努力量占总捕捞努力量的 82.55%，最适温度为 18 ℃；11 月茎柔鱼捕捞努力量分布在 17～22 ℃的范围内，适宜的 SST 范围是 17～20 ℃，该范围内捕捞努力量占总捕捞努力量的 95.98%，最适温度为 18 ℃；12 月的捕捞努力量分布在 18～22 ℃上，适宜的 SST 范围为 19～21 ℃，此区间内的捕捞努力量占总捕捞努力量的 89.44%，最适温度为 20 ℃。

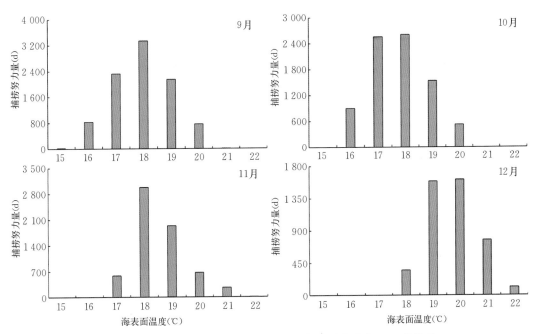

图 2-11　2006—2015 年 9—12 月捕捞努力量分布与 SST 的关系

（3）茎柔鱼渔场内 SSTA 与 ONI 的交相关分析　茎柔鱼渔场内 SSTA 与尼诺指数的交相关分析结果如图 2-12 所示。可以看出，尼诺指数与茎柔鱼渔场内的 SSTA 呈显著的正相关性（$P<0.05$），且在滞后 0 月时相关性最大，对应的交相关系数为 0.31。

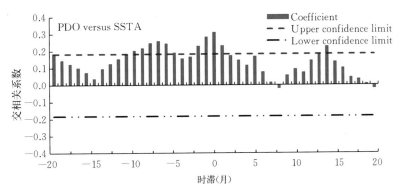

图 2-12　尼诺指数与茎柔鱼渔场内 SSTA 的交相关系数

注：图中虚线和实线分别是 95% 置信区间的上限和下限。

3. 异常气候条件下茎柔鱼渔场重心变化及其与 SST 之间的关系

（1）2007 年和 2015 年茎柔鱼渔场 SST 的年间差异　2007 年与 2015 年 9—12 月茎柔鱼渔场 SST 均值以及最大和最小值都呈现出明显的月间差异：9 月的 SST 最低，且 9—12 月 SST 呈现逐步上升的趋势，在 12 月时 SST 达到最大值。此外，2007 与 2015 年茎柔鱼渔场 SST 年际差异也较为明显，2007 年 SST 明显低于 2015 年（图 2-13）。

图 2-14 显示的是 2007 年与 2015 年茎柔鱼渔场 SST 频率分布。可以看出，2015 年

9—12月茎柔鱼渔场内SST明显高于2007年。9月2007年茎柔鱼渔场内SST主要分布在13~21℃，且在18℃频率分布最高，为23%；而2015年的SST则分布在16~23℃，在19℃和20℃频率分布最高，均为21%。10月2007年渔场内SST主要分布在15~21℃，且在17℃频率分布最高，为25%；而2015年SST则分布在16~24℃，在20℃频率分布最高，为25%。11月2007年的茎柔鱼渔场SST分布在15~21℃，最高频率出现在17℃，为32%；而2015年SST则分布在17~24℃，最高频率出现在19℃，为28%。12月2007年的SST主要分布在17~22℃，在19℃频率分布最高，达到33%；而2015年的SST则主要分布在18~24℃上，在20℃时频率分布最高，为26%。

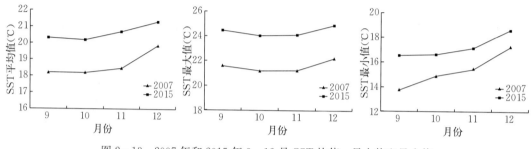

图2-13　2007年和2015年9—12月SST均值、最大值和最小值

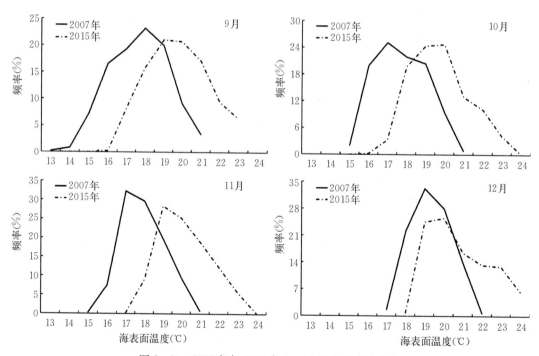

图2-14　2007年与2015年9—12月SST频率分布

（2）2007年和2015年茎柔鱼渔场重心和捕捞努力量分布差异　根据图2-15，可以看出2007年与2015年9—12月的茎柔鱼渔场纬度重心随时间的推移逐渐向南移动，经度重心则随时间的推移向东移动。对比2007年与2015年两年的经、纬度重心，发现2007

年茎柔鱼渔场的纬度重心明显低于 2015 年,即 2007 年茎柔鱼渔场的位置较 2015 年偏北;而 2007 年渔场的经度显著高于 2015 年,则表明 2007 年渔场的位置较 2015 年偏西。因此,拉尼娜事件下 2007 年 9—12 月的茎柔鱼渔场位置相较于厄尔尼诺事件下 2015 年 9—12 月的茎柔鱼渔场位置更偏西北方向。

　　2007 年和 2015 年 9 月的捕捞努力量最高频次分布对应的温度均为 18 ℃,其捕捞努力量分别为 427 d 和 1 680 d。2007 年 10 月的主要分布在 17~18 ℃,而 2015 年 10 月主要分布在 18 ℃。2007 年 11 月主要分布的温度为 18 ℃,对应捕捞努力量为 510 d;而 2015 年 11 月主要分布在 18~19 ℃。2007 年 12 月捕捞努力量最高分布频次对应的温度为 20 ℃,其捕捞努力量为 623 d;而 2015 年 12 月对应温度为 19 ℃,其捕捞努力量为 531 d(图 2-16)。

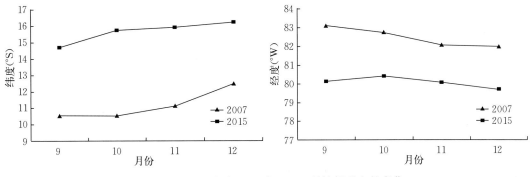

图 2-15　2007 年和 2015 年 9—12 月渔场重心的变化

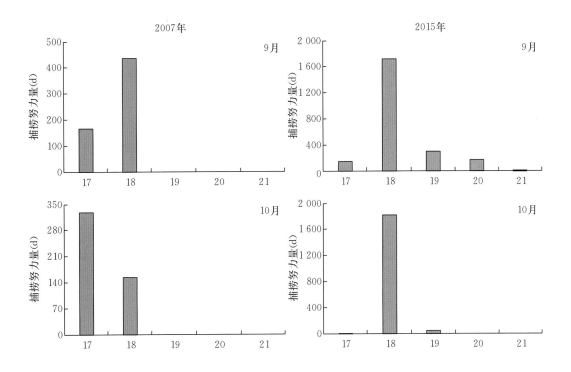

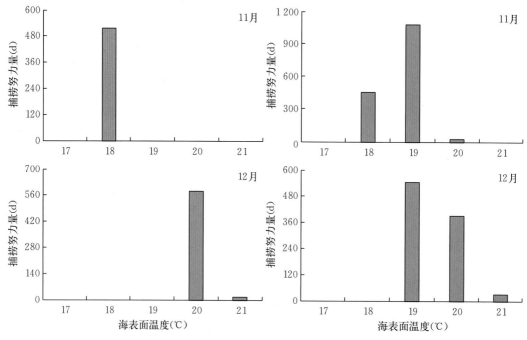

图 2-16　2007 年与 2015 年 9—12 月捕捞努力量分布对比

（3）2007 年和 2015 年茎柔鱼最偏好温度等值线分布　根据秘鲁外海茎柔鱼渔场 2007 年与 2015 年 9—12 月最偏好 SST 等温线分布图（图 2-17），可以看出 2007 年拉尼娜事件下秘鲁外海茎柔鱼渔场各月 SST 等温线相较于 2015 年厄尔尼诺年份离岸距离远，且在空间上的分布较 2015 年偏西北方向，等温线所覆盖的范围更广。由于温度的变化可以导致茎柔鱼资源丰度及空间分布发生相应变动，因而等温线的偏移也使得 2007 年茎柔鱼栖息地较 2015 年偏西北，渔场重心也相应向西北方向移动，且适宜茎柔鱼的栖息地面积更大。

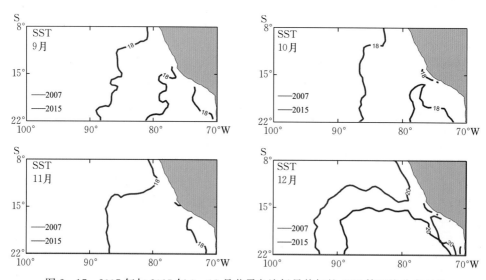

图 2-17　2007 年与 2015 年 9—12 月茎柔鱼渔场最偏好的 SST 等温线分布对比

（三）讨论

茎柔鱼作为一种短生命周期大洋头足类，环境变化对其资源渔场变动影响较大（Anderson et al.，2001）。近年来，许多学者在茎柔鱼渔场分布及资源丰度与各环境因子之间的关系方面进行了大量研究。例如，国外学者认为叶绿素浓度对于茎柔鱼资源分布具有重要影响（Robinson et al.，2013）。研究发现，在叶绿素浓度较高的海域，茎柔鱼的产量通常也相对较高。国内学者利用神经网络模型发现海表面温度、海表面高度以及叶绿素这3个因子都能够对茎柔鱼资源量产生影响（汪金涛等，2014）。此外，也有研究结论表明，秘鲁外海茎柔鱼渔场分布在一定程度上受到上升流的影响（徐冰等，2012）。在上升流的冷暖水团交汇处，强劲的上升流能将下层海水中的营养盐等物质带到海表面，从而为茎柔鱼提供了良好的营养物质，促使渔场的形成。本文在前人的研究基础上，基于2006—2015年9—12月东南太平洋秘鲁外海茎柔鱼的渔业生产数据及夏威夷大学网站提供的SST数据，评估了异常气候事件对茎柔鱼渔场内SST及渔场重心时空变化的影响。研究发现，2006—2015年9—10月渔场重心略向西北方向偏移，而11—12月则又向东南方向偏移，推测这一现象是由海表面温度的变化引起的。这与Taipe等（2001）研究成果相近，17～23℃水温更适宜茎柔鱼的生长。此外，有学者基于栖息地适宜指数建模分析认为，SST是影响秘鲁外海茎柔鱼分布最重要的环境因子（胡振明等，2010）。

异常气候事件，如拉尼娜与厄尔尼诺现象等，能够对全球海洋生态系统产生重要的影响，进而在不同程度上影响海洋中上层生物资源。拉尼娜和厄尔尼诺是导致太平洋表温发生变动的主要因素。秘鲁外海的海洋环境受大尺度气候控制显著。因此，拉尼娜及厄尔尼诺事件对该海域的鱼类空间分布产生的影响较为明显。然而，不同气候事件对于SST的影响具有差异，茎柔鱼渔场分布的适应状况也不相同。Niquen等（1999）研究指出，拉尼娜及厄尔尼诺事件这类大范围海洋环境变化，能够改变秘鲁外海茎柔鱼的生存环境，进而使得其生活习性及分布产生变化。本文通过统计分析9—12月各月SST与捕捞努力量的关系，进一步指出，秘鲁外海茎柔鱼的适宜温度范围在18～20℃，这与胡振明等（2009）的研究结果一致。茎柔鱼渔场分布的适应情况，从2007年（拉尼娜年份）9月最低的SST（13.75℃）到2015年（厄尔尼诺年份）12月最高的SST（24.85℃），由此不难看出，茎柔鱼对于表温的适应范围较广。

本研究通过对比2007年（拉尼娜年份）与2015年（厄尔尼诺年份）秘鲁外海海域茎柔鱼渔场9—12月的SST及渔场重心变化，发现2015年茎柔鱼渔场内的SST较2007年更高，且渔场重心较2007年偏东南方向。究其原因，发现这一现象与特定气候条件调控下的秘鲁外海茎柔鱼渔场的环境条件变化有较大关联。根据全文基于渔场内SST变化及渔场经、纬度重心分布差异，梳理出2007年与2015年两年秘鲁外海茎柔鱼渔场分布变化对拉尼娜及厄尔尼诺事件的生态响应过程：当拉尼娜事件发生时，秘鲁外海茎柔鱼渔场内SST有所下降，且明显低于厄尔尼诺年份。研究表明，适宜茎柔鱼生长的最适温度范围为17～21℃，过高或过低的SST都无法使茎柔鱼获得舒适的生长环境。通过对比2007年与2015年茎柔鱼渔场内SST可以发现，厄尔尼诺年份的渔场内SST普遍较高，海域环境相对于拉尼娜年份不利于茎柔鱼生长。因此，在厄尔尼诺年份，茎柔鱼渔场分布范围较小，适宜的栖息地面积减小。此外，本文通过选取 2007 年与 2015 年 9—12 月各月茎柔鱼渔场偏好的 SST 等温线分布对比图也论证了这一观点。Yu 等（2019）经过研究认为，2015 年为强厄尔尼诺年，栖息地海表水温较暖，海面高度较高，适宜栖息地面积较少。温健等（2020）研究了不同类型厄尔尼诺和拉尼娜事件下秘鲁外海茎柔鱼栖息地的变动，发现 2007 年作为强拉尼娜年份，茎柔鱼栖息地海表水温偏冷，海表高度偏低，茎柔鱼的适宜栖息地面积较多。这些也与本文的研究结果一致。由于拉尼娜事件发生时海水温度较低，最适等温线也比 2015 年更加靠北，在水温发生变化时，茎柔鱼也会立即做出响应去寻找相对更加适宜的水温范围。因此，等温线在 2007 年偏向西北方向导致了该年茎柔鱼渔场的重心也向西北偏移。

需要特别说明的是本文选取的 2007 年与 2015 年并不能够代表所有的拉尼娜和厄尔尼诺事件下秘鲁外海茎柔鱼渔场环境的变化情况，主要因为拉尼娜及厄尔尼诺事件是十分复杂的气候变化，其强度和类型变化较多，因此各年环境变化需要进行逐年分析才能进一步剖析不同强度和类型的厄尔尼诺和拉尼娜事件对茎柔鱼的影响。另外，本文仅仅考虑了 SST 这一个环境因子对秘鲁外海茎柔鱼渔场经、纬度重心时空分布变化的影响，但事实上秘鲁外海茎柔鱼资源丰度和时空分布也同样受到其他海洋环境因素的影响，如海表面高度、海表面盐度、净初级生产力、溶解氧、海流等。茎柔鱼渔场的时空分布及其形成机制受到各类海洋环境的综合影响，环境因子之间也可能存在相互作用从而共同影响渔场的分布。例如，海水的盐度和温度关系较为密切，通常高温水域盐度相对较高，而低温水域则盐度较低；叶绿素含量与水温之间也存在着关联。此外，PDO 作为年代际的气候变率，对于短生命周期的茎柔鱼来说也会产生相应的影响，需要考虑其与厄尔尼诺和拉尼娜事件的协同影响。因此，未来研究中应该综合考虑多种类型的环境因子进行多元化分析，以提升研究结果的准确性和精度。

第三节　智利外海茎柔鱼渔场的时空分布

茎柔鱼广泛分布于东太平洋海域，是我国远洋渔业主要捕捞的经济头足类之一（陈新军等，2009；贾涛，2011），在海洋生态系统中占据极其重要的地位，位于大洋营养链的中间环节（胡贯宇等，2018）。其种群结构较为复杂，具季节性洄游特性，范围广，因此资源丰度易受到气候环境因子的影响（Waluda et al.，2006；Liu et al.，2016）。近年来，国内外学者对茎柔鱼的种群结构（Liu et al.，2015；Sandoval - Castellanos et al.，2007）、日龄生长（胡振明等，2009；Chen et al.，2011）、繁殖（Arkhipkin et al.，2014；Hernández - Muñoz et al.，2016）以及洄游路径（Roden et al.，1959；Tafur et al.，2001）等生物学及生活史部分已经开展了较多的研究，在其生物海洋学方面也开展了部分研究，主要集中在结合海表面高度（SSH）、海表面温度（SST）、叶绿素浓度（Chl - a）等海洋环境因子（Fang et al.，2017；钱卫国等，2008），分析茎柔鱼资源丰度与海洋环境及气候变化之间的联系（Niquen et al.，1999；Keyl et al.，2011）。茎柔鱼在东太平洋主要有三大主要渔场，分布于赤道海域、秘鲁和智利外海海域，多数研究集中于传统渔场秘鲁外海海域，针对智利外海茎柔鱼渔场的研究相对缺乏。因此，本文以智利外海茎柔鱼为研究对象，探讨不同年份和季节下茎柔鱼渔场重心及作业海域海表温度的变动情况，并对比了正常年份和厄尔尼诺气候事件发生年份下茎柔鱼渔场重心及最适海表温度的变动情况，以探究影响茎柔鱼渔场分布的内在机理，为智利外海茎柔鱼渔业资源的可持续利用及科学管理提供理论根据。

（一）材料与方法

1. 渔业数据

智利外海茎柔鱼是我国远洋鱿钓的重要作业海域之一。本研究茎柔鱼渔业数据主要来源于71.5°W—88.5°W，20°S—34.5°S，时间范围覆盖2011—2017年1—5月及12月，渔业数据来源于上海海洋大学中国远洋渔业数据中心，数据内容包括作业海域的经纬度、作业时间、作业网次及捕捞产量等，空间分辨率为0.5°×0.5°。

2. 环境数据

环境数据选取海表面温度及尼诺指数。其中海表面温度数据选自夏威夷大学网站，时间分辨率为月，空间分辨率为0.5°×0.5°。依据Niño 3.4区海表温距平值（SSTA）来获取尼诺指数，其数据来自美国国家海洋和大气管理局（NOAA）。

3. 研究方法

（1）基于产量数据计算智利外海茎柔鱼渔场经度和纬度重心位置，并通过分析产量的时空分布来探究茎柔鱼渔场的时空变化特征。茎柔鱼渔场经度及纬度重心的计算公式分别如下：

$$X = \sum_{i=1}^{n} (C_i \times X_i) / \sum_{i=1}^{n} C_i$$

$$Y = \sum_{i=1}^{n} (C_i \times Y_i) / \sum_{i=1}^{n} C_i \qquad (2-7)$$

式2-7中，X为茎柔鱼渔场的经度重心位置；Y为茎柔鱼渔场的纬度重心位置；C_i代表某个捕捞站点i的产量；X_i代表茎柔鱼第i捕捞站点的经度位置；Y_i为茎柔鱼第i捕捞站点的纬度位置；n为捕捞站点的总数。

（2）针对2011—2017年1—5月及12月智利外海茎柔鱼渔场经度和纬度重心，采用聚类分析方法分析不同年份间茎柔鱼渔场年际差异。依据聚类分析结果，绘制聚类树状图，探究茎柔鱼渔场重心的聚类差异。其中，2013年1月和12月捕捞数据可能由于观察员记录问题缺失。聚类分析在SPSS19.0软件中进行。

（3）根据频率分布法，将1—5月及12月茎柔鱼渔场内的SST按照1℃划分区间，统计每个SST区间内捕捞努力量分布情况，探究茎柔鱼在各月的适宜及最适温度范围。

（4）本研究利用尼诺指数判断厄尔尼诺及拉尼娜事件的发生。当Niño 3.4区SSTA连续5个月超过+0.5℃，则认定发生一次厄尔尼诺事件；当连续5个月低于-0.5℃时，则认为发生一次拉尼娜事件。由于2014年和2015年12月及1月的渔业数据量太少，可能会导致研究结果产生较大误差，因此本研究选用2014年与2015年2—5月的渔业和环境数据，对比分析了厄尔尼诺发生的2015年和正常年份2014年茎柔鱼渔场内的SST以及渔场经、纬度重心变化对气候事件的响应。此外，本研究基于利用交相关分析法分析秘鲁外海茎柔鱼渔场内的 SSTA 与尼诺指数之间的关联，据此探究当异常气候事件发生时茎柔鱼渔场内的水温变化情况和产生的影响。

（二）结果

1. 2011—2017 年夏季和秋季茎柔鱼渔场重心的时空变化及聚类分析

（1）智利外海茎柔鱼渔场重心的时空变化　2011—2017 年夏季和秋季智利外海茎柔鱼渔场经度和纬度重心的空间位置如表 2-5 所示。在夏季，12 月渔场经度重心分布在 76.07°W—84.50°W，纬度重心分布在 20.25°S—28.00°S；1 月茎柔鱼渔场经度重心分布在 75.65°W—81.54°W，纬度重心分布在 20.00°S—32.00°S；2 月渔场经度重心分布在 75.65°W—81.58°W，纬度重心分布在 20.26°S—29.39°S。在秋季，3 月渔场经度重心分布在 76.00°W—78.67°W，纬度重心分布在 20.61°S—28.09°S；4 月渔场经度重心分布在 75.89°W—80.58°W，纬度重心分布在 20.84°S—24.99°S；5 月渔场经度重心分布在 75.66°W—81.54°W，纬度重心分布在 20.96°S—30.73°S。根据图 2-18 对夏季和秋季渔场重心位置变化进行分析，夏季茎柔鱼渔场经纬度重心相较于秋季范围更广且稍向西北方向偏移。2011—2017 年间，夏季 2017 年最偏南，2014 年最偏北；秋季 2013 年渔场重心最偏南，2014 年则最偏北。智利外海茎柔鱼渔场重心在年际和夏秋季节间存在显著的差异。

表 2-5　2011—2017 年 1—5 月及 12 月茎柔鱼渔场经度和纬度重心分布

年份	1 月		2 月		3 月		4 月		5 月		12 月	
	经度(°W)	纬度(°S)	经度(°W)	纬度(°S)	经度(°W)	纬度(°S)	经度(°W)	纬度(°S)	经度(°W)	纬度(°S)	经度(°W)	纬度(°S)
2011	76.11	26.74	76.16	27.05	76.09	25.67	75.89	24.36	75.66	27.35	76.07	26.89
2012	75.82	28.87	76.06	27.19	78.05	25.24	77.46	22.27	75.73	28.75	84.50	28.00
2013	—	—	81.58	20.26	78.59	20.61	80.58	20.84	81.54	20.96	—	—
2014	78.58	32.00	79.14	29.39	78.67	28.09	79.69	24.99	78.85	26.70	80.00	20.50
2015	79.21	27.19	76.11	24.70	76.48	25.49	77.36	23.57	77.80	22.55	79.71	22.51
2016	75.97	22.87	75.65	27.82	76.10	25.49	78.50	21.23	76.50	30.73	79.40	20.25
2017	78.17	20.25	77.51	23.69	76.48	25.60	75.88	24.26	77.20	20.93	79.38	20.00

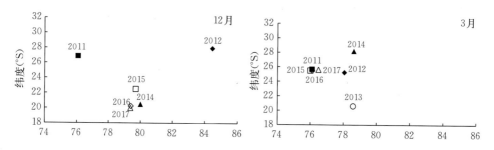

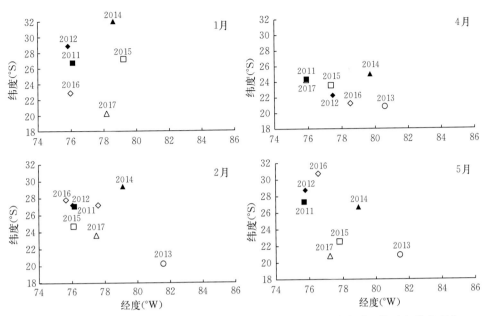

图 2-18 2011—2017 年 1—5 月及 12 月茎柔鱼渔场经度和纬度重心的时空分布变化

（2）茎柔鱼渔场重心的聚类结果 对 2011—2017 年 1—5 月及 12 月智利外海茎柔鱼渔场经纬度重心进行聚类（图 2-19），结果表明，1 月茎柔鱼渔场的经纬度重心存在 3 个聚类，分别为（2011、2012、2015）、（2016、2017）与（2014）；2 月存在 3 个聚类，分别为（2011、2012、2015、2016、2017）、（2013）与（2014）；3 月存在 3 个聚类，分别为（2011、2012、2015、2016、2017）、（2013）与（2014）；4 月存在 3 个聚类，分别为

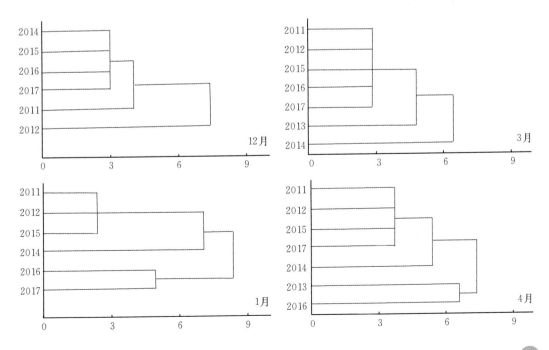

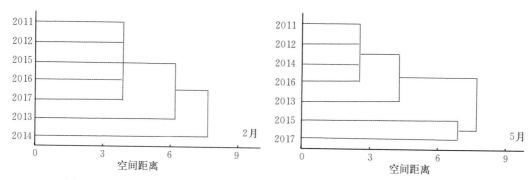

图 2-19　2011—2017 年 1—5 月及 12 月茎柔鱼渔场经度和纬度重心的聚类结果

(2011、2012、2015、2017)、（2013、2016）与（2014）；5 月存在 3 个聚类，分别为
(2015、2017)、（2011、2012、2014、2016）与（2013）；12 月存在 3 个聚类，分别为
(2014、2015、2016、2017)、（2011）与（2012）。

2. 智利外海茎柔鱼捕捞努力量的时空分布差异及与 SST 之间的关系

（1）捕捞努力量在经纬度上的分布　2011—2017 年夏季和秋季智利外海茎柔鱼捕捞
努力量在经纬度上的分布情况如图 2-20 所示。在夏季，12 月的捕捞努力量主要集中于
78°W—80°W，20°S—21°S；1 月的捕捞努力量主要集中于 76°W—78°W，28°S—30°S；2
月的捕捞努力量主要集中在 76°W—78°W，27°S—29°S。在秋季，3 月的捕捞努力量主要
集中于 75°W—78°W，21°S—24°S；4 月的捕捞努力量则主要分布于 75°W—78°W，21°S—
24°S；5 月的捕捞努力量则主要分布于 75°W—78°W，26°S—29°S。

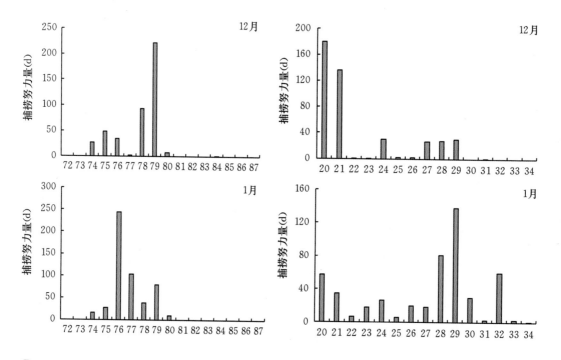

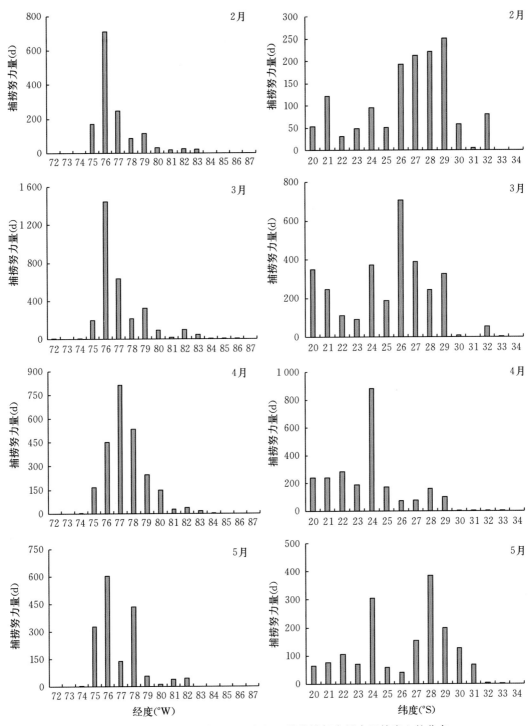

图 2-20 2011—2017 年 1—5 月及 12 月捕捞努力量在经纬度上的分布

（2）捕捞努力量与 SST 的关系 2011—2017 年夏季和秋季智利外海茎柔鱼捕捞努力量在不同 SST 区间上的分布情况如图 2-21 所示。夏季，12 月的茎柔鱼捕捞努力量分布在18～21℃上，适宜的SST范围为18～20℃，最适温度为20℃；1月的茎柔鱼捕捞努力量分布在17～24℃上，适宜的SST范围为18～21℃，最适温度为19℃；2月的茎柔鱼捕捞努力量分布在18～24℃上，适宜的SST范围为19～21℃，最适温度为20℃。秋季，3月的茎柔鱼捕捞努力量分布在19～24℃上，适宜的SST范围为20～22℃，最适温度为21℃；4月的茎柔鱼捕捞努力量分布在18～23℃上，适宜的SST范围为19～21℃，最适温度为21℃；5月的茎柔鱼捕捞努力量分布在17～22℃上，适宜的SST范围为18～20℃，最适温度为18℃。

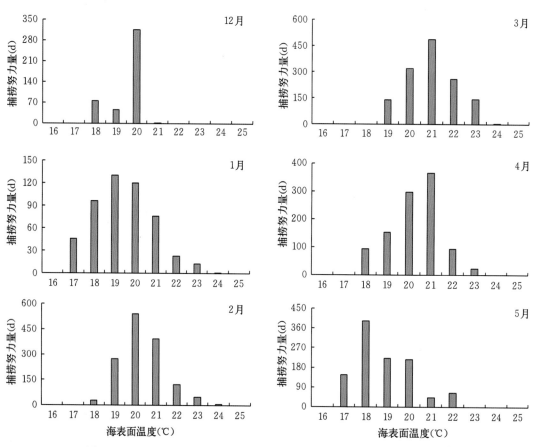

图2-21 2011—2017年1—5月及12月捕捞努力量分布与SST的关系

3. 智利外海茎柔鱼渔场内SSTA与ONI的交相关分析

智利外海茎柔鱼渔场内SSTA与尼诺指数的交相关分析结果表明（图2-22），尼诺指数与智利外海茎柔鱼渔场内的SSTA存在显著的负相关（$P<0.05$），且在滞后4月时相关性最大，其交相关系数为0.358（$P<0.05$）。结果表明，智利外海茎柔鱼渔场内的SSTA受气候影响显著，ONI事件的强弱会影响渔区内SST变化。

4. 异常气候条件下智利外海茎柔鱼渔场重心变化及其与SST之间的关系

（1）2014年和2015年茎柔鱼渔场SST的年间差异 2014年与2015年2—5月SST均值以及最大和最小值的变化情况如图2-23所示。2—5月智利外海茎柔鱼渔场的SST

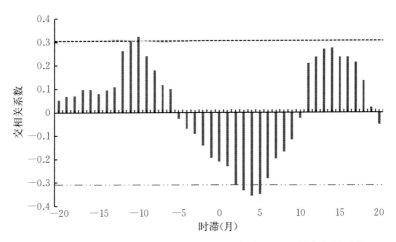

图 2-22 尼诺指数与智利外海茎柔鱼渔场内 SSTA 的交相关系数

注：黑色虚线和灰色虚线分别是 95% 置信区间的上限和下限。

平均值、最大值以及最小值都呈现出显著的月间差异：5 月的 SST 的平均值最低，2—5月 SST 呈现缓慢上升后下降的趋势，SST 在 3 月达到最大值。此外，2014 年与 2015 年智利外海茎柔鱼渔场 SST 年际差异也较为显著，2014 年 SST 显著低于 2015 年。

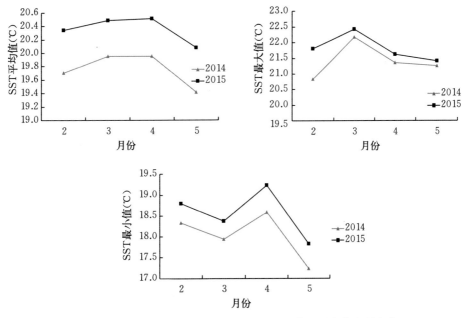

图 2-23 2014 年和 2015 年 2—5 月 SST 均值、最大值和最小值

（2）2014 年与 2015 年 2—5 月 SST 频率分布对比 2014 年与 2015 年智利外海茎柔鱼渔场 SST 频率分布如图 2-24 所示，其中 2015 年 2—5 月茎柔鱼渔场内 SST 显著高于2014 年。2 月 2014 年茎柔鱼渔场内 SST 主要分布在 18～21 ℃，2015 年的 SST 则分布在19～22 ℃，最适温度为 21 ℃；3 月 2014 年渔场内 SST 和 2015 年一致均主要分布在 18～22 ℃，最适温度为 20 ℃；4 月 2014 年茎柔鱼渔场内 SST 和 2015 年一致均主要分布在 19～

22 ℃，但 2014 年最适温度为 20 ℃，2015 年则为 21 ℃；5 月 2014 年茎柔鱼渔场内 SST 和 2015 年一致均主要分布在 18～21 ℃，但 2014 年最适温度为 19 ℃，2015 年则为 20 ℃。

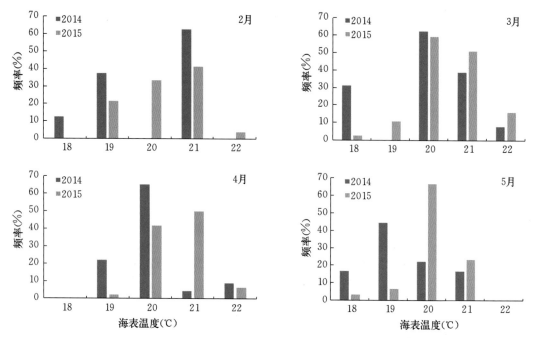

图 2-24　2014 年与 2015 年 2—5 月 SST 频率分布

5. 2014 年和 2015 年智利外海茎柔鱼渔场重心的时空分布差异

2014 年与 2015 年 2—5 月的智利外海茎柔鱼渔场经纬度重心月间变动如图 2-25 所示。结果表明，2014 年渔场重心在 2—4 月间向西北移动，而 4—5 月则向东南偏移；在 2015 年，经度重心不断向西偏移，而纬度重心在 2—3 月向南略有偏移，而 3—5 月纬度重心则不断向北偏移。对比 2014 年与 2015 年两年的渔场重心发现，在纬度方向上，2014 年茎柔鱼渔场的位置较 2015 年偏南；在经度方向上，2014 年渔场的位置较 2015 年偏东。研究结果表明，厄尔尼诺事件下 2015 年 2—5 月的智利外海茎柔鱼渔场位置相较于正常年份 2014 年 2—5 月的茎柔鱼渔场位置更偏东北方向。

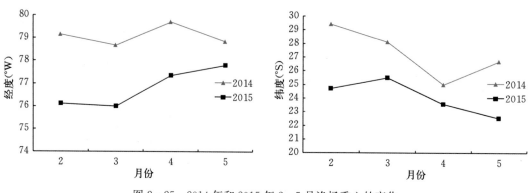

图 2-25　2014 年和 2015 年 2—5 月渔场重心的变化

（1）2014年和2015年智利外海茎柔鱼捕捞努力量分布对比　2014年与2015年2—5月捕捞努力量分布对比如图2-26所示。结果表明，厄尔尼诺发生的2015年各个月份捕捞努力量均显著低于正常气候的2014年。

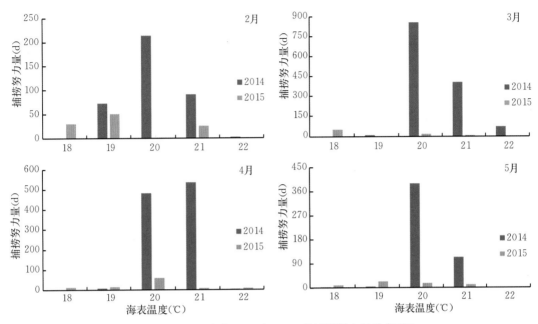

图2-26　2014年与2015年2—5月捕捞努力量分布对比

（2）2014年和2015年茎柔鱼最偏好温度等值线分布对比　根据智利外海茎柔鱼渔场2014年与2015年2—5月最偏好SST等温线分布图（图2-27），可以看出2015年厄尔尼诺事件下智利外海茎柔鱼渔场各月SST等温线相较于2014年正常年份离岸更近，且在空间上的分布较2014年偏东南方向，等温线所覆盖的范围更小。由于温度的变化可能导致茎柔鱼资源丰度及空间分布发生相应变动，因而等温线的偏移也使得2015年茎柔鱼栖息地较2014年偏东南，渔场重心也相应向东南方向移动，且适宜茎柔鱼的栖息地面积更小。

（三）讨论

茎柔鱼是一种广温广盐性且高度洄游的短生命周期头足类（Taipe et al.，2001），生命周期仅为1~2年（贾涛，2011），广泛分布于东太平洋，是我国远洋渔业鱿钓船队的重要捕捞对象（胡贯宇等，2018）。东太平洋茎柔鱼的表型可塑性极强，因而对海洋环境变动的响应显著（Waluda et al.，2006），其分布、资源量和基础生物学特性受不同时间尺度气候扰动影响显著（Waluda et al.，2006）。国内外学者研究表明，茎柔鱼栖息地变动受海表温度、海表盐度、叶绿素a浓度、海面高度及光合有效辐射等环境因子的影响（余为等，2017；Yu et al.，2019）。本研究结果表明，智利外海茎柔鱼主要分布在72°W—88°W，20°S—34°S海域，这一结果与方学燕等（2014）的74°W—84°W，20°S—40°S基本一致。本研究通过对不同月份智利外海茎柔鱼渔场重心分析结果可知，渔场重心在年际和

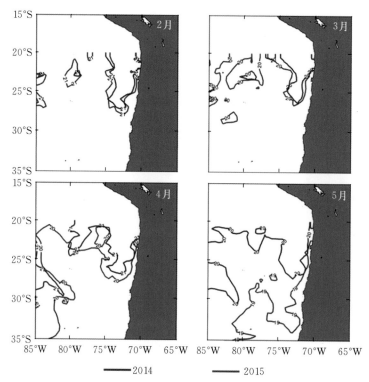

图 2-27　2014 年与 2015 年 2—5 月茎柔鱼渔场最偏好的 SST 等温线分布对比

月间存在显著的差异。1—2 月茎柔鱼渔场经纬度重心略微向西南方向偏移，2—3 月其渔场经纬度重心基本不变，且作业海域范围略有减小，3—5 月茎柔鱼渔场经纬度重心向西北方向偏移，而对比 12 月与 1—5 月渔场经纬度重心发现，12 月的渔场经纬度重心往西南方向偏移。相较于 1—4 月，5 月和 12 月的渔场重心离岸更近，这可能与其自身生活史特征息息相关。茎柔鱼是高度洄游头足类，秘鲁及智利沿岸是其重要的产卵场（胡贯宇等，2018）。Liu 等（2016）利用茎柔鱼微耳石化学信息结合海表温度对其洄游路线进行了重建，发现秘鲁沿岸孵化的茎柔鱼幼体随海流向南漂流，在稚体期洄游至智利沿岸海域。陆化杰等（2014）对智利外海茎柔鱼的胃级研究表明，2—5 月茎柔鱼胃饱满度不断提升，且个体不断增长，这与其生长发育密切相关。5 月时，茎柔鱼更偏向于向沿岸上升流更强且初级生产力更高的海域洄游，因而渔场重心会向近岸偏移，进一步验证了本研究结果的可靠性。茎柔鱼资源丰度及分布受海表温度影响显著，在本研究中，智利外海茎柔鱼适宜海表温度为 17～24 ℃，最适海表温度为 18～20 ℃，这一结果与秘鲁海域（胡振明等，2008）的 17～23 ℃ 基本一致。此外，不同月份茎柔鱼最适海表温度略有差异，这可能与海洋环境的季节性变化有关。

茎柔鱼作为短生命周期大洋性生物，其资源量变动受局部海域环境变动和全球气候变化的调控作用。本研究表明智利外海茎柔鱼渔场重心受气候事件影响显著。厄尔尼诺事件下 2015 年 2—5 月的智利外海茎柔鱼渔场位置相较于正常年份 2014 年 2—5 月更偏东北方向，且厄尔尼诺发生年份智利外海茎柔鱼的最适栖息 SST 偏高，而这可能会导致其适宜栖息地面积减小，这与温健（2020）及冯志萍等（2021）研究结果较为一致。Rodhouse 等（1982）研究结果表明，气候事件的发生会使茎柔鱼渔场及资源量发生产生波动，其中厄尔尼诺现象会导致茎柔鱼资源丰度降低，出现渔获量下降的情况，且智利外海的作业海域受秘鲁寒流影响显著。在厄尔尼诺事件发生期间，由于信风减弱，赤道潜流增强，具有高温高盐特征的亚热带表层水团向东偏移，阻碍了秘鲁寒流的上升，上层暖水无法得到深层富营养盐海水的补充，导致海表温度升高、初级生产力下降，进而对更高营养级水平的海洋生物产生影响（Portner et al.，2020；Keyl et al.，2014）。Chavez 等（2011）对东太平洋茎柔鱼生态位研究发现，厄尔尼诺发生期，其食物来源受到了影响，初级生产力及小型的鱼类资源量大幅下降（Watanabe et al.，2003），导致其营养生态位下降，摄食范围减小，资源丰度下降。

此外，PDO 作为年代际的气候变率，对于短生命周期的茎柔鱼来说也会产生相应的影响，需要考虑其与厄尔尼诺和拉尼娜事件的协同影响。因此，未来研究中应该综合考虑多种类型的环境因子进行多元化分析，以保证研究的合理性。

第三章

不同海域茎柔鱼种群
分布差异的海洋动力因素分析

第一节　赤道和秘鲁外海茎柔鱼栖息地时空分布及
　　　环境因子的影响贡献度

　　茎柔鱼广泛分布在东太平洋海域，南北跨度大，在赤道海域的分布范围可延伸至140°W 左右，是我国主要捕获的经济头足类之一（Nigmatullin et al.，2001；Keyl et al.，2014；陈新军等，2012）。茎柔鱼只有 1 年生命周期，其短生命周期生活史特征导致茎柔鱼资源丰度与分布对海洋环境极为敏感（Yu et al.，2016；温健等，2020）。不同时空尺度的气候和海洋环境变化会导致茎柔鱼资源丰度与分布产生巨大差异，为准确定位其渔场空间位置带来很大不确定性（Yu et al.，2016；温健等，2020）。因此，探寻海洋环境与茎柔鱼资源丰度与分布之间的关系，并建立科学有效的分布预测模型，对于协助远洋渔业企业精确探测茎柔鱼渔场，并对该资源的科学管理与可持续利用具有积极意义。

　　赤道海域和秘鲁外海已经成为茎柔鱼重要的栖息地和捕捞渔场，但两个海域环境具有较大差异。在秘鲁外海，秘鲁海流自智利南部开始向北流动，并在秘鲁外海与赤道暖流系统交汇，形成高生产力且复杂多变的海域环境（Montecino and Lange，2009）。秘鲁沿岸则存在广泛的上升流，海表面温度较低，生产力较高（叶旭昌，2001）；而赤道海域分布着热带海流系统，海表面温度较高，生产力较低（Hsin，2016）。秘鲁外海茎柔鱼栖息地存在明显的季节性变化，同时也受到局部海域环境、厄尔尼诺和拉尼娜等事件调控（Yu et al.，2017；Yu et al.，2019）。Feng 等（2017）基于 CPUE 与环境因子关系分别建立广义加性模型和空间自回归模型，预测秘鲁外海茎柔鱼栖息地分布，认为空间自回归模型要优于广义加性模型。此外，近年来美国学者 Frawley 等（2019）研究结果同样也表明，茎柔鱼渔场内水温上升会导致该种群无法洄游至岸边索饵，使得近海资源难以恢复。梳理以往研究发现，选取的大多数因子多为海表温度（SST）、海平面异常（Sea level anomaly，SLA）、海表面盐度（SSS）等环境因子（胡振明等，2010；方学燕等，2014；Feng et al.，2017；Yu et al.，2017；Frawley et al.，2019），但与鱼类摄食饵料密度和扩散分布密切相关的因子，如叶绿素浓度（Chlorophyll - a，Chl - a）、净初级生产力（Net primary production，NPP）、光合有效辐射（Photosynthetically active radiation，

PAR）、涡旋动能（Eddy kinetic energy，EKE）等物理-生态因子对茎柔鱼资源丰度与分布的影响尚未探明和区分（胡振明等，2010；方学燕等，2014；余为和陈新军，2017）。此外，以往的研究过多集中于秘鲁外海，也并未考虑不同海域环境因子对茎柔鱼资源丰度与分布影响的差异。

因此，本研究选取 2012—2018 年我国在秘鲁外海和赤道海域茎柔鱼的作业数据，耦合与茎柔鱼生长代谢、摄食等密切相关的 7 个环境因子，利用最大熵模型对秘鲁外海、赤道海域茎柔鱼栖息地的月间分布进行模拟，以栖息地适宜性表征茎柔鱼资源丰度，深入探索两个海域茎柔鱼资源丰度的月间时空分布规律，评估不同海域环境因子对茎柔鱼资源丰度与空间分布影响的差异，为茎柔鱼渔场的探测提供科学依据。

（一）材料与方法

1. 渔业和环境数据

茎柔鱼渔获数据来自中国远洋渔业数据中心，时间为 2012—2018 年，时间分辨率为月。数据内容包括作业经纬度、作业时间、作业次数、渔获量等。秘鲁外海研究范围为 75°W—95°W，8°S—20°S，赤道海域研究范围为 85°W—125°W，5°N—5°S，空间分辨率为 0.5°×0.5°。本研究主要分析秘鲁外海、赤道海域茎柔鱼栖息地月间时空变动情况，数据均以月为单位进行建模分析。由于赤道海域 10—11 月作业记录相对较少，因此赤道海域只对 1—9 月、12 月的数据进行建模分析。

环境数据包括 SST、SSS、Chl‐a、SLA、EKE、NPP、PAR 共 7 个环境因子。其中 SST 与 Chl‐a 数据来源于夏威夷大学研究中心（http://apdrc.soest.hawaii.edu），数据空间分辨率为 9 km，时间分辨率为月；NPP 数据来自俄勒冈州立大学网站（http://orca.science.oregonstate.edu），数据空间分辨率为 5′×5′，时间分辨率为月；SSS 来源于 NOAA Coast Watch ERDDAP 数据库（https://coastwatch.pfeg.noaa.gov），数据空间分辨率为 0.25°×0.25°，时间分辨率为 3 d；PAR、SLA、海流 U 和 V 数据来自 Ocean‐Watch 网站（https://Oceanwatch.pifsc.noaa.gov），数据空间分辨率分别为 0.25°×0.25°，时间分辨率为 d。将所有环境数据的时空分辨率进行处理成 0.5°×0.5°，且依据海流 U 和 V 计算得出涡流动能 EKE，计算公式如下：

$$EKE = \frac{U^2 + V^2}{2} \tag{3-1}$$

式 3-1 中，U 和 V 分别代表海流水平和垂向流速。

2. 研究方法

（1）渔获数据处理　定义 0.5°×0.5° 为一个渔区，按月计算每个渔区内的 CPUE，定义作业次数为捕捞努力量。对 CPUE 和捕捞努力量进行逐月平均，分析两者的月间变化。CPUE 的计算公式如下：

$$CPUE_i = \frac{C_i}{n_i} \tag{3-2}$$

式 3-2 中，C_i 为渔区 i 的总渔获量；n_i 为渔区 i 的捕捞努力量。

利用渔场重心法，计算各月茎柔鱼渔场的经纬度重心，来表征渔场重心位置的月间变化情况。渔场经度重心（Longitudinal gravity center，LONG）和纬度重心（Latitudinal gravity center，LATG）的计算公式如下：

$$LONG_m = \sum_{i=1}^{k}(C_i \times X_i) / \sum_{i=1}^{k} C_i \qquad (3-3)$$

$$LATG_m = \sum_{i=1}^{k}(C_i \times Y_i) / \sum_{i=1}^{k} C_i \qquad (3-4)$$

式 3-3、式 3-4 中，$LONG_m$ 和 $LATG_m$ 分别为经、纬度重心位置；C_i 为渔区 i 的捕捞努力量；X_i 为渔区 i 的经度；Y_i 为渔区 i 的纬度；k 为海域中渔区总数；m 为月份。

（2）最大熵模型　栖息地模型已经在海洋经济物种的栖息地质量评价、中心渔场预测、资源量评估等方面得到广泛的应用（Yu et al.，2016；温健等，2020）。作为栖息地模型的一种，最大熵模型具有明显的特点和优势（张天蛟等，2015）。基于本章的研究目的，选取最大熵模型探究赤道海域、秘鲁外海茎柔鱼资源丰度与分布对环境因子的响应差异。

最大熵模型（Maximum entropy model，MaxEnt）原理是根据不完全信息（存在点的位置与环境图层），选择满足限制条件下最大熵的分布作为最优分布（Elith et al.，2015；张天蛟等，2015）。模型的最新软件 MAXENT3.4.1 下载网址为：https://biodiversity informatics. amnh. org/open _ source/maxent/。Sample 区域输入各月存在点的位置数据，其中包括物种名称、经度和纬度，并以 CSV 格式进行保存。将各个环境因子由 Arcgis10.2 软件转换成分辨率为 0.5°×0.5° 的 ASCⅡ 格式，并输入到环境图层。运行前设置随机选择 75% 的存在点作为训练集，25% 的存在点作为测试集进行测试，并重复运行 10 次，来消除可能存在的随机性，其余参数均设置成默认参数。结果以 Logistic 格式输出，即每个渔区的物种存在概率的范围为 0～1，以存在概率来定义栖息地适宜指数（HSI）（龚彩霞等，2020）。最大熵模型采用受试者工作特征曲线（Receiver operating characteristic curve，ROC）分析方法来进行模型精度的评价（龚彩霞等，2020）。该方法以假阳性率为横坐标，真阳性率为纵坐标绘制而成，AUC 值为 ROC 曲线下的面积。AUC 值越大，表明物种分布与环境变量的相关性越大，模型预测效果越好（张颖等，2011；张天蛟等，2015；龚彩霞等，2020）。

各月模拟结果所输出分布图以 ASCⅡ 格式输出，将输出的文件导入 Arcgis10.2 软件中转换成 CSV 文件，内容包括每个渔区的经度、纬度和 HSI。贡献率排在前三的环境因子被选为关键环境因子，并结合响应曲线得出适宜范围，分析茎柔鱼栖息地月间变化与环境因子的响应情况。选取 HSI≥0.6 的海域为适宜栖息地海域（龚彩霞等，2020），依据以下公式计算适宜栖息地经、纬度重心，并与渔场重心进行对比，验证渔场空间位置与适宜栖息地时空分布的关联。

$$LONG \_ SH_m = \sum_{i=1}^{k}(P_i \times X_i) / \sum_{i=1}^{k} P_i \qquad (3-5)$$

$$LATG \_ SH_m = \sum_{i=1}^{k}(P_i \times Y_i) / \sum_{i=1}^{k} P_i \qquad (3-6)$$

式 3-5、式 3-6 中，$LONG \_ SH_m$ 和 $LATG \_ SH_m$ 分别为适宜栖息地经、纬度重心位置；P_i 为渔区 i 的 HSI；X_i 为渔区 i 的经度；Y_i 为渔区 i 的纬度；k 为海域中 HSI>

0.6 渔区总个数；m 为月份。

（二）研究结果

1. 秘鲁外海、赤道海域茎柔鱼捕捞努力量和 CPUE 的月间变化

由图 3-1 可知，秘鲁外海捕捞努力量与 CPUE 均存在明显的月间变化，1—4 月捕捞努力量与 CPUE 均明显下降，随后逐渐增加；8—11 月作业规模相对较大，10 月捕捞努力量达到最高值，随后又逐渐下降；但 CPUE 在 4 月达到了最低之后逐渐增加，8—12 月 CPUE 逐渐稳定在 4.5～6 t/d。在赤道海域，捕捞努力量从 1 月开始逐渐升高，8 月达到最高，随后月份显著下降，10—12 月捕捞次数减小到最低；CPUE 在 1—3 月逐渐升高，3 月达到最高，4—12 月显著降低，基本位置稳定在 3.5～4 t/d。

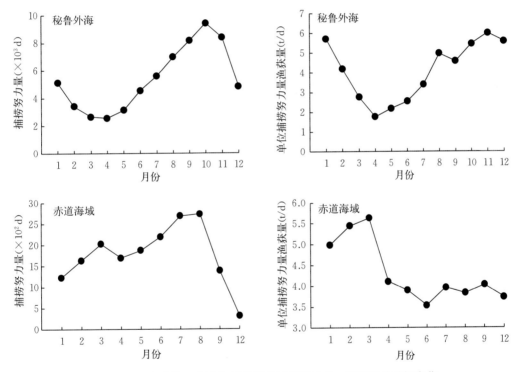

图 3-1　秘鲁外海、赤道海域茎柔鱼捕捞努力量、CPUE 的月间变化

2. 秘鲁外海、赤道海域茎柔鱼渔场环境因子的月间变化

在秘鲁外海，SST 在 1—3 月逐渐增加，4—9 月降低，3 月和 9 月 SST 分别达到最高和最低；SSS 在 4—9 月先增加后减小，6 月最高，9 月最低，其他月份盐度波动较小；PAR 呈现先增加后减小的变化趋势，即 1—7 月逐渐降低，后续月份逐渐增大；NPP 在 1—7 月逐渐减小，后续月份显著增加；Chl-a 在 1—4 月缓慢增加，5—7 月逐渐减小，8—12 月逐渐增加；SLA 呈现先增加后减小的变化趋势，即在 1—5 月逐渐增加，6—12 月逐渐减小；EKE 在 1—6 月逐渐增加，7—10 月又逐渐下降，11 月和 12 月有所回升。在赤道海域，SST 呈先增加后再降低，最后缓慢回升的趋势，最高温度出现在 4 月，达 37 ℃；PAR、NPP 均呈正弦曲线模式变化，但在周期上具有较大差异；PAR 在 1—3 月、

7—9月逐渐增大，3月达到峰值，4—7月、11—12月递减；NPP只有在5—8月呈递增趋势，1—4月、9—12月均逐渐降低；Chl-a与EKE变化较为一致，前6个月两者偏低且波动较小，但在6—8月明显增加，后续月份显著减少；SLA整体上波动较大，2月SLA最小，为1.5 cm左右，2—6月、8—11月均显著增加，6—8月呈递减趋势（图3-2）。

3. 最大熵模型模拟结果精度检验

各月模型模拟结果如表3-1所示，两个海域各月模型的精度指标AUC值均超过0.7，表明最大熵模型模拟的效果较好。

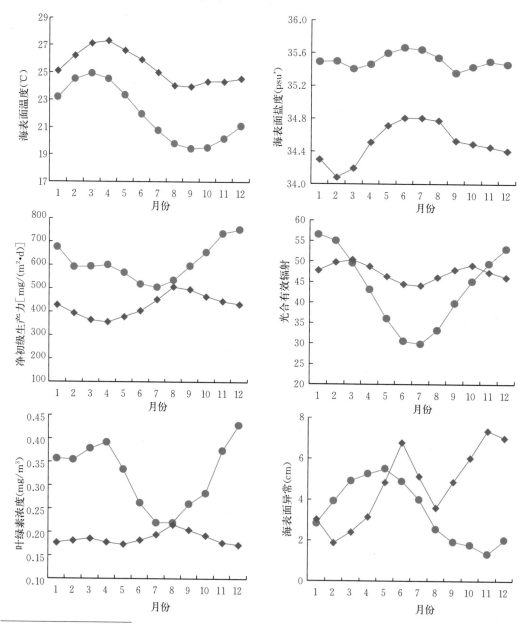

* psu为实用盐度单位（Practical salinity unit）。

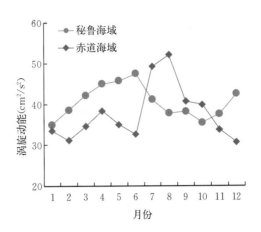

图 3 - 2　秘鲁外海、赤道海域茎柔鱼渔场各环境因子的月间变化

表 3 - 1　1—12 月秘鲁外海茎柔鱼最大熵模型结果精度统计（*AUC*±*SD*）

月份	秘鲁外海	赤道海域
1	0.779±0.050	0.932±0.037
2	0.814±0.041	0.906±0.013
3	0.837±0.030	0.861±0.024
4	0.855±0.042	0.902±0.021
5	0.840±0.032	0.878±0.017
6	0.799±0.022	0.837±0.038
7	0.809±0.030	0.803±0.042
8	0.801±0.017	0.882±0.028
9	0.840±0.035	0.895±0.045
10	0.798±0.040	—
11	0.792±0.031	—
12	0.781±0.400	0.938±0.018

4. 秘鲁外海、赤道海域茎柔鱼栖息地分布月间变化

如图 3 - 3 所示，秘鲁外海茎柔鱼实际作业位置主要集中在 HSI 较高的位置，表明适宜栖息地的空间变化可以较好指示资源丰度的时空分布，1—12 月茎柔鱼栖息地分布存在明显的月间变化。1 月适宜栖息地主要分布在 75°W—85°W，12°S—20°S 海域，2—3 月适

宜栖息地逐渐向南收缩且逐渐变窄，适宜栖息地面积有所减小。4月适宜栖息地最窄，4—7月适宜栖息地逐渐向北移动，东西方向上有所扩张，适宜栖息地面积增加。8—9月适宜栖息地位置变化较小，但在经度方向上逐渐向东收缩。随后，月份适宜栖息地位置又逐渐向南移动，适宜栖息地有所变宽。

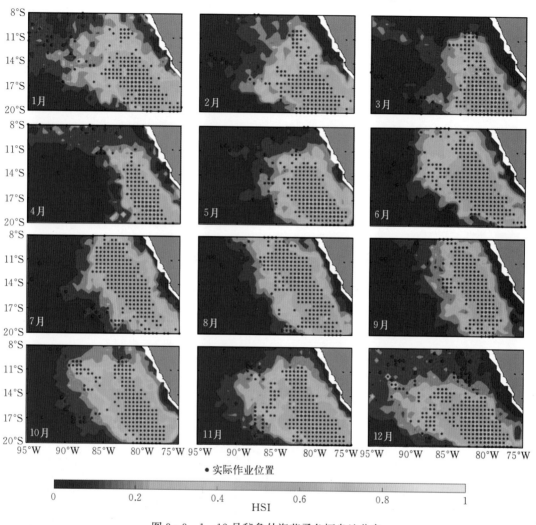

图3-3 1—12月秘鲁外海茎柔鱼栖息地分布

在赤道海域（图3-4），1月适宜栖息地主要分布在110°W—117°W，1°N—3°S，2月适宜栖息地逐渐向东偏移至117°W—112°W，3月明显向西扩张。4月适宜栖息地南北两端逐渐收缩，适宜栖息地面积减小，且呈带状分布，5月向东南方向偏移。6月适宜栖息地主要分布在95°W—109°W，0°S—3°S，适宜栖息地面积增加。7—8月，适宜栖息地继续向东南方向偏移，面积逐渐减小，8月偏移至85°W—102°W，2°S—5°S。9月、12月适宜栖息地又逐渐向西北偏移至107°W左右。

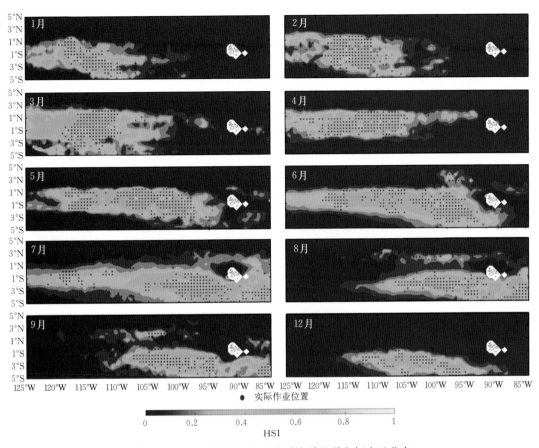

图 3-4　1—9 月以及 12 月赤道海域茎柔鱼栖息地分布

5. 适宜栖息地重心变化

最大熵模型结果所得到的每个渔区的 HSI 值，并依公式计算适宜栖息地经纬度重心，再与实际作业渔场经、纬度重心进行对比。如图 3-5 所示，两个海域渔场重心与适宜栖息地重心变化相对同步，这表明最大熵模型模拟茎柔鱼资源丰度的月间空间变化结果较好，且基本上渔场重心位置随适宜栖息地重心变化而变化。两个海域渔场重心变化具有一定差异，秘鲁外海茎柔鱼渔场重心先逐渐向西北方向迁移，随后又返回东南方向；而赤道海域渔场重心先逐渐向东南方向迁移，最后又返回西北方向。

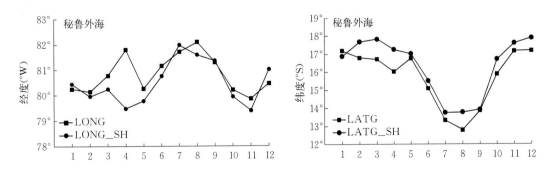

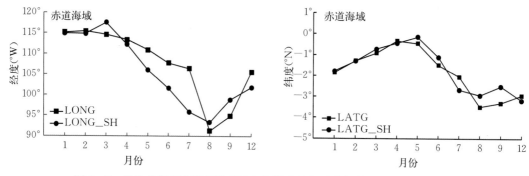

图3-5 秘鲁外海和赤道海域茎柔鱼渔场重心与适宜栖息地重心的月间变化

6. 各月环境因子贡献率及响应曲线

最大熵模型模拟结果中环境因子贡献率的月间变化如表3-2、表3-3所示，7个环境因子当中贡献率排在前3环境因子为各月影响资源丰度时空分布的关键环境因子。各月间环境因子贡献率有所差异，但相邻月份贡献率较高的环境因子相对一致。

表3-2 1—12月秘鲁外海茎柔鱼最大熵模型中环境因子贡献率（%）

环境变量	1月	2月	3月	4月	5月	6月	7月	8月	9月	10月	11月	12月
海表面温度	**15.5**	**21.7**	**17.7**	0.7	1.5	4.5	**12**	6.4	3.8	**36.2**	**39**	**33.9**
海表面盐度	**55.6**	**33.6**	**26.2**	**56.4**	**21**	3	2.7	5.8	**30.6**	5.4	**18.9**	**12.6**
净初级生产力	**18.1**	15.9	1.7	0.4	6.2	**73.9**	**58.9**	**18.9**	2.6	1.3	**19.6**	**34.9**
光合有效辐射	1.2	**16.9**	**37.3**	**38.3**	**56.4**	**12.1**	**18.4**	**16.6**	**16.5**	**41.7**	3.5	10.6
叶绿素浓度	8.1	1.8	0.1	1.2	**12**	1	2.2	**48.1**	**38.6**	5.4	4.7	0.9
涡旋动能	0.6	0.5	0	0.7	0.8	0	1.2	0.5	0.2	0.2	0.5	2.5
海平面异常	0.8	6.6	17.1	**2.3**	2	**5.5**	4.6	3.8	7.1	**9.7**	13.8	4.7

注：表中加粗环境变量为各月筛选出的关键环境因子。

表3-3 1—12月赤道海域茎柔鱼最大熵模型中环境因子贡献率（%）

环境变量	1月	2月	3月	4月	5月	6月	7月	8月	9月	12月
海表面温度	13.8	**18.4**	**38**	**22.6**	7.3	**16.9**	**56.6**	**59.1**	**52.3**	**41.1**
海表面盐度	**23.7**	**21.4**	**26.2**	17.9	1.5	1.3	4.6	2.0	7.6	4.4
净初级生产力	1.4	15.9	0.7	8.4	**55.8**	**61.1**	20.8	0.9	5.8	15.6
光合有效辐射	**37.4**	**26.4**	6.9	**19.9**	18.2	**11.2**	0.8	5.6	**9.7**	5.1
叶绿素浓度	2.6	1.8	**17.2**	0.7	1.1	0.3	3.3	4.9	1.5	2.8
涡旋动能	**19.5**	0.5	3.1	12.0	5.2	3.3	13.4	**21.7**	**17.5**	**26.5**
海平面异常	1.6	6.6	8.0	**18.5**	**11.0**	6.0	0.5	**5.8**	5.7	4.4

注：表中加粗环境变量为各月筛选出的关键环境因子。

例如，在秘鲁外海，11—12月和1—2月SST、SSS、NPP均对模型贡献率较大，2—5月SSS和PAR对模型贡献率较大，6—8月NPP、PAR对模型贡献率较大。1月环境因子贡献率较大的为 SSS、SST、NPP 和 Chl－a；自 2 月开始，PAR 对模型贡献率较大，并持续到 9 月。NPP 在 3 月、4 月和 9 月、10 月的贡献率有所下降，SSS 在 6—8 月的贡献率较低，在其他月份的贡献率均较高。SST 在 4—5 月和 9 月贡献率较低，1—3月、10—12 月贡献率均较高。Chl－a 在 8 月、9 月相对于其他环境因子对模型的贡献率最大。各月 EKE 对模型贡献率均较小，SLA 在 3 月、7 月对模型贡献率相对较大，均在 10% 以上，其他月份均较小。各月关键环境因子的累计贡献率分别为 89.2%、72.2%、81.2%、97.0%、89.4%、91.5%、89.3%、83.6%、85.7%、87.6%、77.5%、81.4%，均超过 60%，表明其对栖息地分布影响显著。研究表明（图 3－6），1 月适宜SST、SSS、NPP 分别为 21.7～24.3 ℃、35.1～35.4 psu、450～880 mg/(m² · d)；2 月适宜 SST、SSS、PAR 分别为 22.2～25.5 ℃、35.1～35.6 psu、48.5～55.6 E/(m² · d)；3 月适宜 SST、SSS、PAR 分别为 22.0～26.6 ℃、35.1～35.5 psu、41.2～48.3 E/(m² · d)；4 月适宜 SLA、SSS、PAR 分别为 2～10 cm、35.1～35.5 psu、32.7～40.0 E/(m² · d)；5 月适宜 Chl－a、SSS、PAR 分别为 0.14～0.6 mg/m³、34.9～35.8 psu、27.5～33.7 E/(m² · d)；6 月适宜 SLA、NPP、PAR 分别为 3～7 cm、425～750 mg/(m² · d)、23.6～29.8 E/(m² d)；7 月适宜 SST、NPP、PAR 分别为 18.1～21.1 ℃、450～680 mg/(m² · d)、23.5～29.3 E/(m² · d)；8 月适宜 Chl－a、NPP、PAR 分别为 0.18～0.35 mg/m³、450～730 mg/(m² · d)、27.8～32.4 E/(m² · d)；9 月适宜 Chl－a、SSS、PAR分别为 0.19～0.43 mg/m³、34.9～35.3 psu、35.3～39.0 E/(m² · d)；10 月适宜 SST、PAR、SLA 分别为 17.2～19.2 ℃、40.2～44.4 E/(m² · d)、－2～3 cm；11 月适宜 SST、SSS、NPP 分别为 16.8～19.9 ℃、34.8～35.5 psu、550～1 100 mg/(m² · d)；12 月适宜 SST、SSS、NPP 分别为 13.0～20.6 ℃、34.8～35.7 psu、500～900 mg/(m² · d)。

在赤道海域，各月环境因子对茎柔鱼资源丰度与分布影响具有较大差异，这主要体现在关键环境因子的种类与排序上。但各月间关键环境因子也存在一些共性，例如，在所有月份中，SST 对模型的贡献率均占了较大比例，尤其是在 6—9 月和 12 月；而 PAR 在1—6 月的贡献率要大于随后月份，而 EKE 则相反，在 7—9 月和 12 月的贡献率较大；NPP 在 5—6 月高于其他环境因子，对模型的贡献率最大。因此，SST、NPP、PAR 和 EKE 对赤道海域茎柔鱼资源丰度与分布影响较大。各月关键环境因子累计贡献率分别为80.6%、66.2%、81.4%、61%、85%、89.2%、90.8%、86.6%、79.5%、83.2%，均超过 60%，表明其对资源丰度与分布影响显著。研究表明（图 3－7），1 月关键环境因子为 SSS、PAR、EKE，各因子适宜范围分别为 34.8～35.2 psu、51～54 E/(m² d)、250～1 000 cm²/s²；2 月关键环境因子为 SST、SSS、PAR，各因子适宜范围分别为 24.2～25.8 ℃、34.6～35.1 psu、51～54 E/(m² · d)；3 月关键环境因子为 SST、SSS、Chl－a，各因子适宜范围分别为 25.8～27.0 ℃、34.5～35.6 psu、0.14～0.20 mg/m³；4 月关键环境因子为 SST、SSS、PAR，各因子适宜范围为 26.0～27.0 ℃、34.9～35.7 psu、51～46 E/(m² · d)；5 月关键环境因子为 NPP、PAR、SLA，各因子适宜范围分别为 370～500 mg/(m² · d)、48～50 E/(m² · d)、4.3～7.1 cm；6 月关键环境因子为 SST、NPP、EKE，各因子适宜范围分别为 24.0～25.7 ℃、400～525 mg/(m² · d)、250～1 000 cm²/s²；7 月关键环境因子为 SST、NPP、EKE，各因子适宜范围分别为 21.0～24.5 ℃、450～

760 mg/(m² · d)、0～600 cm²/s²；8 月关键环境因子为 SST、SLA、EKE，各因子适宜范围分别为 19.2～22.6 ℃、−1.5～2 cm、0～300 cm²/s²；9 月关键环境因子为 SST、PAR、EKE，各因子适宜范围分别为 19.8～22.8 ℃、46～51 E/(m² · d)、0～250 cm²/s²；12 月关键环境因子为 SST、NPP、EKE，各因子适宜范围分别为 23.2～24.0 ℃、415～500 mg/(m² · d)、50～200 cm²/s²。

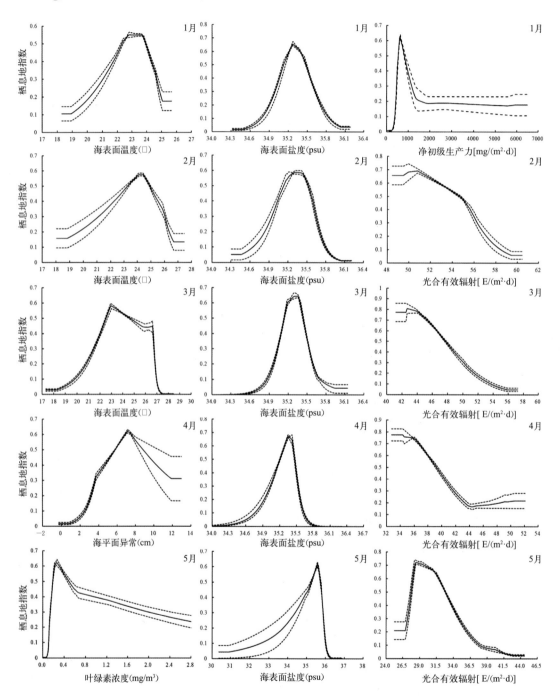

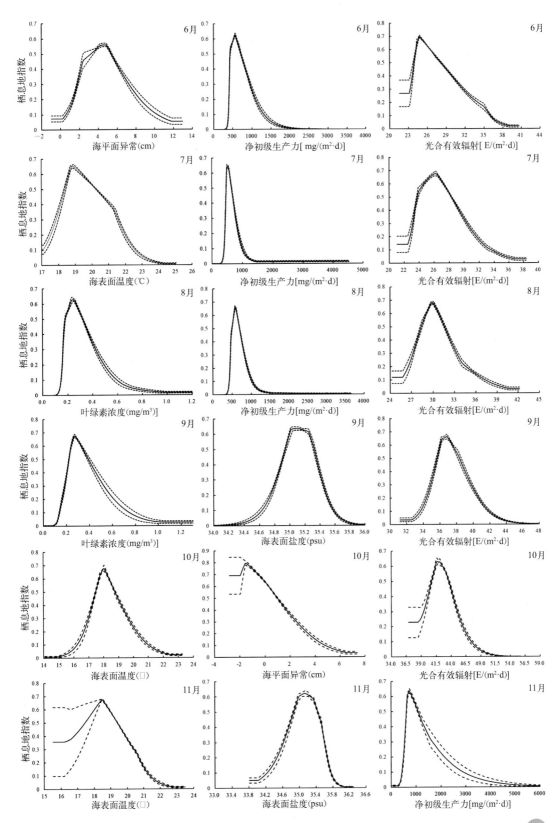

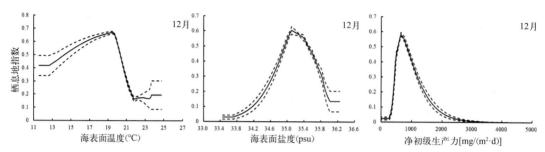

图 3-6　秘鲁外海茎柔鱼渔场各月关键环境因子响应曲线

注：实线为均值，上下虚线分为最大值和最小值。

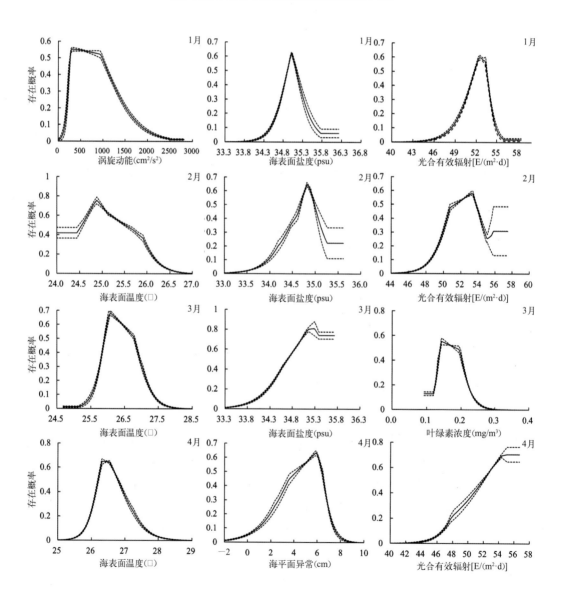

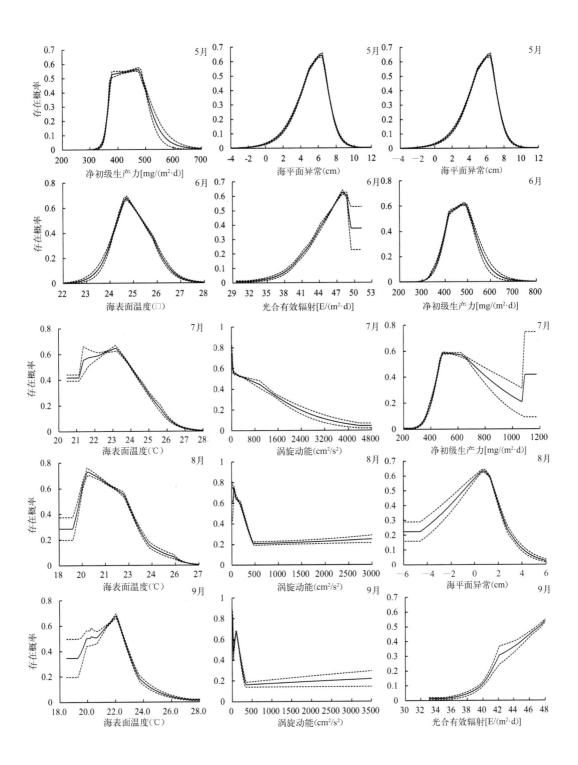

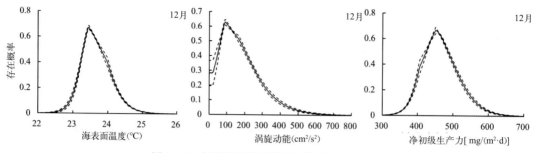

图 3-7　赤道海域各月关键环境因子响应曲线
注：实线为均值，上下虚线分别为最大值和最小值。

（三）讨论与分析

1. 最大熵模型

作为研究物种分布的模型之一，最大熵模型可依据物种实际出现点的位置，并结合位置点的环境信息，对未知区域做出判断，具有较好的模拟分析能力（Elith et al.，2015；Alabia et al.，2015；张天蛟，2016）。本文利用 2012—2018 年秘鲁外海、赤道海域的实际作业位置数据作为茎柔鱼存在点，并综合选取 SST、SSS、NPP、PAR 等 7 个环境数据，结合最大熵模型进行模拟分析秘鲁外海、赤道茎柔鱼资源丰度的时空分布特征。各月模拟结果 AUC 值均大于 0.7，表明模型模拟效果较为可靠。此外，最大熵模型可依据模型的贡献率来判断环境因子的重要性，并通过每个环境因子的概率曲线来解释物种分布与环境因子的关系（张天蛟等，2015）。本研究表明，各月环境因子对栖息地影响具有一定差异，且关键环境因子的适宜范围不同。本研究侧重于分析两个海域茎柔鱼的时空分布和关键环境因子的差异性，并未结合"投影"模块进行预测验证。如 Alabia 等（2015）基于 2001 年所建立的最大熵模型较好地预测了 2002—2004 年柔鱼潜在栖息地，并基于 2005 年的模型分析了在未来气候模式下环境变暖对柔鱼栖息地的影响。张天蛟等（2015）在研究影响产漂流性卵鲤（*Notropis girardi*）时，利用"投影"模块分析了历史时期和当前时期模型的"转移"和"追溯"能力。因此，未来可以充分利用最大熵模型的"投影"模块，分析茎柔鱼在未来气候模态下资源丰度与分布的变化情况。

2. 海流和涡旋对栖息地分布的影响以及渔场形成机制分析

茎柔鱼在东南太平洋的分布范围较广，在赤道海域可延伸至 140°W，秘鲁沿岸及外海、智利沿岸及外海和赤道等海域是重要的渔场（Nigmatullin et al.，2001；Keyl et al.，2014；陈新军，2019）。本研究结果表明，适宜栖息地的空间分布可以较好地表征资源丰度的时空变化。在秘鲁外海，茎柔鱼适宜栖息地 1—8 月向北移动，前 5 个月适宜栖息地在 16°S—17°S，6 月和 7 月偏移较大，8—12 月向南移动。在经度方向上，茎柔鱼栖息地重心在 80°W—82°W 移动，并分别在 5 月、11 月最接近秘鲁沿岸。在赤道海域，1—5 月茎柔鱼适宜栖息地均在 3°N—3°S 分布，且逐渐向东移动。自 6 月开始，适宜栖息地逐渐开始向东南方向偏移。茎柔鱼资源丰度和分布与赤道暖流、秘鲁海流、加利福尼亚海流等海流密切相关（陈新军和赵小虎，2006）。太平洋海域具有复杂的大气和环流系统，海流和涡旋等可能对茎柔鱼的生长、洄游等生活史过程及渔场的分布产生较大影响（Anderson and Rodhouse，2001；Keyl et al.，2014）。

在东南太平洋海域，存在着赤道海流系统（Equatorial current system，ECS）和秘鲁海流系统（Peru current system，PCS）两个极为重要的洋流系统（Montecino and Lange，2009；Mélanie et al.，2011）。强烈的信风使得秘鲁北部海域沿岸产生广泛的终年上升流，生产力较高，是世界上著名的渔场之一（Montecino and Lange，2009）。秘鲁沿岸海域为茎柔鱼主要的产卵场之一，茎柔鱼的部分仔体和卵会随洪堡海流向北洄游，在洄游过程中逐渐生长（Anderson and Rodhouse，2001；Tafur et al.，2001；Keyl et al.，2014）。到达赤道海域后，成熟的茎柔鱼一部分会留在赤道海域，另一部分则向南洄游到秘鲁外海，并在沿岸进行产卵（Anderson and Rodhouse，2001；Tafur et al.，2001；Keyl et al.，2014；胡贯宇等，2018）。秘鲁外海茎柔鱼也存在近岸、离岸的洄游活动，远洋海域中分布着体型较小未成熟的茎柔鱼，在逐渐靠近沿岸的过程中成熟，并在沿岸的温暖水域进行产卵（Argüelles et al.，2001；Ibáñez et al.，2015）。Chen 等（2013）研究发现，在赤道北部哥斯达黎加穹顶雌性茎柔鱼性成熟比例高达 60% 以上，表明此海域可能是茎柔鱼的一个潜在产卵场所。赤道逆流和北赤道暖流的共同作用下形成高生产力的上升流海域，为哥斯达黎加穹顶成为茎柔鱼产卵场提供了饵料基础和较高温度的环境。赤道海域雌性茎柔鱼性成熟多以Ⅰ、Ⅱ期为主，而只有雄性有极少Ⅲ期以上的个体出现，赤道海域可能只是一个索饵场所（陈新军等，2012；章寒等，2019）。由此推测，赤道中部海域茎柔鱼可能来源于两个海域，北赤道暖流可能将哥斯达黎加穹顶的部分卵和仔体向西运输，而秘鲁海流可能将部分秘鲁外海的卵和仔体向北输送，在与南赤道暖流交汇后随赤道暖流向西运输。在运输的过程中，茎柔鱼逐渐生长发育，到达赤道中部后往东洄游。由此可见，茎柔鱼的栖息地变动与其摄食、生长、繁殖、洄游等不同生活史阶段有关。

根据环境因子的贡献率，我们观察到两个海域环境因子对茎柔鱼资源丰度与分布的影响具有明显差异。在秘鲁外海，PAR、NPP 等表征营养盐因子对茎柔鱼资源丰度与分布影响程度较大。强烈的上升流使得秘鲁外海具有较高的生产力（Montecino and Lange，2009）。秘鲁外海强烈的埃克曼输送可以将秘鲁近岸的营养盐水团向外海输运，迫使外海生产力增加（Croquette et al.，2004）。这可能是 PAR、NPP 等表征营养盐因子影响程度较大的原因。

在赤道海域，7—9 月、12 月和 1 月 EKE 对茎柔鱼资源丰度与分布影响程度逐渐增大。赤道海域存在热带反气旋漩涡，EKE 是衡量涡旋和海流能量的一个重要指标（Wang et al.，2019）。涡旋的产生与海流密切相关，相关学者研究发现，由于信风强烈的季节性变化以及赤道海流系统中各海流之间强烈的剪切作用，使赤道海域附近形成中尺度热带不稳定反气旋涡旋，以大约 30 cm/s 的速度向西传播（Kennan and Flament，2000）。这种传播不仅改变了赤道局部海域的温盐结构，提高了初级生产水平，而且增加了生物富集水域中小型中上层鱼类的密度（Kennan and Flament，2000），进而可能影响到茎柔鱼的资源丰度与分布。研究表明，南风的增强会增加海流的剪切作用，进而导致 EKE 的明显增大，而 EKE 的强弱会影响赤道海域热量的向西传输（Kennan and Flament，2000；Jayne and Marotzke，2002；Wang et al.，2019）。本研究结果表明，7—10 月赤道海域的 EKE 增大，热量向西传输的作用增强，这对东太平洋赤道海域温度降低具有显著效果。根据各月 EKE 的响应曲线发现，茎柔鱼喜欢栖息于 EKE 相对较低的海域。刘瑜等（2020）研究发现，EKE 与柔鱼的 CPUE 呈明显的负相关关系，并对柔鱼的资源分布影响显著。因此，赤道海域涡旋活动可能对茎柔鱼资源丰度与分布存在较大影响。

3. 环境因子对茎柔鱼栖息地的影响

各月环境因子贡献率结果显示环境因子资源丰度与分布的影响具有一定差异性。陈新军等（2006）认为，水温是影响渔场形成及资源丰度与空间分布的主要因素之一。在水温变暖的情况下，秘鲁外海茎柔鱼栖息地随适宜温度海域明显向南移动，而在水温变冷的情况下，茎柔鱼栖息地随适宜温度向北偏移（Yu et al.，2018）。此外，易倩等（2014）基于信息增益技术研究发现，上层水温结构对秘鲁和智利外海茎柔鱼资源丰度及其时空分布均具有较大影响，且各渔场适宜温度范围存在明显的季节变化，相对于秘鲁外海，智利外海的适宜温度较低。赤道海域因光照强度较高，适宜 SST 范围明显高于秘鲁、智利外海渔场。赤道渔场 SST 也存在明显的季节变化，2—6 月渔场的平均 SST 温度较高，其他月份较低。茎柔鱼资源丰度与分布对 SST 表现出极高的敏感性。在温度较暖的 1—5 月，由于赤道潜流的运输作用，赤道中部存在一条低温带，两侧温度较高，茎柔鱼多分布在温度较低的中间水域。1—2 月，中间低温带的温度相对较低，茎柔鱼在纬度上的跨度相对较大，自在 3 月开始，由于赤道整体温度的升高，茎柔鱼逐渐向低温带靠拢，呈菱形分布，而 110°W 拱形高温水团可能限制了茎柔鱼的东移。4 月温度达到最高，由于两侧温度较高，茎柔鱼全部居中在赤道中部并呈矩形分布，逐渐向东移直到 5 月。在赤道太平洋东部，由于秘鲁海流和赤道潜流（上升流）的共同作用，形成外形酷似舌头的冷水海域，称为冷舌，在 7—11 月，冷舌明显变冷（Willett et al.，2006；田军等，2019）。如图 3-8 所示，自 6 月开始，我们同样观察到明显的冷舌变冷现象，而这也正为茎柔鱼的东南偏移提供了良好的冷水环境。6—7 月，茎柔鱼在经度方向跨度较大，茎柔鱼逐渐向东南方向偏移；8—12 月，茎柔鱼主要集中在 105°W 以东海域。

PAR 指能被浮游植物中叶绿体利用且能进行光合作用的那部分辐射能，Chl-a 是浮游植物进行光合作用的主要色素，两者均对初级生产力具有一定的影响（赵辉和张淑平，2014；余为和陈新军，2017）。初级生产力是海洋生态系统中基础的营养潜力指标，其大小及分布影响着渔业资源丰度的空间分布（余为等，2016）。余为等（2017）研究 PAR 对秘鲁外海茎柔鱼渔场及资源丰度变动的影响，认为 PAR 的适宜范围面积比例与秘鲁外海茎柔鱼 CPUE 呈明显的正相关关系，且最适 PAR 纬度重心与 CPUE 纬度重心变化较为一致。温健等（2019）基于 SST 与 PAR 两个环境因子建立栖息地模型，该模型能较好预测西北太平洋柔鱼栖息地热点海域，而 NPP 对北太平洋柔鱼的资源量与渔场分布也具有调控作用。本研究结果表明，相对于 Chl-a，NPP 和 PAR 对秘鲁外海茎柔鱼适宜栖息地分布影响相对较大，这可能是因为 3 个环境因子空间分布的差异性。整体来说，秘鲁海域 PAR 在 2—10 月均对模型的贡献较大，尤其是在 3—5 月；NPP 在 6—8 月、11 月至翌年 2 月均可能成为限制茎柔鱼资源丰度与分布的关键环境因子，秘鲁沿岸海域是茎柔鱼的主要产卵场所，10 月至翌年 2 月与 6—8 月为两个主要的产卵高峰期，可能需要较大饵料丰度，造成 NPP 贡献升高；而 Chl-a 仅在 8 月、9 月对模型贡献较大。SLA、EKE 对秘鲁海域茎柔鱼资源丰度空间变动影响较小，各月贡献率均较低。

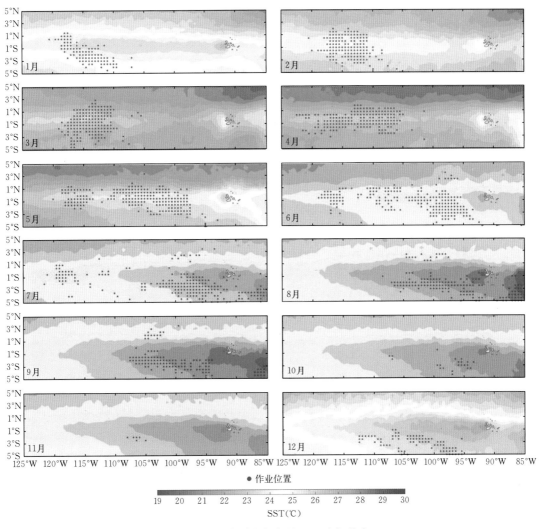

● 作业位置

19 20 21 22 23 24 25 26 27 28 29 30
SST(℃)

图 3-8 赤道渔场各月 SST 空间分布

第二节 水温对赤道和秘鲁海域茎柔鱼渔场时空
分布的影响差异

茎柔鱼生命周期短，一般为 1～2 年，其资源量变动对气候变动和海洋环境变化极为敏感。当环境条件不利于茎柔鱼生长时，茎柔鱼会迅速作出响应，转移到其他相对适宜的栖息地（Litz et al.，2011；Robinson et al.，2013）。相关研究表明，茎柔鱼的资源丰度和栖息地分布受不同时空尺度的海洋环境和气候条件的显著影响（Yu and Chen，2018）。厄尔尼诺（El Niño）和拉尼娜（La Niña）事件分别是太平洋中东部海域表温异常变暖和变冷的源头，其发生会导致茎柔鱼的资源和渔场发生剧烈波动（Anderson and Rodhouse，2001）。水温是影响茎柔鱼的资源丰度和栖息地空间分布的主要因素之一。厄尔尼诺和拉尼娜事件主要通过影响水温因子来调控茎柔鱼栖息地的变化（陈新军等，2009），但茎柔鱼空间分布广泛，水温因子对茎柔鱼渔场的时空分布影响具有明显差异。当前，国内外针对茎柔鱼赤道和秘鲁两大主要渔场海域环境变化对茎柔鱼渔场的影响差异研究尚不够充分。因此，本文根据我国鱿钓船2012—2018年的生产统计资料，选取影响茎柔鱼的最关键环境因子海表面温度（SST），并结合拉尼娜事件，分析赤道和秘鲁茎柔鱼渔场时空分布情况及其与水温变化之间的关系，掌握其资源空间分布的变化规律，为合理开发和长效利用秘鲁和赤道海域的茎柔鱼资源提供理论依据。

（一）材料与方法

1. 数据来源

渔业生产数据来自中国远洋渔业数据中心，时间为2012—2018年。数据内容包括作业时间（年和月）、作业位置（经纬度）、捕捞努力量（作业次数）、渔获量等。研究秘鲁海域范围为75°W—95°W，8°S—20°S，赤道海域范围为125°W—85°W，5°N—5°S（图3-9），空间分辨率为0.5°×0.5°。

本文环境数据为SST，数据来源于夏威夷大学研究中心（http://apdrc.soest.hawaii.edu），时间分辨率为月，空间分辨率均转化为0.5°×0.5°。拉尼娜事件采用Niño 3.4区海表温距平值（SSTA）指标来表征，其数据来自美国海洋大气局（NOAA）气候预报中心网站（https://www.cpc.ncep.noaa.gov/）。

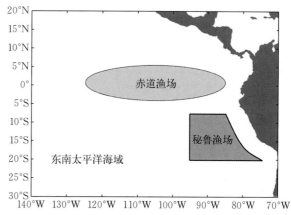

图3-9　赤道和秘鲁海域茎柔鱼主要作业渔场分布

2. 分析方法

依据NOAA对El Niño和La Niña事件的定义，Niño 3.4区SSTA连续5个月滑动平均值超过+0.5℃，则认为发生一次El Niño事件；若连续5个月低于−0.5℃，则认为发生一次La Niña事件；其余为正常气候。据此对2012—2018年气候事件进行定义。

依据2012—2018年1—12月的SST数据，分别对2012—2018年1—12月秘鲁和赤道海域的SST进行年间和月间变化分析，并对比研究赤道和秘鲁海域的水温差异。此外，利用交相关函数分析Niño 3.4指数与两个茎柔鱼渔场内SST的滞后相关性，对比分析这两个海域对尼诺指数的响应差异。

根据数据发现，渔获量和捕捞努力量在水温和经纬度上的差异分布非常相似，可以判断渔获量和捕捞努力量的结果基本一致。因此，本文保留捕捞努力量的结果。利用2012—2018年12月、1月和2月的SST、经纬度和捕捞努力量的数据，分别绘制出赤道和秘鲁海域12月、1月和2月捕捞努力量在水温和经纬度上的频次分布图，对比分析两个海域捕捞努力量在空间分布及环境的影响差异。同时，依据捕捞努力量分布最高频次的温度定义为茎柔鱼最适宜的水温。

依据定义的 El Niño 和 La Niña 事件，选取特殊年份 2012 年和 2018 年（拉尼娜年份），2014 和 2017 年（正常气候年份），分别绘制出赤道和秘鲁海域拉尼娜年份与正常气候年份 1 月和 2 月捕捞努力量在水温和经纬度的频次分布图，对比分析拉尼娜年份与正常年份两个海域茎柔鱼渔场的时空分布差异。

以 1 月为例，绘制出赤道和秘鲁海域拉尼娜年份与正常气候年份的 SST 空间分布图，分析其空间分布变化特征。此外，绘制出赤道和秘鲁海域拉尼娜年份与正常气候年份 1 月的茎柔鱼在适宜 SST 范围的空间分布图，分析其变动规律。

（二）结果

1. 赤道和秘鲁海域 SST 的年间和月间变化及对尼诺指数的响应差异

从图 3 - 10 可以看出，赤道和秘鲁海域在 2012—2018 年 SST 值的变化有所起伏，大致上呈现先降低再增加后降低的趋势，且赤道海域的 SST 值普遍高于秘鲁海域。在秘鲁海域，2016 年 SST 最高，其值为（22.5±2.36）℃；2018 年 SST 最低，其值为（21.45±3.05）℃。在赤道海域，2015 年 SST 最高，其值为（26.61±1.38）℃；2013 年 SST 最低，其值为（24.52±2.06）℃。如图 3 - 11 所示，赤道和秘鲁海域 1—12 月 SST 值同样呈现明显的月间变化，大致呈现先增加再降低后增加的趋势，且 1—12 月的赤道海域的 SST 值普遍高于秘鲁海域。在秘鲁海域，3 月 SST 最高，其值为（24.91±1.46）℃；9 月 SST 最低，其值为（19.42±1.30）℃。在赤道海域，4 月 SST 最高，其值为（27.29±0.91）℃；9 月 SST 最低，其值为（23.94±1.87）℃。

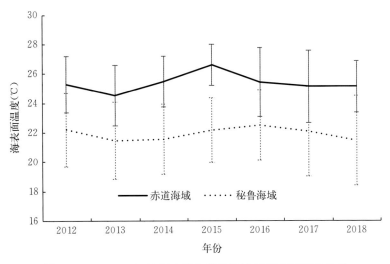

图 3 - 10　2012—2018 年赤道和秘鲁海域 SST 年间变化差异

Niño 3.4 指数与不同海域 SST 交相关分析结果表明（图 3 - 12），Niño 3.4 指数与茎柔鱼两个渔场内的 SST 均呈显著的正相关。在秘鲁海域，在滞后 15 个月时相关性最大（$r=0.220\,9$，$P<0.05$）。在赤道海域，在提前 1 个月时相关性最大（$r=0.516\,3$，$P<0.05$）。可以看出，秘鲁海域对尼诺指数变化的响应相对于赤道海域具有明显的滞后性。

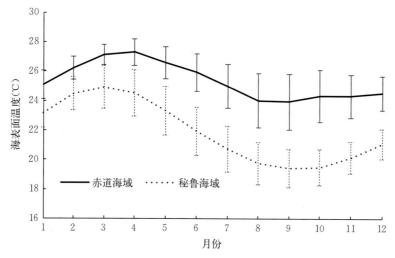

图 3-11　2012—2018 年 1—12 月赤道和秘鲁海域 SST 月间变化差异

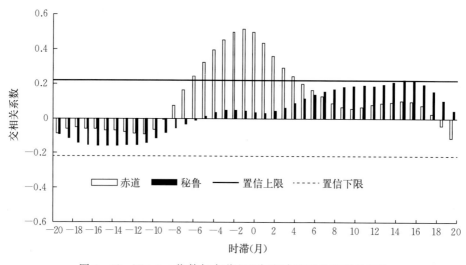

图 3-12　Niño3.4 指数与赤道和秘鲁海域 SST 的交相关系数

2. 捕捞努力量在水温和经纬度上的分布差异

秘鲁和赤道海域茎柔鱼捕捞努力量在不同水温区间的分布存在明显差异（图 3-13）。12 月，在秘鲁海域，捕捞努力量主要集中在 SST 值为 15～23 ℃ 的范围内，最适宜的 SST 值为 20 ℃，适宜范围为 20～21 ℃；在赤道海域，捕捞努力量主要集中在 SST 值为 21～24 ℃ 的范围内，最适宜的 SST 值为 24 ℃，适宜范围为 23～24 ℃。1 月，在秘鲁海域，捕捞努力量主要集中在 SST 值为 20～25 ℃ 的范围内，最适宜的 SST 值为 23 ℃，适宜范围为 21～23 ℃；在赤道海域，捕捞努力量主要集中在 SST 值为 21～24 ℃ 的范围内，最适宜的 SST 值为 23 ℃。2 月，在秘鲁海域，捕捞努力量主要集中在 SST 值为 19～27 ℃ 的范围内，最适宜的 SST 值为 24 ℃，适宜范围为 23～24 ℃；在赤道海域，捕捞努力量主要集中在 SST 值为 23～27 ℃ 的范围内，最适宜的 SST 值为 25 ℃，适宜范围为 24～25 ℃。

赤道和秘鲁海域捕捞努力量在空间上的分布同样存在明显差异。12月，在秘鲁海域，捕捞努力量主要分布在76°W—94°W，8°S—20°S海域；在赤道海域，捕捞努力量主要分布在96°W—113°W，1°S—5°S海域。1月，在秘鲁海域，捕捞努力量主要分布在75°W—95°W，8°S—20°S海域；在赤道海域，捕捞努力量主要分布在107°W—121°W，1°N—5°S海域。2月，在秘鲁海域，捕捞努力量主要分布在76°W—94°W，8°S—20°S海域；在赤道海域，捕捞努力量主要分布在104°W—121°W，2°N—5°S海域。在这几个月中，无论是经度还是纬度，在秘鲁海域的捕捞努力量都远远超过在赤道海域的捕捞努力量。其中秘鲁海域在1月的捕捞努力量最高，其次是12月，在2月的捕捞努力量最少；赤道海域在2月的捕捞努力量最多，其次是1月，在12月的捕捞努力量最少。

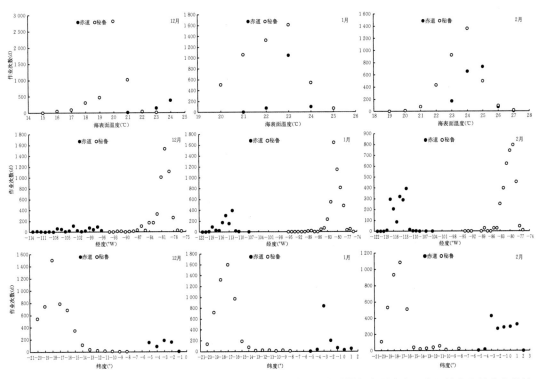

图3-13　2012—2018年12月、1月和2月赤道和秘鲁海域茎柔鱼捕捞努力量在水温和经纬度上的分布差异

3. 拉尼娜与正常气候条件下两海域捕捞努力量在水温和经纬度上的分布差异

图3-14显示拉尼娜和正常气候下1月和2月秘鲁和赤道海域茎柔鱼捕捞努力量时空分布变化。1月，在赤道海域，拉尼娜和正常气候条件下的捕捞努力量分别主要集中在SST值为21～24℃和23～24℃的范围内；在秘鲁海域，拉尼娜和正常气候条件下的捕捞努力量分别主要集中在SST值为21～24℃和21～25℃的范围内。相比于正常气候，拉尼娜事件下无论是赤道还是秘鲁海域，茎柔鱼的捕捞努力量都有所增加。空间上，在赤道海域，拉尼娜气候条件下的捕捞努力量主要分布在107°W—118°W，1°S—4°S海域，正常气候条件下的捕捞努力量主要分布在111°W—121°W，1°N—5°S海域；在秘鲁海域，拉尼娜气候条件下的捕捞努力量主要分布在78°W—95°W，12°S—20°S海域，正常气候条件

下的捕捞努力量主要分布在75°W—95°W，8°S—20°S海域。

2月，在赤道海域，拉尼娜和正常气候条件下的捕捞努力量分别主要集中在SST值为23～26℃和23～27℃的范围内；在秘鲁海域，拉尼娜和正常气候条件下的捕捞努力量分别主要集中在SST值为23～25℃和19～27℃的范围内。空间上，在赤道海域，拉尼娜气候条件下的捕捞努力量主要分布在109°W—120°W，2°N—4°S海域，正常气候条件下的捕捞努力量主要分布在104°W—121°W，2°N—5°S海域；在秘鲁海域，拉尼娜气候条件下的捕捞努力量主要分布在80°W—82°W，16°S—20°S海域，正常气候条件下的捕捞努力量主要分布在76°W—94°W，8°S—20°S海域。

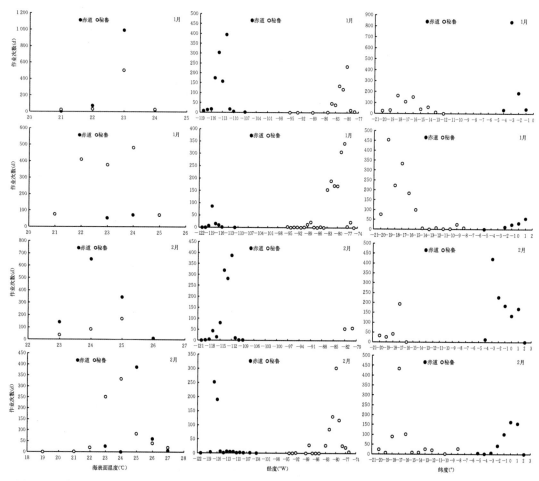

图3-14　拉尼娜和正常气候下1月和2月赤道和秘鲁海域茎柔鱼捕捞努力量在水温和经纬度上的分布差异
注：第1和第3行对应拉尼娜气候，第2和第4行对应正常气候。

4. 拉尼娜与正常气候条件下两海域SST空间分布及最适宜水温面积对比

根据茎柔鱼的捕捞努力量在水温上的分布，可以找出茎柔鱼渔场适宜的分布范围。由图3-15可以看出，当拉尼娜事件发生时，秘鲁海域的茎柔鱼渔场的水温相较于正常气候的水温明显偏低，特别在近海水域水温降低更为明显，且秘鲁海域茎柔鱼适宜的水温面积扩张，适宜范围向北移动。由图3-16可以看出，当拉尼娜事件发生时，赤道海域的茎柔鱼渔场的水温相较于正常气候同样降低明显，特别是在1°N—3°S出现明显的带状冷水团，且拉尼娜事件下茎柔鱼适宜的水温面积明显扩张。

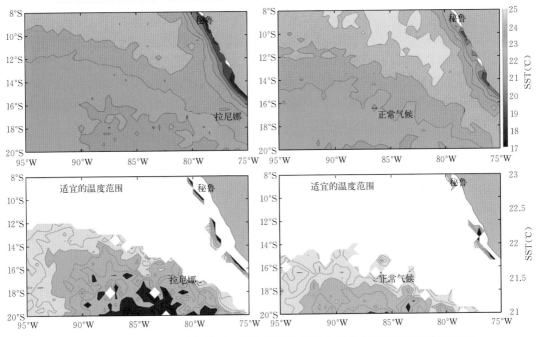

图3-15 拉尼娜和正常气候下1月秘鲁海域SST空间分布及最适宜的水温面积

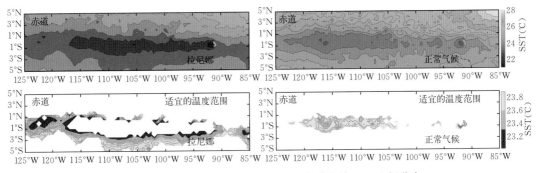

图3-16 拉尼娜和正常气候下1月赤道海域SST空间分布

(三) 讨论与分析

笔者研究了2012—2018年赤道和秘鲁海域水温对茎柔鱼渔场时空分布的影响差异。研究发现赤道和秘鲁渔场内SST具有明显的年际和月间变化，赤道海域SST明显高于秘鲁海域，且赤道和秘鲁海域水温对茎柔鱼渔场的适宜SST范围具有明显的差异。此外，Nino 3.4指数与SST呈显著的正相关，但秘鲁海域对尼诺指数变化的响应相对于赤道海域具有明显的滞后性。本研究还进一步分析了拉尼娜气候对茎柔鱼渔场的水温影响和栖息地面积的变化规律，发现拉尼娜事件会使茎柔鱼渔场的水温偏低，适宜的栖息地面积扩张；捕捞努力量在不同经纬度上明显增加；渔场空间上相对于正常气候年份更为分散。

茎柔鱼作为一种短生命周期的大洋中上层头足类，其栖息范围环境的变化对其资源丰度和时空分布会产生较大的影响（Murphy and Rodhouse.，1999）。国内外许多学者已进行较多研究，评估了茎柔鱼资源变动与海洋环境因子的关系（胡振明等，2009；Ichii et al.，2011；汪金涛等，2014；唐峰华等，2019）。其中，Cairistiona 等（2001）、Taipe 等（2001）、陈新军等（2006）主要从水温变化对茎柔鱼渔场和资源丰度的变化进行了研究，这些学者均认为水温因子是影响茎柔鱼生长、新陈代谢等最为重要的环境因子，对其栖息分布影响最高。此外，也有部分学者分别采用权重求和法和几何平均法进行茎柔鱼的栖息地适宜指数建模分析，选择最优模型进行实证。结果表明，在众多环境因子中，权重最高的环境因子均是 SST（胡振明等，2010）。茎柔鱼对水温变化反应迅速，当水温不适宜时，其种群会快速转移至其他更为适宜的水温环境中，因此可以通过水温的变化来探测茎柔鱼的渔场分布。例如，李莉等（2016）根据茎柔鱼生产数据和该海域海表温度数据，采用海表温度适应性指数（Suitability index，SI）模型预测方法进行了研究。研究结果显示，随着水温的升高，茎柔鱼栖息地经向自西向东转移，纬向自北向南转移。

茎柔鱼广泛分布在东太平洋海域，作业渔场包括赤道、秘鲁和智利等海域。目前作业产量较高的海域是赤道和秘鲁海域，也是中国和其他国家捕捞茎柔鱼的重要海域（胡贯宇等，2018），但是两个海域海洋环境差异明显，特别是影响茎柔鱼重要的环境因子 SST 具有明显的差异。作业次数在 SST 上的分布可反映茎柔鱼渔场的适宜 SST 范围。本研究发现，秘鲁和赤道海域水温对茎柔鱼渔场的影响存在明显的差异性。茎柔鱼渔场的适宜 SST 范围也存在明显的月间变化，且在地域上存在明显差异。相对于秘鲁海域，赤道海域茎柔鱼适宜的水温明显高于秘鲁海域。因此，企业在两个渔场内进行作业时，需要依据各个海域内的 SST 变化来调整作业位置。

此外，全球异常气候如厄尔尼诺和拉尼娜事件，对茎柔鱼渔场的变动有显著的影响（Yamagata et al.，1985；Rodhouse，2001）。Moron 等（2000）研究指出，厄尔尼诺和拉尼娜事件会使东南太平洋海域的初级生产力和次级生产力发生变化，从而影响茎柔鱼的索饵情况，会造成茎柔鱼资源空间分布转移。温健等（2020）基于海表温度（SST）和海表高度距平值（Sea surface temperature anomaly，SSHA）构建栖息地指数模型以分析厄尔尼诺、正常气候和拉尼娜条件下适宜栖息地的时空变动。研究发现，在厄尔尼诺年，茎柔鱼渔场水温变暖，海面高度上升，适宜的栖息地范围缩减；而在正常气候和拉尼娜年份变化相反。Nevárez-Martínez 等（2000）研究发现，在厄尔尼诺事件发生时，茎柔鱼资源量会下降；而在拉尼娜事件发生的月份，当沿岸上升流的势力增强时，茎柔鱼资源量会增加。Niño 3.4 指数与 SST 交相关分析表明，异常气候事件的发生会调控茎柔鱼渔场内的 SST。本研究选取 2012 年和 2018 年为拉尼娜年份，2014 年和 2017 年为正常气候年份，将这些年份的 1 月进行对比分析。研究结果表明，在拉尼娜事件发生时，茎柔鱼渔场的 SST 会降低，这与余为等（2016）对拉尼娜年份与正常气候年份茎柔鱼渔场内 SST 分析结果一致。此外，本研究还发现拉尼娜事件的发生会增加茎柔鱼渔场适宜栖息地的面积，渔场会向北移动，这与前人总结的异常气候现象发生对渔场的适宜栖息地面积的变化和移动规律相一致（Chen et al.，2007；Yu et al.，2018）。

由于茎柔鱼渔场的分布往往会受到多个环境因子的影响，本研究只分析了 SST 这一单一因素，其结果存在一定的局限性。因此，在今后的研究中我们还应加入其他环境因子如叶绿素浓度、海表面盐度、海表面高度、净初级生产力等综合分析研究。此外，由于生产数据有缺失，今后应加强国际渔业合作以此来搜集更多的数据。

第三节　东太平洋赤道海域茎柔鱼资源丰度与
分布对涡旋的响应

东太平洋海域具有独特的地理环境，不同尺度下的海洋学特征，尤其是中尺度涡旋、西边界沿岸上升流等中尺度过程对浮游生物与生产力的分布格局具有较大影响（Fernández – Álamo and Färber – Lorda，2006；Pennington et al.，2006；Willett et al.，2006）。中尺度涡旋广泛存在于全球海洋中，并对海洋的物质运输以及热量传递产生较大影响（Dong et al.，2014；Zhang et al.，2014）。太平洋东部沿岸边界流，如秘鲁海流系统、哥斯达黎加穹顶和加利福尼亚海流系统均有涡旋的产生，并存在明显的季节变化（Müller - Karger and Fuentes – Yaco，2000；Fiedler，2002；Penven et al.，2005；Chaigneau et al.，2009）。这些沿岸涡旋通常认为是由沿岸风的作用产生，逐渐向西偏移，并将沿岸营养盐向内海输送。涡旋对海水环境具有显著的影响，同时可以产生上升流和下降流（Fernández – Álamo and Färber – Lorda，2006；Pennington et al.，2006；Willett et al.，2006）。这不仅仅重新分配了海水中的营养物质、浮游生物等，还提高了海洋对物质的利用效率（Martin and Richards，2001；McGillicuddy，2016）。中尺度涡旋似乎可以提高饵料丰度，进而对物种的分布产生较大的影响。例如，在墨西哥湾的北部海域，气旋和反气旋涡旋周围存在较高的浮游生物，会吸引大型动物（鲸和鲨）聚集（Davis et al.，2002）；而在莫桑比克海峡，气旋和反气旋涡旋周围通常会吸引各种海鸟（信天翁和海燕等）进行觅食活动（Kai and Marsac，2010；De Monte et al.，2012）。东太平洋赤道海域具有复杂的热带海流体系，由于各支流间（北赤道流和北赤道逆流或北赤道逆流和赤道潜流）剪切力的不稳定性所形成的涡旋，称为热带不稳定涡（Flament et al.，1996；Willett et al.，2006；Wang et al.，2019）。这些涡旋不仅改变了赤道海域的温度、盐度结构，而且使得赤道北部形成强烈的温度锋线（Flament et al.，1996；Wang et al.，2019）。同时，在涡旋周围还观察到大量的中上层鱼类聚集（Flament et al.，1996）。越来越多的证据表明，赤道海域热带不稳定涡旋可能会对初级生产力产生较大的影响。

大尺度气候事件（厄尔尼诺和拉尼娜事件）不仅对茎柔鱼栖息地和资源丰度产生较大影响，同时也会影响茎柔鱼的生长、年龄结构和种群组成（Markaida and Lange，2006；Argüelles et al.，2008；Tafur et al.，2010；Keyl et al.，2014），但涉及中尺度的海洋动力因素影响分析相对较少。在信风的作用下，赤道海域形成由东向西的南、北赤道流（表层），两股海流中间夹着一股由西向东的北赤道逆流（表层）（马成璞等，1983；Sandoval - castellanos et al.，2007；Hsin，2016）。在赤道海域中间次表层中，赤道潜流携带丰富的营养物质在东部上升，将次表层的冷水带至表层，进而形成"冷舌"，"冷舌"海区生产力较高，并逐渐向西延伸（Brown et al.，2007；Gupta et al.，2012；田军等，2019）。由于复杂的热带海流系统，赤道海域具有强烈的涡旋活动（Flament et al.，1996；Fernández‐Álamo and Färber‐Lorda，2006；Gupta et al.，2012；Zheng et al.，2016），但涡旋活动如何调控茎柔鱼资源丰度及其时空分布，其机理还不得而知。

赤道海域是茎柔鱼主要的渔场之一，而 EKE 对茎柔鱼适宜栖息地时空分布具有显著影响，因此赤道海域涡旋对茎柔鱼资源丰度及其时空分布可能产生重要影响。本研究中，利用中国远洋渔业数据中心在 2017 年 4—6 月的生产数据，结合关键环境因子，包括水温垂直结构［海表面温度（SST）、30 m 水层温度（Temp＿30 m）、50 m 水层温度（Temp＿50 m）、75 m 水层温度（Temp＿75 m）、100 m 水层温度（Temp＿100 m）、120 m 水层温度（Temp＿120 m）、150 m 水层温度（Temp＿150 m）7 个水层温度数据］、海流与叶绿素浓度（Chl‐a），分析赤道海域中尺度涡旋对茎柔鱼资源分布及丰度的影响情况，旨在根据流场数据阐明赤道水域的涡旋特征，选择寿命相对较长的涡旋，以评估其对赤道水域生物物理环境的影响，并使用栖息地适宜性指数（HSI）建模方法研究涡旋活动与茎柔鱼丰度及其时空分布之间的关系。

（一）材料与方法

1. 数据来源

中国的远洋鱿钓渔船在 2017 年之前大多在秘鲁—智利专属经济区外捕获茎柔鱼。自 2017 年开始，部分鱿钓作业渔船开始向赤道转移。本研究选取了 2017 年 4—6 月的中国远洋鱿钓渔船在赤道海域作业的数据，这些渔船分别来自 17 家远洋渔业有限公司下 48 艘远洋鱿钓渔船的捕捞日志，共有 3 000 多个原始数据，各月渔船分布如图 3-17 所示。数据内容包括了渔船所在公司、渔船名称、作业日期（年、月、日）、作业位置（经度、纬度）、渔获量（单位：t）和作业天数（捕捞努力量：d）。

海表面流场数据由 Unidata 下 The NetCDF Subset Service（NCSS）所提供，并通过网站（https：//oeanwatch. pifsc. noaa. gov/thredds/ncss/grid/noaa＿sla/dt/dataset. html）下载。该数据集没有重新采样或投影，保留了原始数据集的分辨率和准确性。数据内容包含网格化的地转流场数据（U 代表东分量和 V 代表北分量）和海平面异常（Sea level anomaly，SLA）数据。数据的时空分辨率为 d 和 $0.25° × 0.25°$。

以往研究表明（孙珊，2008；胡振明等，2009；徐冰等，2012；易倩等，2014），海表面温度是影响茎柔鱼分布的重要环境因子。茎柔鱼具有明显垂直移动的生活习性（Gilly et al.，2006；Gastón et al.，2010；Sakai et al.，2017），水温的垂直结构可能对茎柔鱼的分布产生重要的影响。因此，本研究选取了海表面温度（SST）、30 m 水层温度（Temp＿30 m）、50 m 水层温度（Temp＿50 m）、75 m 水层温度（Temp＿75 m）、100 m 水层温度（Temp＿100 m）、120 m 水层温度（Temp＿120 m）和 150 m 水层温度（Temp＿150 m）7 个不同水层的温度数据。水温的垂直结构数据来源于亚太数据研究中心（http：//apdrc. soest. hawaii. edu/las＿ofes/v6/constrain？ var=95），所有水层温度数据的时间分辨率为 3 d，空间分辨率为 $0.1° × 0.1°$。本研究以叶绿素浓度（Chl‐a）来表征海域中营养盐水平变化，数据来源于亚太数据研究中心（http：//apdrc. soest. hawaii. edu/las/v6/constrain？ var=13152），数据的时间分辨率为 d，空间分辨率为 4 km，并进行插值处

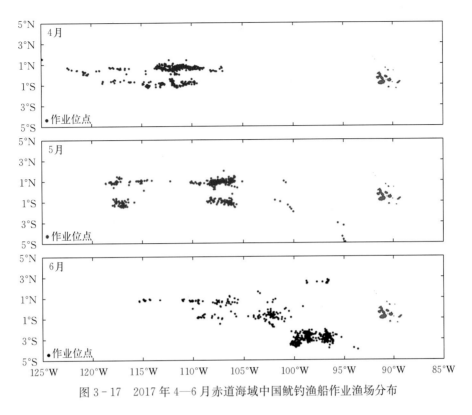

图 3-17　2017 年 4—6 月赤道海域中国鱿钓渔船作业渔场分布

理。所有环境数据的时间范围为 2017 年 4—6 月，研究范围为 85°W—125°W，5°N—5°S。为更精确描述环境的变化，本研究统一了时间分辨率（6 d），保留了所有环境数据的原始空间分辨率。

2. 研究方法

（1）涡旋的探测与追踪　本研究选取的是 Nencioli 等（2010）提出的一种基于矢量几何的涡流检测算法，因其非常高效、准确地检测到海流场的涡旋，已经得到广泛的应用。这种矢量几何的方法是基于海表流场识别的，大致分为以下三个步骤：

第一步用四个约束条件来识别涡旋中心：①沿涡旋中心点东西方向上的分量 U 在远离中心点的两侧数值符号相反，大小随距离中心点而增加；②沿涡旋中心点南北方向上的分量 V 在远离中心点的两侧数值符号相反，大小随距离中心点而增加；③在选定的区域内找到速度最小的点近似为涡旋中心；④在近似涡旋中心点的附近，速度矢量的旋转方向必须一致，即两个相邻的速度矢量的方向必须位于同一象限或者相邻的两个象限内。

第二步选取涡流中心最外侧的封闭流线作为涡流的边界。

第三步在定义的搜索区域内，在 t 时刻检测到一个涡旋，而在 $t+1$ 时刻在该区域内搜索到距离 t 时刻接近且相同类型的涡旋（顺时针或逆时针）。在 $t+2$ 时刻将搜索区域扩大 1.5 倍进行第二次搜索，如果未检测到接近且相同类型的涡旋则认为该涡旋消散。因此，依据涡旋存在的时间定义涡旋的生命周期。

上述涡旋的识别过程需要定义两个参数（a、b），相关详细信息请参考文献（Nencioli

et al.，2010)，同时也提供了涡流的检测与验证方法。根据 Dong 等（2015）相关文献，将两个参数设置为 $a=3$、$b=2$ 时，涡旋识别效果最好。将时间分辨率为 1 d 的流场数据输入模型中，依据以上步骤，本研究对 2017 年 3—5 月东太平洋赤道海域茎柔鱼渔场内的涡旋进行了识别与追踪，厘清每个涡旋的基本变化特征，包括涡心位置、涡旋生命周期、涡旋个数、涡旋大小等。

（2）涡旋对生物物理环境的影响评估　涡旋识别后，挑选生命周期较长（超过 2 周）的涡旋作为研究案例。由于本研究所用温度结构数据集的时间分辨率均为 3 d，因此将涡旋的生命周期进行划分，设定 6 d 为一个阶段。我们将所有环境数据的时间分辨率预处理成 6 d，并与涡旋的不同阶段进行对应。为更精确地表述环境的前后变化情况，我们不但保留了各个环境数据的原始空间分辨率，还特意将研究的时间范围扩展至涡旋生成前（Before eddy generation，BEG）、涡旋消散后（After eddy disappearance，AED）的两个阶段。绘制涡旋不同阶段下海表面温度、不同水层温度的垂直结构和海表面叶绿素浓度的变化情况，探究不同阶段生物和物理环境（温度结构和叶绿素浓度）的影响机制。此外，本研究将设置三种不同的时间分辨率来进行涡旋对海域环境的敏感性分析。

（3）茎柔鱼资源丰度和分布对涡旋的响应　随着远洋捕捞技术和装备的发展，越来越多的大型捕捞渔船奔赴远洋进行商业捕捞活动。渔船记录的渔获数据为分析物种分布以及气候和海洋环境变化对鱼类资源的影响提供了研究基础。大洋性渔业中，作业渔船的分布、CPUE 和产量在一定程度上可用来表征海洋经济物种的分布和资源量的变化情况。首先，统计各月涡旋个数和月平均 CPUE 的变化情况；其次，对于所选取的涡旋（生命周期大于 2 周），将渔获数据按时间分辨率为 6 d 进行统计，并将其与环境层（海表面温度和叶绿素）进行叠加。统计涡旋不同生命周期内以及生成之前、消散之后涡旋周围茎柔鱼的产量、捕捞努力量和 CPUE 的变化情况，计算涡旋内茎柔鱼的产量、捕捞努力量在整个研究区域内所占的比例，分析环境变化对茎柔鱼分布以及 CPUE 的影响情况。此外，计算不同阶段下作业渔场的经度重心（LONG）与涡心进行对比，经度重心的公式为：

$$LONG = \sum_{i=1}^{k}(C_i \times X_i) / \sum_{i=1}^{k} C_i \qquad (3-7)$$

$$CPUE = \sum_{i=1}^{k} X_i / \sum_{i=1}^{k} E_i \qquad (3-8)$$

式 3-7、式 3-8 中，$LONG$ 为经度重心位置；C_i 为渔区 i 的捕捞努力量；X_i 为渔区 i 的经度；k 为海域中渔区总数。

（4）涡旋不同阶段内茎柔鱼的栖息地变化　建立经验栖息地模型（Habitat suitability index model，HSI）评估涡旋内茎柔鱼栖息地的变化情况。本研究中涡旋 1 的生命周期几乎跨越整个 5 月，并且具有较多的渔获数据。因此，本研究基于 2017 年 5 月的渔获数据来建立栖息地模型。我们选取了海表面温度、叶绿素浓度、Temp_50 m、Temp_100 m 四个环境数据建立栖息地模型。首先，我们将所有的环境数据统一预处理成时间分辨率为 3 d，空间分辨率为 $0.1° \times 0.1°$，以便与渔获数据进行匹配。依据频率分布法，统计捕捞努力量在环境因子不同区间内的频率分布关系。计算各环境变量不同范围内茎柔鱼出现的概率，并定义为适宜性指数。当环境的区间所对应的捕捞努力量最大时则认为出现的概率最大，环境最适宜。利用正态或偏正态函数环境变量区间以及所对应的适宜性指数拟合环境因子的 SI 曲线，拟合公式为：

$$SI_{SST} = \exp\left[c \times (SST - d)^2\right] \qquad (3-9)$$

$$SI_{chl\_a} = \exp\left[c \times (Chl\_a - d)^2\right] \qquad (3-10)$$

$$SI_{Temp\_50m} = \exp\left[c \times (Temp\_50m - d)^2\right] \qquad (3-11)$$

$$SI_{Temp\_100m} = \exp\left[c \times (Temp\_100m - d)^2\right] \qquad (3-12)$$

式 3-9、式 3-10、式 3-11、式 3-12 中，c 和 d 为公式中的待估参数。

利用算术平均法（Arithmetic mean model，AMM）计算茎柔鱼的综合栖息地模型，计算公式为：

$$HSI = \frac{1}{4}\left(SI_{SST} + SI_{chl\_a} + SI_{Temp\_100m} + SI_{Temp\_100m}\right) \qquad (3-13)$$

定义 $1 \geqslant HSI \geqslant 0.6$ 的海域为适宜区域；$0.6 > HSI \geqslant 0.2$ 的海域为较适宜区域；$0.2 > HSI \geqslant 0$ 的海域为较不适宜区域（Yu et al.，2021）。最后进行模型的验证，当不适宜区域中的产量和捕捞努力量占比最少而适宜区域中的产量和捕捞努力量占比最高，则认为模型预测性能较好。计算不同涡旋不同阶段栖息地的平均适宜性指数，并统计涡旋各个阶段内适宜区域和不适宜区域的比例，分析涡旋各个时期茎柔鱼栖息地的变化情况。

（二）结果

1. 涡旋的生命周期

在研究的区域内，4—6 月模型总共检测出了 195 个涡旋（图 3-18）。其中生命周期小于 7 d 的涡旋比例高达 92.8%；生命周期在 8~14 d 内的涡旋有 11 个，占总涡旋数量的 5.6%；生命周期大于 2 周的涡旋有 3 个，约占总涡旋数量的 1.5%。其中 5 月的涡旋数量最多，为 71 个，存在 2 个涡旋生命周期大于 14 d。6 月的涡旋数量最少，为 56 个，没有生命周期超过 2 周的涡旋出现（表 3-4）。

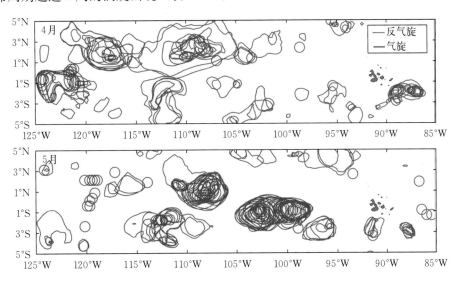

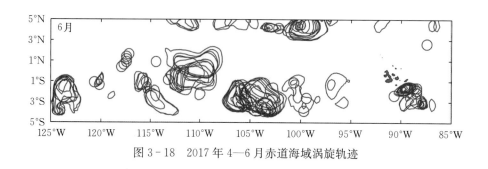

图 3-18   2017 年 4—6 月赤道海域涡旋轨迹

表 3-4   各月涡旋的生命周期分布（个）

月份	1~7 d	8~14 d	>14 d
4	64	3	1
5	63	6	2
6	54	2	0

2. 涡旋案例的周期划分及其运动轨迹

选取了 5 月中生命周期大于 2 周的 2 个涡旋，第 1 个涡旋的生命周期为 21 d（5 月 9 日至 5 月 29 日），第 2 个涡旋的生命周期为 33 d（5 月 12 日至 6 月 14 日）。2 个涡旋的生成时间仅差两天，将 2 个涡旋按 6 d 一个阶段将其生命周期划分（图 3-19）。第 1 个涡旋的划分为 4 个阶段，第 2 个涡旋划分为 6 个阶段，加上涡旋生成前后 2 个阶段。自涡旋生成之后（涡旋 1：5 月 9 日；涡旋 2：5 月 12 日），按 6 d 一个间隔画出涡旋的边界（图 3-20），以此来展示涡旋的运动轨迹及涡旋的形状变化情况。涡旋 1 基本上呈不规则圆形，在 13 d 和 19 d，观察到涡旋明显减小，处于消亡阶段。涡旋 2 也基本上呈不规则圆形，初期涡旋在逐渐增大，后期大小变化较小。两个涡旋的活动形式具有明显的差异，涡旋 1 迁移范围相对较小，生命周期长达 22 d 的涡旋只在 105°W—112°W 海域活动；而涡旋 2 前 13 d 内逐渐增大，并明显向西偏移，主要的活动范围为 97°W—106°W。

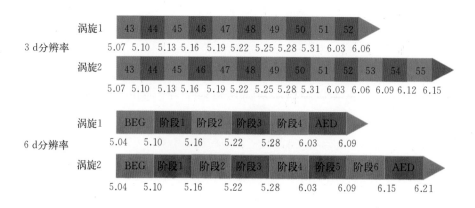

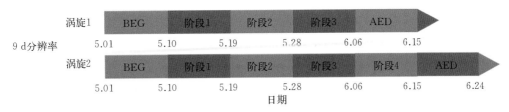

图 3-19　案例涡旋的生命周期划分

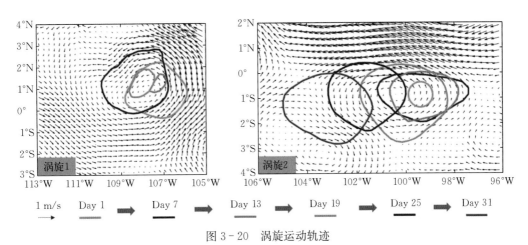

图 3-20　涡旋运动轨迹

注：流场数据是涡旋整个生命周期下的均值，不同的颜色为涡旋不同时间下的形状。

3. 涡旋对水温结构的影响

绘制两个涡旋不同生命周期对应的 SST 与水温垂直结构分布图（图 3-21），分析涡旋对垂向水温结构（赤道：0°）的影响情况。涡旋 1 形成之前，海表温度较高，垂直温度的等值线有所下降；在形成的第一个阶段，海表面温度有所上升，垂直温度的等温线保持水平状态；当进入第二阶段时，海表温度有所下降，垂直温度的等温线上升；在第三、四阶段时，海表面温度持续下降，且低温面积逐渐增大；涡旋消失后，低温海区明显向南移动，且 1°N—3°N 的温度有所增加，但垂直温度等温线的上升区向右迁移。与涡旋 1 相似，涡旋 2 海表面温度也在逐渐降低。涡旋 2 在形成前海表温度较高，且垂直温度的等值线有所下降；涡旋 2 在生成后第一、二阶段时，垂直温度的等值线有所持平；在第三阶段时，在 101°W 出现了明显的等值线的上升，而 98°W—103°W 等温线明显下降；随着涡旋 2 向左迁移，在第五、六阶段涡旋左侧的等值线明显上升；在涡旋消失之后，垂直温度的等值线仍保持上升。将涡旋生成前与涡旋生成后（涡旋 1：第四阶段；涡旋 2：第六阶段）垂直温度的等值线进行对比，发现 2 个涡旋生成后等值线明显上升（图 3-21A 和 B）；随着涡旋的持续作用，SST 从生成前的 27 ℃左右降低到 25 ℃（图 3-21C 和 D）。研究表明，2 个涡旋可以有效地使海水温度降低。

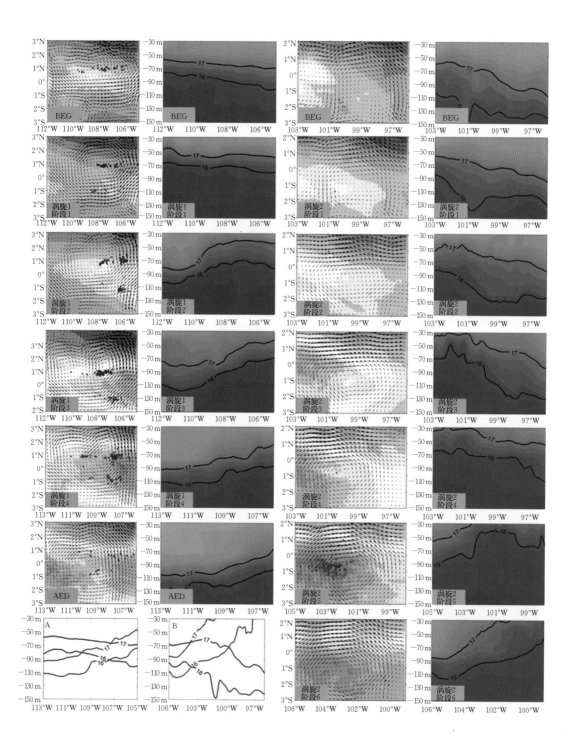

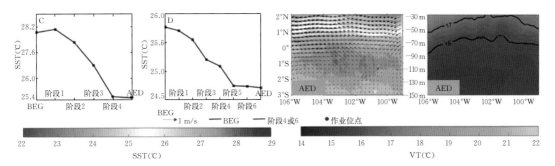

图 3-21 涡旋 1 和 2 下海表面温度（SST）和垂直温度（VT）结构的空间分布

注：A（涡旋 1）和 B（涡旋 2）为 BEG 期间（蓝线）和涡旋 1 第 4 周期以及涡旋 2 第 6 周期（红线）
垂直温度结构（16 ℃和 17 ℃）的等温线；C（涡旋 1）和 D（涡旋 2）为不同时期平均海表面温度（SST）的变化。

4. 涡旋对 Chl-a 浓度的影响

涡旋对 Chl-a 浓度的影响如图 3-22 所示。在涡旋 1 生成前，Chl-a 浓度较低，其中在 0°S—1°S Chl-a 浓度相对较高；在生成之后，整体来说，海表面 Chl-a 浓度逐渐增高。在涡旋形成的第一阶段，高 Chl-a 浓度海域沿着涡旋下侧逐渐东北方向偏移；在第二阶段，涡旋的右侧海域 Chl-a 浓度最高；第三至四阶段，涡旋下侧的 Chl-a 浓度逐渐增大，且在左下侧也逐渐形成了一个高 Chl-a 浓度海域；在涡旋消失之后，Chl-a 浓度继续上升，且高浓度海域逐渐向北部扩张。与涡旋 1 不同的是，涡旋 2 在生成的第一个阶段是 Chl-a 浓度有所下降；但是在第二、三阶段，涡旋内的 Chl-a 浓度逐渐上升，且高浓度海域主要分布在涡旋的上半侧；而在第四、五阶段，高浓度海域由中间向上弯曲，并经过涡旋的中心；在第六阶段，上半侧的 Chl-a 浓度要明显高于下半侧海域；涡旋消失后，高浓度海域逐渐较小，仅剩下涡旋的左侧浓度较高。随着涡旋的持续作用，Chl-a 浓度从生成前的 0.16 mg/m³ 左右增加到 0.19 mg/m³（图 3-22A 和 B）。研究表明，两个涡旋可以有效地使 Chl-a 浓度升高。涡旋对环境的敏感性分析结果一致（图 3-23），表明涡旋对 Chl-a 浓度具有显著影响。

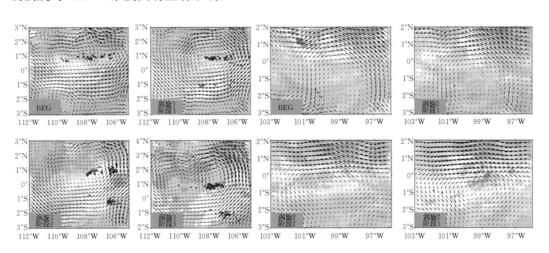

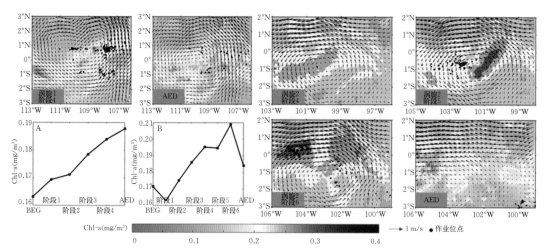

图 3-22　涡旋 1 和 2 下叶绿素 a（Chl-a）浓度的变化情况

注：A（涡旋 1）和 B（涡旋 2）为不同时期叶绿素 A（Chl-a）浓度的变化。

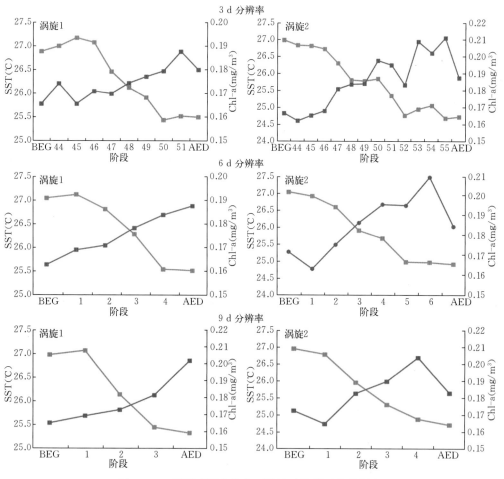

图 3-23　不同时间分辨率下涡旋对海洋环境的影响

注：绿线代表 SST，红线代表 Chl-a。

5. 涡旋对茎柔鱼产量、捕捞努力量、CPUE 的变化情况

4—6 月涡旋数量与 CPUE 的关系变化如图 3 - 24A 所示，各月平均 CPUE 和涡旋总数量均呈先增大后减小的趋势变化。其中 4 月的平均 CPUE 为 3.8 t/d，涡旋数量为 68 个；5 月平均 CPUE 和涡旋数量均有所增加，平均 CPUE 为 4.0 t/d，涡旋数量为 71 个；而 6 月平均 CPUE 和涡旋数量均有所降低，平均 CPUE 为 3.0 t/d，涡旋数量为 56 个。可以看出，涡旋数量与平均 CPUE 月间存在同步变化情况。

涡旋 1 各个阶段内茎柔鱼产量、捕捞努力量、CPUE 的变化情况（图 3 - 24C 和 D），在整个生命周期内（四个阶段）产量与捕捞努力量均呈现出持续增长的趋势变化。其中产量由最初的 186.5 t（生成前）增加至 400 t 左右（第三、四阶段），而捕捞努力量由最初的 42 次（生成前）增加到后期的 122 次（第四阶段）。在涡旋生成前至第 3 阶段内，CPUE 保持在较高水平（>3 t/d），随后 2 个阶段内 CPUE 有所减少，这可能是由于涡旋效应减弱以及捕捞努力量增加造成的。计算涡旋内的产量与捕捞努力量占整个海域的比例，发现涡旋内的两者比例均在不断增加，这意味着涡旋内的茎柔鱼越来越多。由此表明，赤道海域涡旋活动可引起茎柔鱼短暂集群。

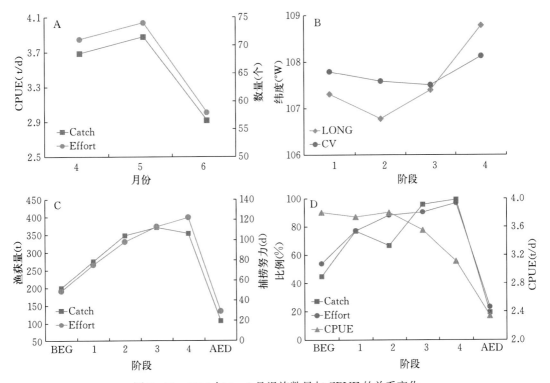

图 3 - 24　2017 年 4—6 月涡旋数量与 CPUE 的关系变化

A. 2017 年 4—6 月赤道海域茎柔鱼渔场的涡旋个数和 CPUE 的月度变化

B. 涡旋 1 中心和茎柔鱼纬度重心（LONG）的变化　C. 涡旋 1 不同时期渔获量和捕捞努力的变化

D. 涡旋 1 内渔获量、捕捞努力量占整个研究区域中的比例，以及涡旋 1 不同时期 CPUE 的变化

6. 涡旋 1 内适宜栖息地分布

按 6 d 为一个阶段统计赤道海域鱿钓渔船的作业位置，并将其与涡旋不同生命周期进

行匹配，结合涡旋内的生物物理环境变化探讨涡旋对茎柔鱼资源分布的影响。涡旋生成前，高温、低叶绿素的环境下，茎柔鱼呈直线分布，较为分散。在涡旋形成第一阶段，茎柔鱼逐渐向涡旋中心靠拢聚集。第二阶段之后，涡旋表面的 SST 继续下降，茎柔鱼逐渐向 SST 较低、Chl-a 浓度较高的右侧聚集。随着涡旋的持续作用，低温水域逐渐向西扩散，高 Chl-a 海域也逐渐变大，茎柔鱼逐渐向西迁移（第三阶段），随后逐渐扩散开来（第四阶段）。由此可以看出，涡旋可以改变水域环境，进而会影响茎柔鱼的分布情况。不同时期涡心经度位置和渔场经度重心变化如图 3-24B 所示，涡旋在前三个阶段内逐渐向东偏移，且偏移较小，第四阶段向西偏移，经度偏移 0.6°左右。涡旋内渔场经度重心在第二阶段向东偏移，随后向西偏移。可以看出，渔场经度重心与涡心经度位置变化基本同步。

　　基于捕捞努力量与环境的关系建立了综合 HSI 模型，探究涡旋 1 不同生命周期对应的茎柔鱼适宜栖息地时空分布情况。将四个环境数据与渔获数据进行匹配，依据频率分布法，统计捕捞努力量在环境因子不同区间内的频率分布关系，拟合得到各环境因子的 SI 曲线（图 3-25 和表 3-5）。利用算术平均法计算每个渔区内的 HSI 值，并进行最后模型的验证（表 3-6）。当不适宜区域中的产量和捕捞努力量占比最少而适宜区域中的产量和捕捞努力量占比最高，则认为模型预测性能较好。

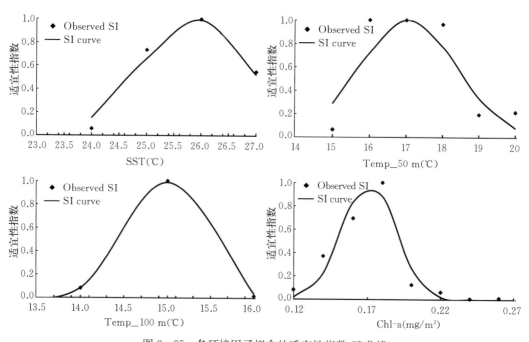

图 3-25　各环境因子拟合的适宜性指数 SI 曲线

表 3-5　茎柔鱼适应性指数模型

栖息地指数模型	R^2	P	均方根方差
$SI_{Chl-a} = \exp\left[-1\,559\,(X_{Chl-a} - 0.171)^2\right]$	0.915	<0.05	0.015
$SI_{SST} = \exp\left[-0.522\,(X_{SST} - 25.889)^2\right]$	0.968	<0.05	0.080

（续）

栖息地指数模型	R^2	P	均方根方差
$SI_{Temp\_50\,m}=\exp\left[-0.292\,(X_{Temp\_50\,m}-7.097)^2\right]$	0.806	<0.05	0.203
$SI_{Temp\_100\,m}=\exp\left[-5.605\,(X_{Temp\_100\,m}-28.365)^2\right]$	0.998	<0.05	0.001

表 3-6　HSI 模型各区间内对应的捕捞努力量与产量的比例（%）

栖息地适宜性指数	捕捞努力量	渔获量
0~0.2	0	0
0.2~0.6	35	36
0.6~1	65	64

　　涡旋生成前，适宜栖息地主要分布在涡旋的左右两侧，相对分散。涡旋生成的第一、二、三阶段，栖息地适宜性逐渐增高，适宜栖息地面积增加呈现连续分布并逐渐向两侧延伸。特别在第二和三阶段，涡心位置的栖息地适宜性增加明显，而涡旋中东南海域的适宜栖息地面积逐渐增大。在第四阶段，适宜栖息地主要分布在涡旋的东北海域以及南部海域，其中南部的适宜栖息地面积较大。涡旋消失后，适宜栖息地面积显著降低，只有部分适宜栖息地分散在东部海域内。计算涡旋内平均 HSI 以及适宜栖息地比例，平均 HSI 和适宜栖息地比例均呈先增加后减小的趋势变化（图 3-26A），且在第三阶段栖息地适宜性最高，适宜面积比例最大（图 3-26B）。因此，可以看出涡旋的持续活动增加了茎柔鱼栖息地的适宜性。

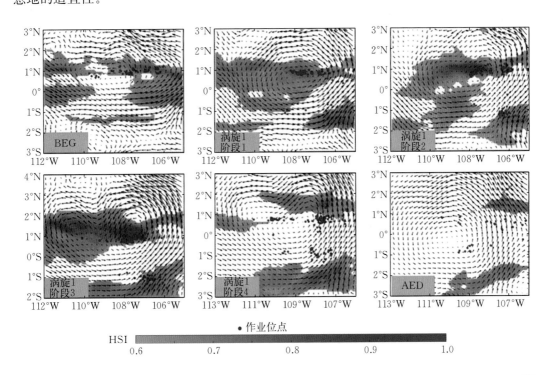

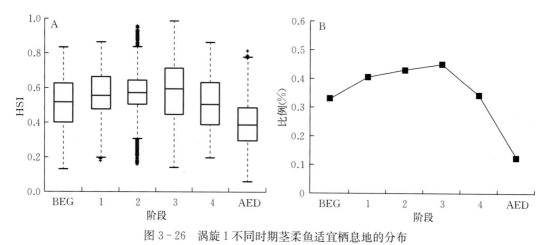

图 3-26   涡旋 1 不同时期茎柔鱼适宜栖息地的分布

注：A 为涡旋 1 不同时期平均栖息地适宜性指数（HSI）的变化，B 表示涡旋 1 适宜栖息地占整个涡旋的比例。

（三）讨论与分析

1. 涡旋的生成机制

通常认为，中尺度涡旋产生的原因是海洋中的不稳定现象，如海流的不稳定性、风应力卷曲等（Holmes et al.，2014；Lin et al.，2015；Zheng et al.，2016）。在赤道海域，由于特殊的地理位置和复杂的海洋环境要素，涡旋的形成原因可能更为复杂。首先，赤道海域表面具有常年且强烈的信风，信风吹拂南北赤道暖流由西向东流动（Brown et al.，2007）。此外，赤道海域具有复杂的洋流系统，这主要体现在各个支流的方向与强度两个方面（Brown et al.，2007；Gupta et al.，2012）。正是这样的环境特征，使赤道海域成为涡旋活动较为强烈的海域。涡旋似乎不仅仅存在于赤道潜流与北赤道逆流之间，在赤道潜流与南赤道暖流中也观测到涡旋的存在（Flament et al.，1996；Dutrieux et al.，2008；Zheng et al.，2016）。本研究基于海表面流场，利用几何矢量的方法来探测东太平洋赤道海域涡旋分布情况。结果表明，赤道海域的涡旋的生命周期要远远小于其他海域。4—6 月中东太平洋赤道海域共探测出 195 个涡旋，其中 93% 的涡旋生命周期较短。原因可能来自两个方面：一是赤道海域的独特环境和涡旋的产生机制；二是赤道海域的科里奥利力很小，大多数涡旋不能保持其形状，但在涡旋形成后可以迁移。

2. 涡旋对水温结构的影响

中尺度海洋活动在整个海域中无处不在，它不仅是调节海洋环境、海洋物质运输、海洋与大气之间热量交换的重要媒介，还是影响海洋生物环境变化的重要机制（Dong et al.，2014；Zhang et al.，2014；Gaube et al.，2014）。涡旋是海洋中尺度活动的一种，对海洋中的温度结构具有较大影响（Flament et al.，1996；Dong et al.，2014）。赤道海域中反气旋涡旋也会对水温结构产生较大的影响。在水平方向上，反气旋涡旋会增强不同温度水团的混合，使得冷水向北移动，而较温暖的水向南移动，在赤道以北形成温度梯度相对较大的锋面（Flament et al.，1996；Kennan and Flament，2000）。在垂直方向上，反气旋涡旋会使得中心的温跃层下降，但有关向北的冷水使得等温线会向上弯曲，形成上升流（Kennan and Flament，2000；Menkes et al.，2002）。本文所研究的两个涡旋，如涡旋1在生成的初期，海表面温度较高，等温线呈下降趋势。在涡旋生成8~10 d，海表面温度出现了显著性下降，同时还观察到温度垂直结构中等温线的上升。而涡旋表面并没有观察到明显的水平方向不同温度的海水交换，即海表面温度的扰动，这可能与涡旋的生成位置有关。Flament等（1996，2000）发现的反气旋涡旋的中心位于赤道以北4°左右，而这里涡旋正处于北赤道逆流（温度较高）和赤道潜流（温度较低）中间，两侧温度差距较大（Flament et al.，1996；Kennan et al.，2000）。

本研究所列举的涡旋1、2均为逆时针运动，涡旋1为气旋涡，而涡旋2为反气旋涡。整个区域受赤道潜流影响较大，因此可能并未观察到水平方向不同温度的海水交换。气旋涡会形成上升流，将温跃层升高；而反气旋涡则会将局部水域下压，产生下降流，使得温跃层下降。本研究所列举的两个涡旋对温度结构产生相似的影响，这可能是由于两个涡旋具有相同的三维结构。赤道海域涡旋可以形成埃克曼抽吸，形成上升流，进而导致强烈的垂直水混合，冷水可能来自北赤道逆流和赤道潜流。

3. 涡旋对叶绿素浓度的影响

中尺度涡旋对其内部叶绿素影响存在不同的动力学机制：基于水平方向的涡旋搅拌作用、涡旋对浮游生物捕获限制作用（涡旋携带）、涡旋的涡致抽吸和埃克曼抽吸作用以及涡旋与风场的相互作用等（Martin and Richards，2001；Gaube et al.，2014）。海洋涡旋周围的物理、化学以及海洋生物特性的差异，使得中尺度涡旋对叶绿素浓度分布影响产生不同的动力学机制（Martin and Richards，2001；Gaube et al.，2014）。相关学者依据涡旋的强度变化将涡旋的整个生命周期分为了形成、强化、成熟和消亡四个阶段，在强化与成熟阶段，两种涡旋均可产生环状叶绿素结构（Gaube et al.，2014；Xu et al.，2019）。而本研究则将整个涡旋的生命周期平均分成了四个阶段，对应了涡旋形成、强化、成熟和消亡4个不同的生命周期，探究各个阶段涡旋下的环境变化情况。

本研究表明，由于涡旋的持续作用，涡旋内Chl－a浓度在不断增加。我们的研究结果，除了SST与Chl－a浓度呈明显的反比例关系变化外，两者在涡旋内变化的空间位置也表现出了极高的一致性。结合以往的研究，本研究推测赤道海域涡致抽吸作用使涡旋内部形成上升流，上升流使得底层的冷水上涌，等温线上升，同时将深水中的营养物质输送到透光层，促进饵料生物繁殖，叶绿素浓度上升。涡旋1在消失之后，叶绿素浓度仍在继续上升，这可能是由于两个涡旋独特的地理位置所导致的。涡旋1、2的生成时间和相对的空间距离均较为接近，而这可能会对环境造成双重的影响。例如，相对于涡旋的外侧，由于两个涡旋的共同作用，使得两个涡旋中间（内侧）的海表面温度下降迅速，且使等温线上升到顶峰区域，而叶绿素浓度先在两个涡旋中间（涡旋1的右侧，涡旋2的左侧）开始显著上升。然而，在涡旋1消失之后，涡旋2开始了显著的向西迁移，接近于涡旋1的右侧。因此，涡旋1消失之后，由于涡旋2的持续作用可能使得叶绿素浓度继续上升。涡旋2在消失之后，Chl－a浓度才开始表现出下降趋势。

以往研究表明，赤道涡旋可以产生上升流，将冷水向上输送，并使等温线上升（Menkes et al.，2002）。同时，将营养物质输送到透光层，促进浮游生物繁殖和

Chl－a浓度升高。在涡旋1的AED中Chl－a浓度升高，这可能是由两个涡旋的独特地理位置引起的。两个涡旋的距离较为相近，两个涡旋的共同作用下可能对环境产生双重影响。例如，与外侧相比，两个涡旋中间的SST下降较快，尤其是在涡旋中心。Chl－a在两个涡旋的中间显著增加。当涡旋1消失时，涡旋2移向涡流1的东侧。因此，涡旋2的持续效应可能导致Chl－a浓度持续升高，但涡旋2的AED中Chl－a浓度降低。

4. 涡旋对茎柔鱼资源分布与丰度的影响及其潜在机制

基于运动模式，茎柔鱼的生命周期分为被动迁移阶段和主动迁移阶段（Yu et al.，2015）。涡旋影响赤道海域茎柔鱼分布格局的过程也可分为两个阶段。涡旋可以将早期茎柔鱼从秘鲁和哥斯达黎加穹顶向西运输（Anderson et al.，2001；陈新军等，2012；Chen et al.，2013），同时，由于较高的饵料丰度，涡旋可以吸引未成熟和成熟的茎柔鱼聚集。

本研究表明，赤道海域各月涡旋个数与茎柔鱼月平均CPUE呈相同变化趋势。茎柔鱼在4—6月逐渐向东南方向迁移，而短生命周期的涡旋可能会成为茎柔鱼短暂的栖息场所。例如，在涡旋1的整个生命周期内，茎柔鱼在这里停留了大概18 d，并且涡旋内的产量和作业比例在逐渐增大，这意味着越来越多的茎柔鱼在涡旋中聚集。如图3-27所示，推测茎柔鱼的聚集与涡旋对生物物理环境的变化密切相关。涡旋形成初期（第一阶段）由

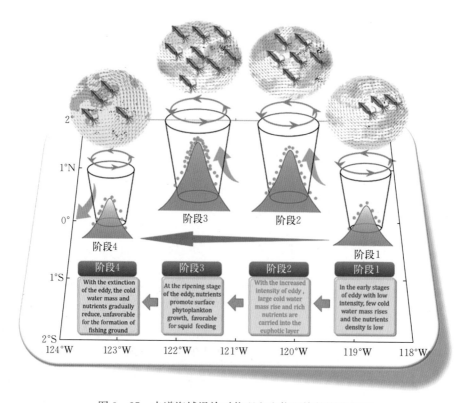

图3-27 赤道海域涡旋对物理和生物环境的影响机制

于强度较小，上升流趋势较弱，涡旋表面营养物质较少，涡旋内的茎柔鱼较少。随着涡旋的强度增加（第二阶段），上升流强度增大，温度持续下降，越来越多的营养物质被带到透光层，经过浮游植物的光合作用，初级生产力增加。随后（第三阶段），上层营养物质促进浮游生物的增加，吸引越来越多的茎柔鱼在涡旋内聚集。在涡旋的消亡阶段（第四阶段），上升流强度减弱，温度有所回升，营养物质开始逐渐下降。此外，我们还建立了一个短暂的栖息地模型，来评价涡旋内茎柔鱼栖息地的变化情况。结果表明，涡旋内的栖息地适宜性在逐渐升高。

第四节　秘鲁外海埃克曼动力因素对茎柔鱼资源丰度与分布的影响

　　上升流是指既有一定时空尺度下海水的上升运动，这个过程往往伴随着海洋物理、化学和生物的重新分配调整（柳沙沙，2020）。上升流往往象征着较高的生产力、生物的多样性和丰富的渔业资源（Chavez and Messié，2009；Montecino and Lange，2009）。因此，了解海洋水动力因素如何驱动上升流的变化，进而影响海洋生产力及生物资源，有助于我们分析海洋生态系统的变化模式以及科学有效利用生物资源。

　　东南太平洋拥有全球较高的东部边界生产力系统：秘鲁上升流系统（又被称为洪堡海流系统，Humboldt current system，HCS）（Montecino et al.，2009）。东南信风迫使秘鲁、智利沿岸底层营养盐丰富的冷水输送至表层，进而促进浮游生物的生长（Albert et al.，2010）。研究表明，上升流有两种形成机制，相关学者也进行了较为详细的讨论（Oerder et al.，2015）。如 Zhang 等（2021）利用风场数据、海表面温度（SST）和叶绿素浓度（Chl-a），以温度为上升流强度指标，基于埃克曼输送（Ekman transport），分析了中国台湾夏季上升流对近期气候变化的响应情况。Croquette 等（2004）则基于埃克曼输送和埃克曼抽吸两个动力因子解释秘鲁-智利沿岸上升流的变化情况，并将其分成南、北两个海域，不同海域的上升流与 SST 变化机制不同，这可能是由于两者海域不同的空间位置所决定的。据相关学者研究表明，秘鲁外海上升流系统的初级生产力占据全球海洋的 7%，而总渔获量则超过全球的 20%，主要的经济物种有鳀（*Engraulis ringens*）、沙丁鱼（*Strangomera bentincki*）、智利竹筴鱼（*Trachurus murphyi*）和茎柔鱼等（Montecino and Lange，2009）。梳理国内外对埃克曼理论、上升流对环境变化的影响情况发现，关于秘鲁外海埃克曼动力学过程以及其对大型经济物种资源丰度及其时空分布的影响机制尚不清楚。

　　目前，上升流强度指标分为两种，一种是基于温度定义，另一种是基于动力学定义（柳沙沙，2020）。因此，本研究利用相关的风场数据，并结合海洋遥感叶绿素（Chl-a）浓度数据，以动力因子作为上升流强度指标，总结秘鲁外海上升流埃克曼动力学的月间变化规律，探究两个动力因子对 Chl-a 浓度的影响机制。茎柔鱼是我国在秘鲁外海主要捕获的经济物种之一，而净初级生产力（NPP）、光合有效辐射（PAR）等表征营养盐因子对秘鲁外海茎柔鱼资源丰度时空分布影响较大。据此，以茎柔鱼为例，尝试分析秘鲁外海上升流对海洋生物资源丰度及其时空分布的影响情况，为解释该海域渔场的形成机制、评估海洋物种生态环境以及预测未来气候变化对生物群落的影响提供科学依据。

（一）材料与方法

1. 渔业和环境数据

茎柔鱼渔获数据来自中国远洋渔业数据中心，时间跨度为 2012—2018 年。数据内容包括作业经纬度、作业时间、作业次数（捕捞努力量）、渔获量（单位：t）等。研究海域为 75°W—95°W，8°S—20°S。本研究主要分析秘鲁外海埃克曼动力学月间变化过程，探究两个动力因子对 Chl-a 浓度分布和茎柔鱼资源丰度及其时空分布的影响机制，数据均以月为单位进行分析。

本研究选取距离海表面 10 m 处的风场数据，该数据由 NOAA Coast Watch ERDDAP 数据库提供（https://coastwatch.pfeg.noaa.gov/erddap/griddap/erdlasFnWind10.html），数据内容包括风场数据的东西分量（单位：m/s）、风应力的东西分量（单位：N/m²）和风应力旋度（单位：MPa/m）。数据的时间分辨率为月，空间分辨率为 1°×1°，风场数据和风应力均为矢量数据；Chl-a 数据来源于夏威夷大学研究中心（http://apdrc.soest.hawaii.edu），数据空间分辨率为 4 km，时间分辨率为月，并进行插值处理。厄尔尼诺事件依据海洋尼诺指数来表征，尼诺指数选择 Niño 3.4 区的海表温度距平值，其数据由美国 NOAA 气候预报中心提供（https://origin.cpc.ncep.noaa.gov/products/analysis_monitoring/ensostuff/ONI_v5.php）。

2. 分析方法

（1）埃克曼输送与埃克曼抽吸的计算 根据经典的埃克曼理论，秘鲁上升流系统由两种不同的机制构成：在信风的作用下所形成的埃克曼层流动所引起的质量输送（称为埃克曼输送，Ekman transport），当其在进行离岸输送时（需配合沿岸地形作用）会带动底部冷水上升；由于海表风场的不均匀性直接导致水平质量运输的不均匀性，进而导致部分海域辐散或辐聚，这种现象必然会形成埃克曼顶部的垂向流速的产生（称为埃克曼抽吸，Ekman pumping），两者均为埃克曼理论中至关重要的内容。因此，埃克曼输送表征海水在水平方向的输送能力，而埃克曼抽吸则表征海水在垂直方向上海水上升（当埃克曼抽吸为正值）或下降（当埃克曼抽吸为负值）的速度（吕华庆，2012）。依据 Croquette 等（2004），秘鲁外海的埃克曼输送主要由沿岸风应力（τ）所提供，而埃克曼抽吸则根据风应力旋度（Curl）和经向风应力计算得出，计算公式如下：

$$T_E = \frac{\tau_{alongshore}}{\rho \times f} \tag{3-14}$$

$$W_E = \frac{Curl(\tau)}{\rho \times f} + \frac{\beta \times \tau_x}{\rho \times f^2} \tag{3-15}$$

式 3-14、式 3-15 中，T_E 为埃克曼输送，W_E 为埃克曼抽吸，ρ 代表为海水的密度（1 024 kg/m³），$\tau_{alongshore}$ 为风应力的纬度分量，τ_x 为风应力的经度分量，$Curl(\tau)$ 为风应力旋度；f 为科氏参数，β 为科氏参数的纬向变化，两者的计算公式为：

$$f = 2 \times \Omega \times \sin(\varphi) \tag{3-16}$$

$$\beta = \frac{2 \times \Omega \times \cos(\varphi)}{R} \tag{3-17}$$

式 3-16、式 3-17 中，Ω 为地球自转角速度，为 7.292×10^{-5} rad/s，φ 为纬度，R 为地球半径，为 6.4×10^3 km。需要注意的是，在北半球，f 为正值，质量运输指向正东；而秘鲁外海为南半球，我们计算得到的 T_E 大多为负值，这意味着质量运输的方向指向正西，即向远离秘鲁沿岸输送。计算 2012—2016 年各月每个经纬网格下 T_E 和 W_E，在将同一网格的数据按月求取均值，绘制 T_E 和 W_E 的空间分布图，分析上升流月间的空间分布特征。

（2）渔获数据处理　本研究以作业次数表征捕捞努力量，统计 2012—2018 年各月的总渔获量和总捕捞努力量，并计算单位捕捞努力量渔获量（CPUE）与作业渔场的纬度重心（Latitudinal gravity center，LATG），其计算公式如下：

$$CPUE_{ij}=\frac{X_{ij}}{E_{ij}} \qquad (3-18)$$

$$LATG_{ij}=\sum_{i=1}^{k}(C_{ijk}\times Y_{ijk})/\sum_{k=1}^{m}C_{ijk} \qquad (3-19)$$

式 3-18、式 3-19 中，$CPUE_{ij}$ 为 i 年 j 月单位捕捞努力量渔获量；X_{ij} 为 i 年 j 月总渔获量；E_{ij} 为 i 年 j 月中总捕捞努力量；$LATG_{ij}$ 为 i 年 j 月的纬度重心位置；C_{ijk} 为 i 年 j 月第 k 次捕捞的渔获量；Y_{ijk} 为 i 年 j 月第 k 次捕捞的纬度，m 为当月的总捕捞次数。

（3）埃克曼动力因子对叶绿素浓度和茎柔鱼资源丰度及其空间分布的影响　绘制 T_E 的空间分布图，并于各月间茎柔鱼实际的作业位置进行叠加，分析茎柔鱼分布对埃克曼输送的响应特征。此外，利用交相关函数分析埃克曼抽吸与 CPUE、埃克曼输送与纬度重心的滞后相关性。由于各月的埃克曼输送均为负值，取其绝对值表示强度的大小。

秘鲁外海叶绿素浓度大致以沿岸浓度较高，随着离岸距离的增加，叶绿素浓度呈现逐渐降低的格局分布。为探究埃克曼输送对秘鲁海域高叶绿素浓度的海水输送过程，基于叶绿素的分布特征，选取 0.6 mg/m³ 的叶绿素浓度等值线探究沿岸海域上升流营养盐的分布情况，选取 0.2 mg/m³ 的叶绿素浓度等值线探究专属经济区外的叶绿素浓度分布情况。绘制各月叶绿素浓度分布图，探究埃克曼动力学过程对秘鲁外海叶绿素浓度分布的影响，并利用交相关函数分析埃克曼抽吸与叶绿素浓度的滞后相关性。

（4）厄尔尼诺事件对秘鲁外海埃克曼输送、叶绿素浓度和 CPUE 的影响　依据 NOAA 对厄尔尼诺和拉尼娜事件的定义，Nino 3.4 区 SSTA 连续 5 个月滑动平均值超过 +0.5 ℃，则认为发生一次厄尔尼诺事件。依据定义，2016 年上半年发生厄尔尼诺事件，且强度要大于 2015 年，并选取 2013 年为正常气候年份。对比分析 2013 年和 2016 年 1—6 月埃克曼抽吸、叶绿素浓度和 CPUE，探究厄尔尼诺对上升流的影响情况。

（二）研究结果

1. 秘鲁外海埃克曼动力因素对茎柔鱼资源丰度及其时空分布的影响

（1）埃克曼抽吸、埃克曼输送和茎柔鱼的 CPUE、纬度重心的月间变化　如图 3-28 所示，埃克曼输送、埃克曼抽吸、茎柔鱼的 CPUE 和纬度重心均存在明显的月间变化。埃克曼抽吸在 2 月时有所上升，随后逐渐下降，直至 5 月最低；6—12 月时，埃克曼抽吸逐渐上升，随后趋于平缓。埃克曼输送呈现先增加后减小的趋势变化，并在 8 月达到最大值。茎柔鱼的 CPUE 大致呈现先减小后增加的趋势变化，3—6 月 CPUE 低于 3 t/d；而

10—12月和1月CPUE相对较高，均超过5 t/d。纬度重心呈现出明显的南北移动，其中1—8月作业位置逐渐向北移动，前5个月迁移较小，随后又逐渐返回南部海域。

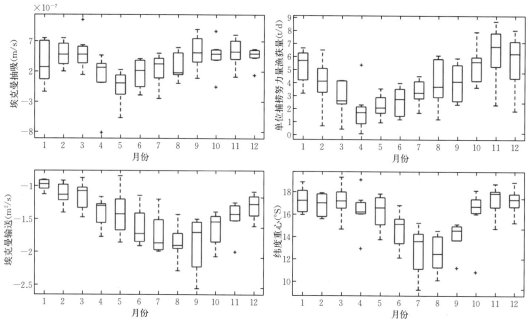

图3-28　埃克曼抽吸、埃克曼输送、CPUE和纬度重心的月间变化

（2）埃克曼抽吸的空间分布特征　如图3-29所示，埃克曼抽吸（正值）所形成上升流的月间分布特征变化显著。基于上升流面积变化分析，各月中，上升流的海域面积大致随纬度的增加呈现先减小后增加的趋势变化，在16°S附近海水上升的范围最小。在1—3月期间，秘鲁北部的上升流区域在显著向西扩张，而南部海域的扩张趋势相对较小。4—5月时，北部和南部海域的上升流面积显著减小。自6月开始，上升流海域面积在逐渐增大，并且向西扩张。中部海域（16°S附近）的上升流范围较小，且变化相对不大。基于上升流强度变化分析，各月中上升流的海域强度均随离岸的距离增加而逐渐降低。在秘鲁沿岸附近，上升流强度的月间变化较为明显。在1—5月时，沿岸上升流强度变化较小；至6—9月，强度显著增加；10—12月，沿岸上升流的强度有所下降。

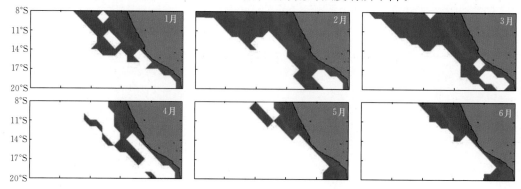

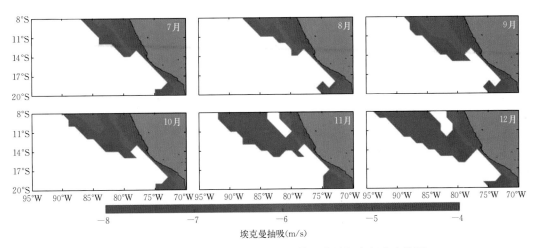

图 3-29 秘鲁外海埃克曼抽吸（正值）的月间空间分布情况

（3）埃克曼输送空间分布特征及其对茎柔鱼资源丰度时空分布的影响 如图 3-30 所示，秘鲁外海埃克曼输送的空间分布呈现出明显的月间变化。1—3 月，秘鲁外海西北部的埃克曼输送较强，且较强海域逐渐向东南方向迁移，而南部海域的埃克曼输送相对较弱。同时，秘鲁近岸海域的埃克曼输送要明显弱于外海。自 4 月开始，秘鲁外海的埃克曼

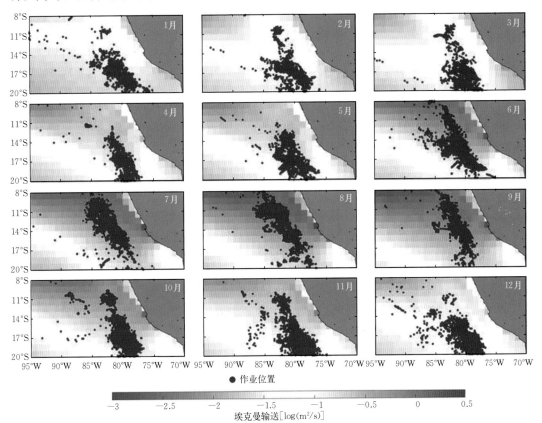

图 3-30 秘鲁外海埃克曼输送与茎柔鱼分布的月间空间分布情况

输送的强度显著增加，并逐渐扩散至秘鲁南部海域，同时还带动了近岸海域。到8—9月时，秘鲁外海的埃克曼输送达到最强。在10—12月时，南部海域的埃克曼输送的强度在逐渐降低。将各月渔船的实际作业位置进行叠加发现，秘鲁外海茎柔鱼的分布与埃克曼输送密切相关。当秘鲁外海埃克曼输送较弱时，如1—3月，茎柔鱼靠近南部海域聚集。在4—9月期间，随着埃克曼输送的强度增加，茎柔鱼逐渐向北部迁移。10—12月，南部的埃克曼输送在减弱的同时，茎柔鱼又逐渐返回南部海域。

（4）秘鲁外海埃克曼抽吸与CPUE、埃克曼输送与纬度重心的年间变化　如图3-31所示，在2012—2018年，埃克曼抽吸与CPUE、埃克曼输送与纬度重心均表现出较为同步的变化模式与以年为周期的周期性。埃克曼抽吸在 $-1.82 \times 10^{-7} \sim -1.04 \times 10^{-6}$ m/s波动，而CPUE则在 $1 \sim 8$ t/d波动，且两者波动幅度较大。各年中，3—6月CPUE均较低，而在10—12月和1月期间CPUE则相对较高。交相关分析表明（图3-32），在滞后0个月时，CPUE与埃克曼抽吸呈明显的正相关关系，相关系数最大，为0.29；各年中，纬度重心存在明显的南北迁移现象，而这与埃克曼输送强弱呈现出明显相反的变化模式。交相关分析表明，在滞后0个月时纬度重心与埃克输送呈明显的负相关关系，相关系数最大，为 -0.57。

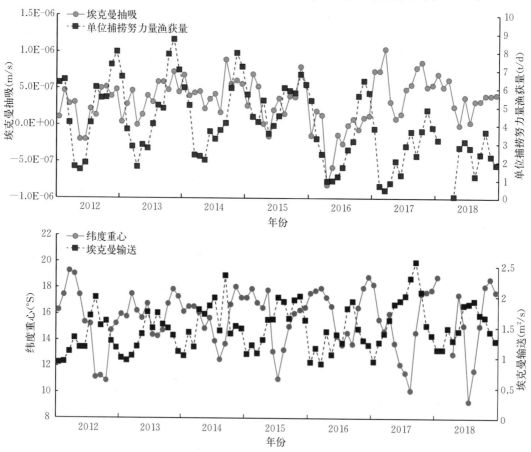

图3-31　2012—2018年秘鲁外海埃克曼抽吸与CPUE和埃克曼输送与纬度重心的月间变化情况
注：取埃克曼输送的绝对值表示强度的大小。

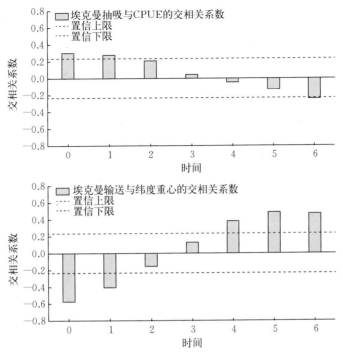

图 3-32 埃克曼抽吸与 CPUE、埃克曼输送与纬度重心的交相关系数

2. 秘鲁外海埃克曼动力因素对叶绿素浓度的影响

（1）秘鲁外海叶绿素浓度的月间变化及其空间分布特征 如图 3-33 所示，秘鲁外海叶绿素浓度在 1—4 月呈现较小的波动变化，随后月份则呈先减小后增加的趋势变化，并在 7 月降到最低，在 12 月达到了最高。选取 0.6 mg/m³、0.2 mg/m³ 等值线探讨沿岸和外海海域叶绿素浓度的分布特征。如图 3-34 所示，在各月中，秘鲁外海北部叶绿素浓度较高，两个等值线距离较宽，而南部海域的叶绿素浓度则表现出显著的月间变化特征。1—4 月，秘鲁外海北部高叶绿素浓度海域要明显宽于南部海域。自 4 月开始，南部海域的高叶绿素浓度带在逐渐变宽，而北部叶绿素浓度海域则略微向沿岸收缩。在 7—9 月时，秘鲁中部叶绿素浓度较高海域要略微宽于北部海域。随后月份中，秘鲁北部高叶绿素浓度海域

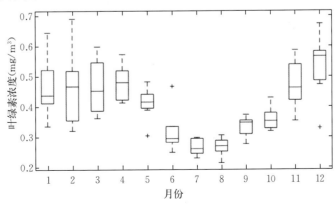

图 3-33 秘鲁外海叶绿素浓度的月间变化情况

要宽于南部海域，但南部海域的宽度并没有减小的倾向。沿岸海域的叶绿素浓度的分布特征与外海的相似，但不同的是，在7—8月时，沿岸海域0.6 mg/m³等值线明显向沿岸靠近。

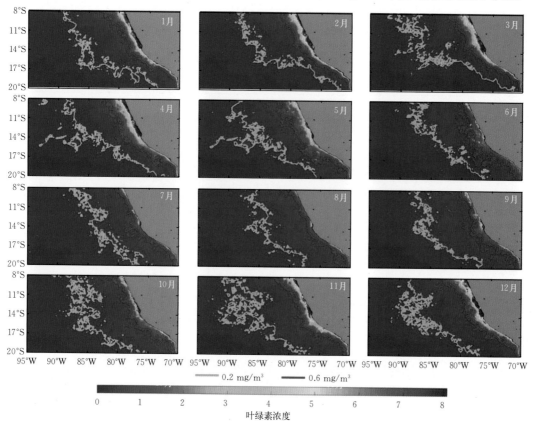

图3-34　秘鲁外海叶绿素浓度的月间空间分布情况

（2）秘鲁外海埃克曼抽吸对叶绿素浓度影响　如图3-35所示，在2012—2018年，叶绿素浓度似乎随着埃克曼抽吸的变化而变化，两者也表现出较为同步的变化模式与以年

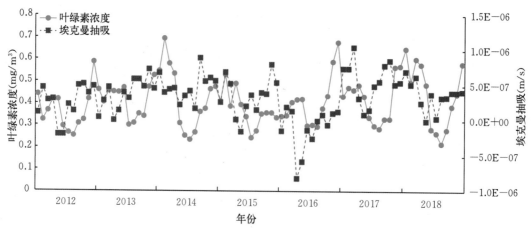

图3-35　2012—2018年秘鲁外海埃克曼抽吸与叶绿素浓度的月间变化情况

为周期的周期性。叶绿素浓度则在 $0.22\sim0.69\ \text{mg/m}^3$ 波动。交相关分析表明（图 3-36），在滞后 2 个月时，叶绿素浓度与埃克曼抽吸呈显著的正相关关系，相关系数为 0.41。

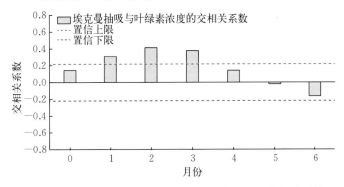

图 3-36　秘鲁外海埃克曼抽吸与叶绿素浓度的交相关系数

3. 厄尔尼诺对秘鲁外海埃克曼抽吸、叶绿素浓度和 CPUE 的影响

对比 2013 年、2016 年秘鲁外海的埃克曼抽吸、叶绿素浓度和 CPUE（图 3-37）发现，三者在 2013 年均要比 2016 年高。其中埃克曼抽吸在 2016 年的 4 月显著下降，之后虽有所回升，但仍低于 2013 年，这可能是导致叶绿素浓度在 6 月显著下降的原因，而 2013 年则始终保持在较高水平。5—6 月的 CPUE 均逐渐上升，但 2013 年的上升程度要明显大于 2016 年的。由此推测，厄尔尼诺事件可以减弱埃克曼抽吸上升的程度，进而导致叶绿素浓度和 CPUE 显著降低。

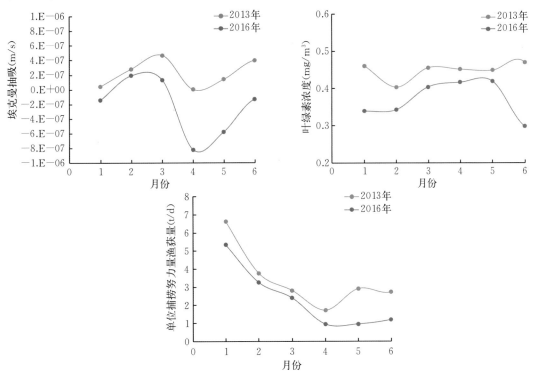

图 3-37　2013 年和 2016 年 1—6 月秘鲁外海埃克曼抽吸、叶绿素浓度和 CPUE 的变化情况

（三）讨论与分析

1. 基于埃克曼动力学分析上升流机制

海风是上升流形成的主要动力来源，风对海水具有两种不同作用机制：在沿岸风应力和科里奥利力（地球自转）的共同作用下驱动离岸的埃克曼输送（配合沿岸地形），可以形成上升流；由于陆地摩擦阻力的作用，风在靠近沿岸时速度会减小，产生负的风应力旋度，进而产生向上的埃克曼抽吸（上升流）（Albert et al.，2010；Oerder et al.，2015）。相关学者基于两种机制对不同海域的上升流系统进行了较为详尽的研究（Chavez and Messié，2009；Albert et al.，2010；Sachin and Rasheed，2020；Wirasatriya et al.，2020）。洪堡海流系统主要有三个上升流子系统构成：①智利中南部的季节性上升流系统；②秘鲁南部和智利北部上升流系统；③秘鲁北部终年上升流系统（Montecino and Lange，2020）。目前，这些子系统如何相互作用仍不清楚。研究表明，在四个上升流生态系统（本格拉、秘鲁、加那利和加利福尼亚上升流系统）中，秘鲁北部上升流中对硝酸盐的垂直运输效率最高（Chavez and Messié，2009）。

本研究基于两个埃克曼动力学因子，探究了秘鲁外海水动力过程的月间变化情况和空间分布特征。本文研究的区域为秘鲁北部的终年上升流系统和南部的上升流两个子系统。结果表明，秘鲁北部的上升流（埃克曼抽吸）强度要明显大于南部海域。此外，埃克曼输送和抽吸表现出明显不同的月间变化模式。埃克曼输送大致呈现先逐渐升高后降低的趋势变化，并在 8 月输送的能力最强；而埃克曼抽吸则大致呈正弦曲线的波动形式变化，在 5 月向上抽吸的作用最弱，而在 2—3 月和 10—12 月的作用最强，这与 Halpern 等（2002）的研究结果相似。同时，我们还验证了 Croquette 等（2004）埃克曼抽吸的分布格局。但不同的是，我们将研究区域向西扩展至 95°W，而向上的埃克曼输送可以延伸至 93°W 左右，这可能是两者研究的时间尺度不同所导致的。我们还发现，埃克曼抽吸所形成的上升流在分布模式与强度变化上存在一定的差异。如在 1—3 月，即使沿岸上升流的强度相对较弱，但其分布面积较为广泛；在 4—5 月，上升流的分布面积逐渐减小；自 6 月开始，上升流的分布面积和强度均开始出现了相对同步的增加，但也只维持到 9 月；而在 10—12 月，上升流的强度有所降低，但面积却仍在增加。埃克曼输送的空间分布情况也表现出明显的月间变化特征。在 1—3 月期间，近岸的输送能力要弱于外海海域；自 4 月开始，秘鲁外海的埃克曼输送显著增强，同时还带动了沿岸的海域；在 10—12 月，秘鲁南部海域的埃克曼输送呈逐渐下降趋势。

厄尔尼诺事件对秘鲁外海的埃克曼海水动力过程会产生较大影响。在 1998—1999 年，强烈的厄尔尼诺事件会增强秘鲁外海的埃克曼输送，同时迫使埃克曼抽吸形成明显的下降流，这会导致海洋温跃层降低，SST 显著上升（Halpern，2002）。而本研究对比 2013 年、2016 年秘鲁外海的埃克曼抽吸、叶绿素浓度发现，厄尔尼诺可以明显减弱秘鲁外海的埃克曼抽吸的强度（下降流），进而使得叶绿素浓度降低。

2. 上升流对海洋生态系统的影响

海水在上升的过程会将底部营养盐丰富的冷水送至表层。因此，低温和较高的叶绿素浓度是上升流系统的两大物理特性（吕华庆，2012；Gutiérrez et al.，2016）。由于秘鲁北部海域靠近赤道暖流系统，赤道的亚热带地表水团在春、夏季会向南部迁移，进而会对秘鲁北部水域的温、盐结构产生较大的影响（Echevin et al.，2004）。此外，秘鲁外海不同海域的埃克曼动力学表现出不同的分布模式（Croquette et al.，2004）。在北部海域，SST 与埃克曼抽吸季节性变化的相关性较差；而在南部海域，埃克曼输送和抽吸与 SST 表现出相对一致性的变化周期（Croquette et al.，2004）。因此，秘鲁外海 SST 分布格局与季节性变化的动力学原因较为复杂。在智利外海，上升流的强度随纬度的增加而逐渐降低，且 SST 与上升流强度和海表面风应力表现出强烈的负相关关系（Aravena et al.，2014）。Zhang 等（2021）基于温度来表征上升流强度的指标，发现上升流强度越大（温度越低），叶绿素浓度越高，两者呈显著正相关性。Gutiérrez 等（2016）认为，在秘鲁外海，叶绿素浓度总与风应力呈明显的负相关关系，而与温度呈正相关关系，这可能是因为秘鲁外海特殊的地理位置所导致的。

研究表明，沿岸负的风应力旋度（埃克曼抽吸）可以形成强烈的上升流，并对沿海环流和初级生产力产生较大的影响。本文结果表明，秘鲁外海的埃克曼抽吸和埃克曼输送对叶绿素浓度和分布均产生较大影响。在秘鲁北部，埃克曼抽吸所产生的上升流与高叶绿素浓度海域的分布范围较为一致；在中部和南部海域（15°S—18°S），高叶绿素浓度海域在逐渐向外扩张（4—9 月）。然而，我们并没有在对应海域观察到由埃克曼抽吸所引起上升流的增强（面积上），但埃克曼输送却在持续增加。此外，在近岸海域，0.6 mg/m³ 等值线则在逐渐靠近沿岸。由此推测，在北部海域，埃克曼抽吸为上升流的形成贡献了较大部分；而在中部和南部海域，当埃克曼抽吸较弱时，较强的埃克曼输送会使沿岸的高叶绿素浓度水域不断推送至外海，迫使外海的高叶绿素浓度在不断增加，这似乎验证了 Wirasa-triya 等（2020）的观点。同时，强烈的埃克曼输送不利于近岸的叶绿素浓度增加。此外，叶绿素浓度在滞后埃克曼抽吸 2 个月时表现较强的正相关性，这与 Gutiérrez 等（2016）的观点相似。

3. 上升流对茎柔鱼资源丰度及其时空分布的影响

本研究的结果表明，茎柔鱼的 CPUE 与埃克曼抽吸呈明显的正相关关系，而埃克曼输送与茎柔鱼的渔获重心表现出明显的负相关关系，且不存在滞后效应。茎柔鱼的南北洄游可能是南部海域叶绿素浓度变化所引起的。在 1—3 月时，秘鲁外海埃克曼输送相对较弱，茎柔鱼分布在叶绿素浓度较低的南部海域。此时，北部的叶绿素浓度较高，茎柔鱼会逐渐向北迁移。当秘鲁外海的埃克曼输送的作用增强，而中、南部近岸海域高叶绿素浓度海域的水向西输送，使得秘鲁外海中部海域叶绿素浓度两条等值线的距离要比北部的稍宽（8—9 月），对应南部海域的叶绿素浓度也在逐渐增加。北部海域的茎柔鱼处于强烈的饵料竞争环境，会逐渐迁移向中、南部海域。因此，即使叶绿素浓度在滞后 2 个月时与埃克曼抽吸存在明显的正相关性，但是埃克曼输送可以调节秘鲁外海叶绿素浓度的分布情况，进而影响茎柔鱼的空间分布特征。诸多研究表明，茎柔鱼的南北洄游与其本身生长、发育、繁殖等生活史阶段密切相关（Anderson and Rodhouse，2001；Keyl et al.，2014；胡贯宇等，2018）。同时，还受到其他海洋环境因子，如海表面温度、海表面盐度、净初级生产力、光合有效辐射等调控（Yu et al.，2019；方星楠等，2021）。

上升流对其他海洋生物也具有较大的影响。例如，Escribano 等（2012）以埃克曼输送为上升流强度指标，在智利北部海域，上升流强度与浮游生物量存在显著的正相关关系。在智利南部海域，上升流强度会迫使沿岸海域温度降低，海水酸性增加和含氧量降低，进而影响到紫扇贝（*Argopecten purpuratus*）的栖息地环境，而其也会调节自身的生理状况以适应环境的变化（Ramajo et al.，2020）。Rykaczewski 等（2008）发现，在加利福尼亚海域，相对于风应力所产生的上升流（埃克曼输送），风应力旋度（埃克曼抽吸）所产生的上升流的强度与沙丁鱼资源补充量表现出同步的变化趋势。同时，还指出风应力旋度所产生的上升流与海洋中叶绿素浓度（深度为 10 m 处的叶绿素浓度）、营养线深度（硝酸盐浓度超过 1.0 μmol/L 的深度）呈明显的正相关关系。

第四章

传统渔场秘鲁外海茎柔鱼的资源变动与不同环境因子的关联

第一节　基于多元环境因子的秘鲁外海茎柔鱼栖息地季节性变化

栖息地是指物理和生物的环境因素的总和，包括光线、湿度、筑巢地点等，所有这些因素一起构成适宜于动物居住的某一特殊场所。它能够提供食物和防御捕食者等条件（Heggenes，2002）。各种动物按照自己喜爱的环境条件来选择栖息地。在海洋生态系统中，大洋性鱼类栖息地与气候和海洋环境条件关系紧密。多数鱼类对环境变化极为敏感，当栖息地环境发生细微变化时，鱼类会做出迅速反应，从恶劣环境转移到优良的栖息地中（Hiddink et al.，2008）。茎柔鱼是 1 年生的短生命周期头足类，主要栖息地位于东太平洋海域（Liu et al.，2015）。在秘鲁海域，存在强劲的沿岸上升流以及低速的秘鲁寒流，裹挟着丰富的涡旋、锋面以及复杂多变的海洋环境，这一海域营养盐和生产力丰富，因此成为世界著名的渔场，其中茎柔鱼资源尤为丰富（Cahuin et al.，2015；Ramos et al.，2017）。同时，大尺度气候变化如厄尔尼诺和拉尼娜现象对这一海域的环境具有调控作用。因此，这一海域内的鱼类栖息地变动与环境和气候变化具有密切关联。茎柔鱼作为重要的经济动物，研究其栖息地分布模式有利于开发渔场、资源保护和可持续利用。然而从目前文献来看，尚未有研究阐明茎柔鱼栖息地的季节性分布。

栖息地指数（HSI）模型最早由美国地理调查局国家湿地研究中心鱼类与野生生物署于 20 世纪 80 年代初提出，用来描述野生动物的栖息地质量，随后 HSI 模型被广泛地应用于物种的管理和生态恢复研究以及大洋性鱼类的渔场分析（Yi et al.，2017）。HSI 模型结合地理信息系统技术被广泛用来进行渔业资源开发、评估和科学管理，成为渔业科学研究的重要方法之一（Wang et al.，2017）。本研究选用海表温度（SST）、净初级生产力（NPP）和海面高度异常（SSHA）3 个关键环境因子作为响应变量，以捕捞努力量表征茎柔鱼相对资源丰度，构建秘鲁外海茎柔鱼的综合栖息地指数模型。利用该综合栖息地模型主要分析茎柔鱼与栖息地的关联，检验秘鲁外海茎柔鱼栖息地的季节性分布模态以及评估气候和海洋环境因子对栖息地变化的影响。

（一）材料与方法

1. 渔业和环境数据

本研究茎柔鱼捕捞数据主要来自上海海洋大学鱿钓科学技术组，数据包括捕捞时间（年和月）、捕捞位置（经度和纬度）、每日产量（单位：t）以及捕捞努力量（以 d 计）等，空间分辨率为 $0.5° \times 0.5°$。数据时间为 2006—2015 年。茎柔鱼渔场主要分布在 75°W—95°W，8°S—20°S 秘鲁海区专属经济区外海海域。

环境数据包括 SST、NPP 和 SSHA。其中，SST 数据来源于美国国家海洋和大气管理局（NOAA）（ftp://ftp.cdc.noaa.gov/Datasets/noaa.oisst.v2.highres/）；NPP 数据来源于俄勒冈州立大学海洋环境数据库，数据空间分辨率为 $5' \times 5'$（http://www.science.oregonstate.edu/ocean.productivity/standard.product.php）。该数据通过 MODIS 遥感数据以及 VGPM 模型（Vertically generalized production model）反演算法获得。VGPM 模型经过全球寡营养环流海域和高度富营养水域等各类不同海域长时间、大范围实测资料的验证，计算结果精确可靠（Siswanto et al.，2006）。SSHA 数据来源于卫星高度计数据 AVISO（Archiving，validation and interpretation of satellite oceanographic data）（http://las.aviso.altimetry.fr/las/getUI.do）。所有环境数据时间覆盖 2006—2015 年 1—12 月，空间范围覆盖秘鲁海区茎柔鱼渔场海域，其空间分布范围为 75°W—95°W，8°S—20°S。所有环境数据经预处理后空间分辨率转化为 $0.5° \times 0.5°$，并与渔业数据进行匹配。

2. 分析方法

定义经纬度 $0.5° \times 0.5°$ 为一个渔区，按月计算每个渔区内的单位捕捞努力量渔获量（CPUE），单位为 t/d。本研究中，CPUE 用来表征茎柔鱼的资源丰度，其计算公式为（Yu et al.，2017）：

$$CPUE_{ymij} = \frac{\sum Catch_{ymij}}{\sum Effort_{ymij}} \tag{4-1}$$

式 4-1 中，$\sum Catch_{ymij}$ 为经度为 i，纬度为 j 的渔区内 y 年 m 月累计渔获量，单位为 t；$\sum Effort_{ymij}$ 为经度为 i，纬度为 j 的渔区内 y 年 m 月累计捕捞努力量，单位为 d。

通常捕捞努力量和 CPUE 等代表茎柔鱼出现率或资源丰度的指标因子均可用于构建 HSI 模型（龚彩霞等，2011）。然而根据 Tian 等（2009）的研究发现，基于捕捞努力量的 HSI 模型结果明显优于基于 CPUE 的 HSI 模型。因此，本研究利用捕捞努力量与渔场环境条件的关系计算茎柔鱼的适宜性指数 SI。依据捕捞努力量在各环境变量不同范围内的频率分布，计算各环境变量不同范围内茎柔鱼出现的概率。各季节环境变量 SI 值计算公式为（Li et al.，2016）：

$$SI = \frac{Effort_i}{Effort_{i,\max}} \tag{4-2}$$

式 4-2 中，$Effort_i$ 为环境变量第 i 区间内总捕捞努力量；$Effort_{i,\max}$ 为环境变量第 i 区间内最大总捕捞努力量。

假定最低捕捞努力量分布的作业位置为茎柔鱼最不适宜的栖息地，认定其 $SI=0$，即该海域代表了最不利的环境条件；而最高捕捞努力量分布的作业位置为最适宜的茎柔鱼栖息地，认定其 $SI=1$，即该海域代表了最有利的环境条件。然后利用估算的 SI 值和各个环境变量分段区间值拟合 SI 模型。SI 与环境变量的关系可通过正态函数分布法定量分析，各环境变量的分布函数分别表示为（Yu et al.，2016）：

$$SI_{SST}=\exp[a\times(SST-b)^2] \qquad (4-3)$$

$$SI_{NPP}=\exp[a\times(NPP-b)^2] \qquad (4-4)$$

$$SI_{SSHA}=\exp[a\times(SSHA-b)^2] \qquad (4-5)$$

式 4-3、式 4-4、式 4-5 中，a 和 b 为模型中估计的参数；SST、NPP 和 $SSHA$ 为对应环境变量值。

利用算术平均法（AMM）计算综合栖息地适宜性指数，其计算公式为（Yu et al.，2016）：

$$HSI=\frac{1}{n}\sum_{i=1}^{n}(SI_{SST}+SI_{NPP}+SI_{SSHA}) \qquad (4-6)$$

式 4-6 中，SI_{SST}、SI_{NPP} 和 SI_{SSHA} 为基于各环境因子预测的 SI 值；n 为环境因子个数。综合栖息地适宜性指数范围在 0～1，认定 $HSI\leqslant0.2$、$0.2\leqslant HSI\leqslant0.6$ 和 $HSI\geqslant0.6$ 的海域分别为茎柔鱼不利栖息地，普通栖息地以及适宜栖息地。

利用 2006—2014 年的渔业生产数据和环境数据构建综合 HSI 模型。将 2015 年环境数据作为 AMM 模型输入条件分别预测该年各季节茎柔鱼渔场 HSI 值，对 HSI 预测模型进行测试和交叉验证，同时将 2015 年捕捞努力量数据与预测 HSI 值分布图进行空间叠加，观察渔业数据与预测适宜栖息地位置是否在空间上匹配吻合。此外，预测 2006—2015 年各季节茎柔鱼渔场栖息地适宜性值，将预测的 HSI 值划分成 3 个区间，分别为 [0.0，0.2]、[0.2，0.6] 和 [0.6，1.0]。统计每个 HSI 区间内存在茎柔鱼产量的网格数、产量以及捕捞努力量。理论上，以上各变量均分布在 HSI 值较高的海域，而极少会出现在柔鱼资源偏少的栖息地，各变量比重应随 HSI 值增加而增大（Li et al.，2016；Yu et al.，2016）。基于以上理论，我们验证基于 AMM 算法的栖息地模型结果是否可靠。

基于综合栖息地指数模型，预测 2006—2015 年各季节秘鲁外海茎柔鱼渔场栖息地适宜性。将 2006—2015 年各季节茎柔鱼渔场的栖息地适宜性值进行平均，获取茎柔鱼栖息地的季节性分布规律。同时，利用空间相关分析法，分析渔场环境（SST、NPP 和 SSHA）与茎柔鱼栖息地适宜性在空间上的相关性。此外，选择典型强的厄尔尼诺和拉尼娜年份进行对比研究，进一步分析和讨论在不同气候和环境条件下茎柔鱼资源丰度、渔场分布和适宜栖息地面积差异以及对应的渔场环境变化。

（二）研究结果

1. HSI 模型结果

将 SST、NPP 和 SSHA 数值区间设置为 1℃、100 g/(m²·d) 和 2 cm，利用正态和偏正态函数拟合基于捕捞努力量和 SST、NPP 和 SSHA 统计关系的各季节 SI 曲线。求解的 SI 模型参数、曲线以及统计结果见图 4-1。结果显示，各季节所有的 SI 模型各参数变量均通过显著性检验（$P<0.001$），环境变量和捕捞努力量分布具有很高的相关性，且模

型的均方根误差极低。

计算各季节内不同 HSI 分段区间下存在茎柔鱼产量的网格数、产量以及捕捞努力量（图 4-2），结果发现以上三个参数值随着 HSI 区间值的上升呈线性增加趋势。通常情况下，茎柔鱼不利栖息地（$HSI \leqslant 0.2$），茎柔鱼出现网格数、产量和捕捞努力量最低；茎柔鱼普通栖息地内（$0.2 \leqslant HSI \leqslant 0.6$）各参数值位于中等水平；而茎柔鱼有利的栖息地范围内（$HSI \geqslant 0.6$）各参数值均呈最高趋势。

利用 AMM 模型预测了 2015 年各季节茎柔鱼渔场 HSI 值，并与各月捕捞努力量进行空间叠加验证模型（图 4-3），结果发现秋季和冬季茎柔鱼适宜的栖息地面积较高，而夏季较低。从春季到秋季，各季节捕捞努力量大部分分布在普通和有利的栖息地内。冬季捕捞努力量大多占据了 HSI 较低值的海域，这导致该季节内 CPUE 由于捕捞努力量与适宜栖息地空间位置不匹配而较低。

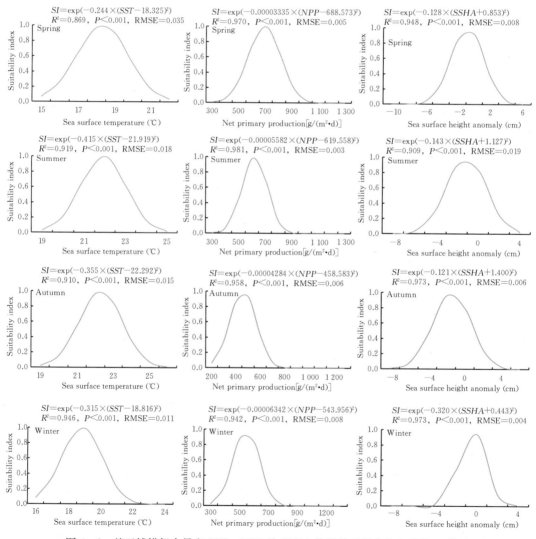

图 4-1　基于捕捞努力量和 SST、NPP 及 SSHA 统计关系拟合的各季节 SI 曲线

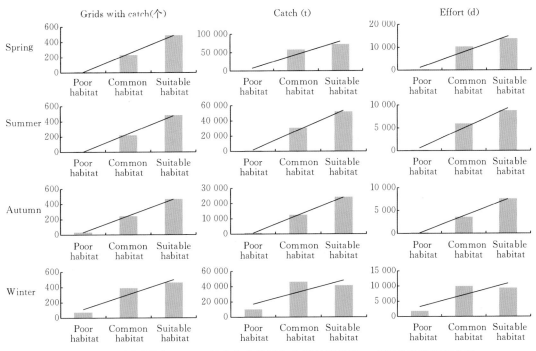

图 4-2　不同季节各 HSI 区间内存在茎柔鱼产量的网格数、产量以及捕捞努力量

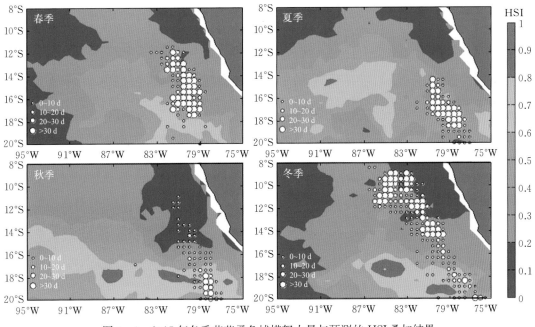

图 4-3　2015 年各季节茎柔鱼捕捞努力量与预测的 HSI 叠加结果

2. 茎柔鱼栖息地的季节性分布

将 2006—2015 年东南太平洋秘鲁外海茎柔鱼各季节栖息地适宜性值进行平均，获取

该时间段内茎柔鱼不同季节的栖息地分布图并与捕捞努力量进行叠加（图4-4）。结果发现春季至秋季秘鲁外海茎柔鱼渔场范围内的适宜栖息地面积显著高于冬季。在春季，适宜的栖息地海域主要分布于75°W—91°W，10°S—20°S范围内；夏季和秋季茎柔鱼的适宜栖息地分布模态基本相似，但分布的空间位置不同。两个季节内的适宜栖息地呈现出较宽的纬度带，主要从秘鲁近岸海域延伸至95°W海域，但是夏季的适宜栖息地相对秋季向北移动；冬季茎柔鱼的栖息地适宜性相对较低，适宜栖息地面积也减少较多，主要分布在渔场东南海域75°W—87°W，12°S—20°S范围内。同时，春夏季内预测的茎柔鱼适宜栖息地与捕捞努力量的空间分布位置相对吻合，较少渔业捕捞位置分布在不利或普通栖息地范围内；在秋冬季节，大多捕捞努力量基本出现在适宜的栖息地海域内，然而也有相当一部分捕捞努力量分布在HSI值相对较低的海域内，特别是在14°S靠北的海域。

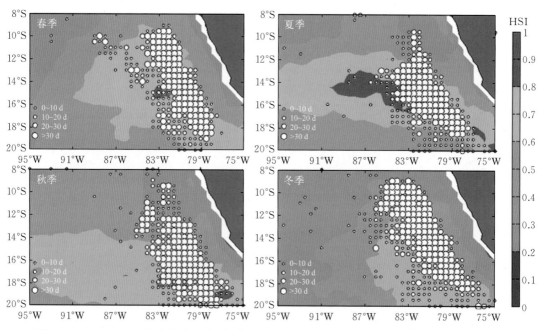

图4-4　2006—2015年东南太平洋秘鲁外海茎柔鱼各季节栖息地分布与捕捞努力量叠加结果

图4-5显示的是2006—2015年东南太平洋秘鲁外海茎柔鱼各季节栖息地标准差与捕捞努力量叠加图。可以看出，各季节栖息地标准差值基本高于0.1，而标准差高于0.2的海域主要分布于秘鲁沿岸以及靠近200 nmile专属经济区线附近。同时，各季节捕捞努力量主要分布于栖息地标准差值较高的海域，这说明茎柔鱼的适宜栖息地由于气候和环境年际变化而呈不稳定状态。

3. 茎柔鱼渔场内环境的空间分布变化

图4-6显示不同季节内茎柔鱼有利SST、NPP和SSHA海域在渔场内的空间分布。可以看出春季到秋季对茎柔鱼相对有利环境的海域范围要显著大于冬季，特别是冬季有利的SSHA面积急剧减少。同时，春季至秋季各环境因子有利的重叠海域的面积要大于冬季。此外，进一步检验了茎柔鱼渔场内SST、NPP和SSHA与HSI相关系数在空间上的分布（图4-7）。结果显示，SST和NPP对茎柔鱼栖息地适宜性的影响随空间位置不同

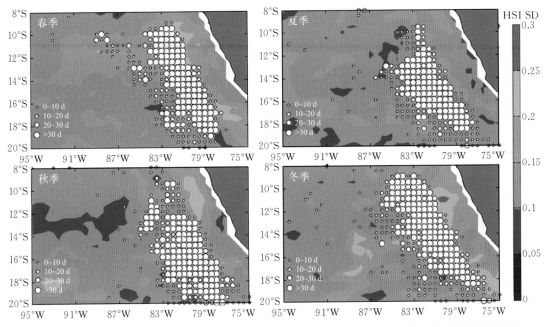

图4-5　2006—2015年东南太平洋秘鲁外海茎柔鱼各季节栖息地标准差与捕捞努力量叠加结果

而不同。79°W—87°W，8°S—15°S范围内SST与HSI值呈显著负相关；而16°S以南海域内SST与HSI呈显著正相关，但相关系数不高。秘鲁海域专属经济区内的NPP与HSI呈显著负相关，84°W以西海域内的NPP与HSI呈显著正相关关系。对于SSHA而言，发现秘鲁外海和专属经济区内的SSHA与茎柔鱼HSI均呈现显著负相关关系，说明SSHA对茎柔鱼栖息地质量具有负效应。

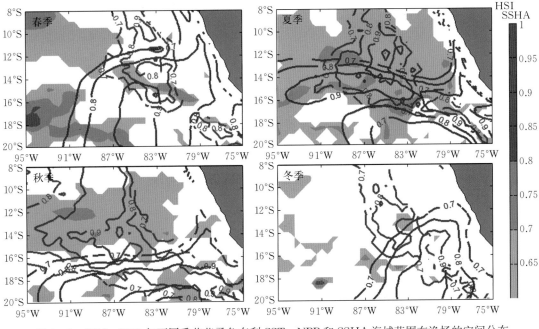

图4-6　2006—2015年不同季节茎柔鱼有利SST、NPP和SSHA海域范围在渔场的空间分布

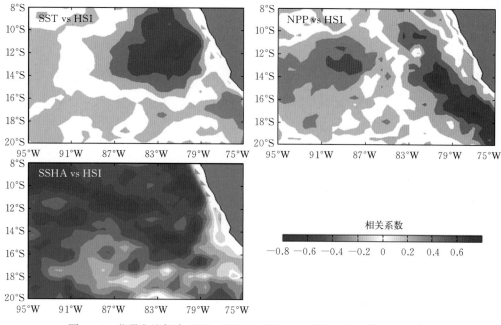

图 4-7 茎柔鱼渔场内 SST、NPP 和 SSHA 与 HSI 相关系数的空间分布

4. 气候驱动的茎柔鱼栖息地变化及与资源丰度和空间分布的关联

2006—2015 年，茎柔鱼 CPUE 和捕捞努力量纬度分布呈现显著的季节性变化（图 4-8）。春夏季 CPUE 较高，而秋冬季相对较低，其中秋季茎柔鱼 CPUE 最低。捕捞努力量纬度

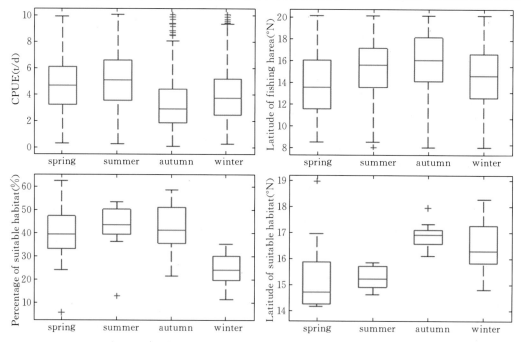

图 4-8 2006—2015 年东南太平洋秘鲁外海海域茎柔鱼季节性 CPUE、渔场纬度分布、适宜栖息地比重以及适宜栖息地平均纬度

位置则从春季到秋季逐渐向南移动，而到冬季则向北移动。茎柔鱼适宜栖息地面积及其纬度分布与CPUE以及捕捞努力量纬度位置呈现相同的季节性变化趋势，主要表现为春夏季茎柔鱼的适宜栖息地面积较大，冬季最小。适宜栖息地的平均纬度从春季到秋季从北逐渐向南移动，到冬季则反向向北转移。

图4-9显示2006—2015年各季节平均HSI值呈现显著的年际变化。相关分析结果表明，2006—2015年各季节平均HSI值与NPP呈显著的正相关关系（$R=0.418$，$P=0.004$）；与SSHA呈显著的负相关关系（$R=-0.649$，$P=0.000$）；与SST呈正相关，但相关性不显著（$R=0.134$，$P=0.205$）。此外，2011年（拉尼娜事件）各季节内平均HSI值，有利的SST、NPP以及SSHA海域面积相对2015年（厄尔尼诺事件）均显著提高。

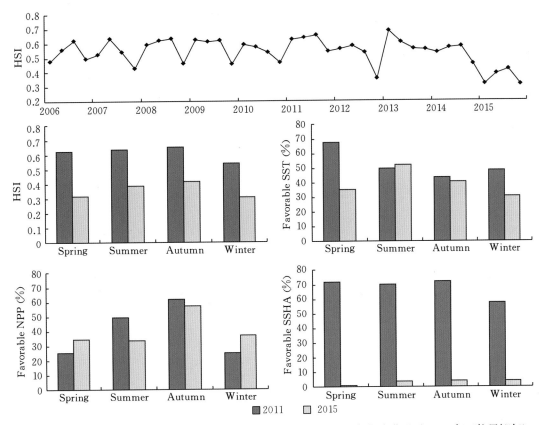

图4-9 2006—2015年东南太平洋秘鲁外海海域茎柔鱼渔场HSI年间变化以及2011年（拉尼娜年）和2015年（厄尔尼诺年）渔场内平均HSI和有利SST、NPP和SSHA对比

（三）讨论与分析

栖息地模型预测结果的准确率与可靠性主要依赖于模型输入数据，拟合的SI模型以及HSI模型结构。对大洋性鱼类而言，选择不同方法构建栖息地模型会导致不同的鱼类分布预测结果（Chen et al.，2010）。针对本文构建的秘鲁外海茎柔鱼HSI模型，展开以下几点论述：首先，本文HSI模型选择SST、NPP以及SSHA作为响应变量是根据前人

研究文献认为以上 3 个环境因子对秘鲁海洋的茎柔鱼资源丰度和分布具有显著影响，因此可利用这些环境因子表征茎柔鱼栖息地适宜性大小（Medellín - Ortiz et al.，2016）。再者，本文的 SI 曲线是基于表征茎柔鱼出现率指示因子（即捕捞努力量）和各环境因子的关系拟合获取。从拟合模型的输出结果来看，各 SI 曲线能够正确获取茎柔鱼在不同季节内对不同环境区间内的适应性程度及捕捞努力量的时空分布。对于鱿钓渔业而言，基于 CPUE 拟合的 SI 模型通常会低估头足类的栖息地质量，因此捕捞努力量相对 CPUE 更适合用来拟合 SI 曲线（Tian et al.，2009）。最后，需要说明的是，计算综合栖息地指数值通常有多种方法，如几何平均法（Geometric mean model，GMM）、连续乘积法（Continued product model，CPM）、最小值法（Minimum model，MINM）和最大值法（Maximum model，MAMM）（Van der Lee et al.，2006；Chang et al.，2012）。与这些计算方法不同，基于 AMM 算法的 HSI 模型是将所有 SI 值通过算术平均获得。因此，每个环境因子的变化都能对结果产生很大的影响，AMM 算法能够将环境条件的变化反映至最终 HSI 预测结果中来（龚彩霞等，2011）。这种算法能够尤为适合高度洄游的鱼类，它们会对不利的环境条件做出迅速响应，从不利的栖息地转移至有利的栖息地海域。当前，基于 AMM 算法的栖息地模型已成功应用预测多种鱼类的栖息地适宜性，如西北太平洋鲣（*Katsuwonus pelamis*）（Yen et al.，2017）、东海鲐（*Scomber japonicus*）（Li et al.，2014）和智利鳀（*Engraulis ringens*）（Silva et al.，2016）。

本研究中，SST、NPP 和 SSHA 可用来表征茎柔鱼栖息地的生理条件、食物获取程度和栖息的物理环境条件。SI 曲线季节性变化则说明了茎柔鱼在不同季节对环境条件的适应性水平发生变化，对各环境因子的适宜范围则发生改变。例如，SI_{SST} 曲线显示了茎柔鱼在不同季节内对适宜温度区间的变化。春季，茎柔鱼适宜温度区间为 17.5～19.2 ℃；冬季为 18.0～20.5 ℃；而夏秋季节茎柔鱼适宜温度区间相对上升，为 21.5～23.5 ℃。前人研究表明秘鲁海域茎柔鱼群体分布与海表温度紧密相关，茎柔鱼资源丰度较高的海域通常分布在 SST 为 17～22 ℃范围内（Waluda et al.，2006a）。需要特别指出的是，本研究推断的各季节对茎柔鱼有利的 SST 范围并非影响其整个生活史阶段。例如文献记载在茎柔鱼繁殖和产卵阶段，对其有利的 SST 范围则变为 24～28 ℃（Ichii et al.，2002）。除此之外，本文使用的 SSHA 数据来源于多卫星融合高精度数据产品，该产品能够有效减少缺失数据和误差（Lan et al.，2017）。同样，各季节 SI_{SSHA} 曲线拟合的适宜区间与前人研究结果一致（Yu et al.，2016）。茎柔鱼栖息地的适宜性与 SSHA 区间−4～0 cm 具有高度相关性，四个季节内大量捕捞努力量聚集分布在此区间。这说明了茎柔鱼偏好 SSHA 为 0 cm 以下的海域，该海域内可能聚集着暖和冷的涡旋（Waluda et al.，2006b）。一般在涡旋区域海水垂直混合加剧，能够将底层营养盐丰富的海水裹挟到表层水域，导致海表初级生产力上升，从而更易引起茎柔鱼集群（Waluda et al.，2006a）。

净初级生产力在海洋生态系统中具有重要地位，是海洋食物链的基础环节。海洋初级生产力发生变化能够显著影响浮游植物的密度和空间分布模态，从而直接或间接影响更高营养级生物，如从浮游动物到海洋大型哺乳动物（Watson et al.，2015）。已有文献表明，NPP 可能决定潜在的海洋渔业产量。例如，在西北太平洋海域，长鳍金枪鱼（*Thunnus alalunga*)高产渔场主要出现在初级生产力范围为 15.65~20.61 g/(m² · 月)的海域(Zainuddin et al.,2006)。西北太平洋柔鱼(*Ommastrephes bartramii*)资源丰度和空间分布也与初级生产力有关,其资源量大小受 3 月产卵场海域和 7—11 月渔场海域的生产力水平影响(余为等,2016)。在东海南部海域,鲐年资源量与净初级生产力水平呈倒抛物线关系,即鲐资源量随初级生产力增加而提高,但初级生产力进一步增加时,鲐资源量则下降(官文江等,2013)。本研究首次将秘鲁外海茎柔鱼栖息地与净初级生产力水平相关联。研究发现茎柔鱼群体出现的 NPP 区间为 300~1 300 g/(m² · d)。然而并非 NPP 值越高,茎柔鱼栖息地的适宜性就越好;相反,茎柔鱼在各季节内适宜的 NPP 值有着严格的区间范围。本研究结论说明四季茎柔鱼适宜的 NPP 范围分别为 600~800 g/(m² · d),600~700 g/(m² · d),400~500 g/(m² · d)和 500~600 g/(m² · d)。

茎柔鱼栖息地分布模式呈现季节性和年际变化,这主要是由于渔场内环境季节和年际改变所致。茎柔鱼潜在的适宜栖息地在春夏秋这 3 个季节显著增加,在冬季则显著减少。分析冬季茎柔鱼栖息地减少的原因可能是由于有利的 SST、NPP 和 SSHA 的海域范围缩减,特别是冬季有利的 SSHA 范围急剧下降,且在渔场内呈碎片式分布模式。本研究可以发现茎柔鱼适宜栖息地的分布模式与 3 个环境因子有利海域的重叠区域模态相似,且与各环境条件的时空变化有关。将所有相关信息整合,我们可以推断出各季节茎柔鱼适宜栖息地面积增加,则表明渔场内 SST 和 SSHA 下降,而 NPP 则明显上升。研究结果还发现,茎柔鱼适宜栖息地面积和纬度分布位置的变化趋势与其 CPUE 和捕捞努力量纬度分布存在显著关联,这表明与环境相关的茎柔鱼适宜栖息地决定了该群体的资源丰度和空间分布位置。需要说明的是,秋季茎柔鱼适宜栖息地面积较大,但该季节 CPUE 偏低,这可能是由于捕捞作业位置与适宜栖息地空间分布不匹配所致。

厄尔尼诺和拉尼娜事件对秘鲁外海茎柔鱼群体产生显著的影响(Yu et al.,2016;Waluda et al.,2006a)。有研究表明茎柔鱼渔场内 SST、SSH 以及叶绿素浓度受厄尔尼诺和拉尼娜事件调控(Yu et al.,2017)。因此,气候驱使的渔场内环境条件改变可导致茎柔鱼群体大小发生改变。相对于厄尔尼诺事件,拉尼娜事件可导致秘鲁沿岸上升流更为强劲,致使茎柔鱼丰度和产量均上升。本文研究发现,相对于 2015 年厄尔尼诺年份,2011 年的拉尼娜事件使茎柔鱼渔场的有利环境海域显著增加,从而使茎柔鱼栖息地质量上升,有利的栖息地面积显著扩张。

第二节 基于环境权重的秘鲁外海茎柔鱼栖息地季节性分布模式

栖息地适应性指数(HSI)模型可以描述栖息地特征、评估栖息地条件,并进一步确定物种在不同气候和环境条件下栖息地的偏好(Yu et al.,2018),是表征鱼类资源空间分布与海洋环境关系的重要手段之一(陈新军等,2013)。胡振明等(2010)根据海洋环境数据和渔获数据,曾对秘鲁外海茎柔鱼进行栖息地适宜指数建模分析;易炜等(2017)利用不同环境因子权重分析东海鲐的栖息地,但国内外还未报道秘鲁外海茎柔鱼栖息地的季节性分布及与环境的关系。本研究将根据 2006—2015 年我国鱿钓船在秘鲁外海茎柔鱼的生产统计数据，结合海表面温度、海表面高度和净初级生产力 3 个环境因子，分析渔获量（Catch）、捕捞努力量（Fishing effort）以及单位捕捞努力量渔获量（Catch per unit of effort，CPUE）与环境因子的关系，建立不同季节及不同权重比例组合下的栖息地适应性指数模型，并选择最优模型预测茎柔鱼栖息地，为茎柔鱼渔情预报技术和渔业管理等提供科学依据。

（一）材料与方法

1. 数据来源

茎柔鱼捕捞数据来源于上海海洋大学中国远洋渔业数据中心，时间为 2006—2015 年，数据信息包括作业经纬度、作业时间、渔获量、捕捞努力量、单位捕捞努力量渔获量（图 4-11）。其中，2006—2014 年的渔业数据用于构建模型，2015 年数据用于模型验证。

海洋环境数据包括海表面温度（SST）、海表面高度（SSH）和净初级生产力（NPP），时间为 2006—2015 年春季（8—10 月）、夏季（11 月至翌年 1 月）、秋季（2—4 月）和冬季（5—7 月），共计 40 个季度，数据覆盖了秘鲁海区茎柔鱼渔场海域，其空间分布范围为 75°W—95°W，8°S—20°S。SST 的数据来源于美国 NOAA（https://www.ncdc.noaa.gov/oisst/data-access），海表面高度（SSH）的数据来源于 AVISO（https://www.aviso.altimetry.fr/en/my-aviso.html），净初级生产量（NPP）数据来源于 VGPM（https://www.science.oregonstate.edu/ocean.productivity），将所有环境数据空间分辨率均转化为 0.5°×0.5°，并与渔业数据相匹配。

2. 分析方法

计算 2006—2015 年单位捕捞努力量渔获量（CPUE）和纬度重心（LATG），并对 2006—2015 年的 CPUE 进行逐年平均和季度平均。其中，CPUE 和 LATG 的计算公式为：

$$Y_{CPUE\text{-}ysij} = \frac{\sum C_{ysij}}{\sum E_{ysij}} \tag{4-7}$$

$$Y_{LATG\text{-}gs} = \frac{\sum (L_{gs} \times C_{gs})}{\sum C_{gs}} \tag{4-8}$$

式 4-7、式 4-8 中，$\sum C_{ysij}$ 为经度为 i，纬度为 j 的渔区内 y 年 s 季度累计渔获量；$\sum E_{ysij}$ 为经度为 i，纬度为 j 的渔区内 y 年 s 季度累计捕捞努力量；L_{gs} 为作业纬度，C_{gs} 为 s 季度 g 渔区的单位捕捞努力量渔获量。

捕捞努力量通常认为是可代表鱼类出现或鱼类利用情况的指标（Andrade et al.，1999；Bertrand et al.，2002；陈新军等，2012）。本研究将 2006—2014 年的环境数据和渔业数据相结合，在不同权重模型下计算各年份各季度的综合栖息地适宜指数 HSI 的值，并预测 2015 年秘鲁外海茎柔鱼的栖息地适宜面积。利用 2006—2014 年的捕捞努力量数据分别与 SST、SSH、NPP 计算适应性指数（SI）。研究假定在每一经纬度相对应的季度中最高捕捞努力量为秘鲁外海茎柔鱼资源分布最多的海域，SI 为 1；捕捞努力量为 0 时，则认为是茎柔鱼分布资源最少的区域，SI 为 0（方学燕等，2014；Mohri et al.，1999）。以计算的 SI 值为基础建立的单一环境因子 SI 模型计算公式参考 Yu 等（2019）的计算方法。

在已建立好的单一环境因子 SI 模型基础上，赋予环境因子以不同的权重（表 4-1）（Yu et al.，2018），建立不同权重模型下的综合栖息地适宜指数 HSI 模型，并进行比较。其中，HSI 模型的计算公式如下：

$$I_{HSI} = W_{SST} \times I_{SI\text{-}SST} + W_{SSH} \times I_{SI\text{-}SSH} + W_{NPP} \times I_{SI\text{-}NPP} \tag{4-9}$$

式 4-9 中，W_{SST}、W_{SSH}、W_{NPP} 分别为 SST、SSH、NPP 的 SI 模型的权重值。

表 4-1 海表面温度（SST）、海表面高度（SSH）、净初级生产力（NPP）的不同权重方案

不同权重模型设计	海表面温度权重值	海表面高度权重值	净初级生产量权重值
模型 1	0	1	0
模型 2	0	0	1
模型 3	0.1	0.8	0.1
模型 4	0.1	0.1	0.8
模型 5	0.25	0.5	0.25
模型 6	0.25	0.25	0.5
模型 7	0.333	0.333	0.333
模型 8	0.5	0.25	0.25
模型 9	0.8	0.1	0.1
模型 10	1	0	0

根据上述建立的不同权重下的 HSI 模型，分别计算 2006—2014 年各年份各季度的 HSI 值，其范围在 0~1。将其划分为 5 个等级，分别是 0.0~0.2、0.2~0.4、0.4~0.6、0.6~0.8 和 0.8~1.0（方学燕等，2014；余为等，2012），并认为 $HSI \geq 0.6$ 的海域为茎柔鱼的适宜栖息地。分别统计在不同权重模型下产量和捕捞努力量在适宜栖息地内的比重，对比找出春夏秋冬四个季度的最优 HSI 模型。利用 Matlab 绘制 2015 年春夏秋冬各季度在最优模型下的 HSI 空间分布图，并与实际的 CPUE 相叠加，以验证各季度的最优模型在渔场分布预测中的可行性大小。

（二）研究结果

1. CPUE 和 LATG 年际和季节变化

从图 4-10 中可以看出，CPUE 和 LATG 呈现显著的年际和季节性变化。在年际尺度上，CPUE 基本在 2~7 t/d 浮动，纬度重心基本维持在 10°S~18°S 变化；在季节尺度上，春季的 CPUE 和纬度重心呈现负相关变化，CPUE 较高，平均值为 4.5 t/d，纬度重心位于渔场最北部海域，其值为 13.2°S。冬季两者的变化与春季的变化趋势相同，纬度重心南移即栖息地向南移动，CPUE 相对减少，平均值为 4.4 t/d。夏季，CPUE 随着纬度重心的南移而增加，与春季相比，栖息地南移 1.5°，CPUE 增加 6.7%。秋季的纬度重心最大，为 15.4°S，CPUE 却最小为 3.9 t/d，变化趋势与冬春季相同，CPUE 和纬度重心之间也呈负相关变化。

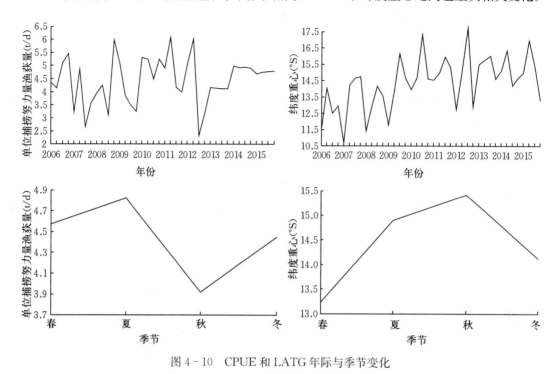

图 4-10　CPUE 和 LATG 年际与季节变化

2. HSI 模型比较

通过建构的 2006—2014 年春夏秋冬四季的 40 个模型（表 4-2 至表 4-5）统计各个 HSI 区间内的产量和捕捞努力量比重时发现（比重越高，代表模型预测性能越好），每个季度对应的最优模型存在差异，即环境因子 SST、SSH、NPP 在每个季度中的影响权重不同。研究发现，春季最优模型权重方案为案例 9，权重比例最高的环境因子是 SST；夏季最优模型权重方案为案例 7，SST、SSH 和 NPP 所占的权重比例均等；秋季最优模型权重方案为案例 3，权重比例最高的是 SSH；冬季与春季相同。比较四个季节的最优模型可以发现，在最优模型下 HSI 在 0.6~1.0 经格内的努力量（Effort）的比例最高，且在 0.0~0.3 经格内努力量的比例最低，但每个季节的最优模型中最高权重的环境因子不同，使得 HSI 值在不同季度下的空间分布不同，即栖息地适应性面积大小不同。

表 4-2　2006—2014 年春季不同权重栖息地模型预测的 HSI 各区间内对应的产量和捕捞努力量的比例（%）

模型	项目	HSI									
		0.0~0.1	0.1~0.2	0.2~0.3	0.3~0.4	0.4~0.5	0.5~0.6	0.6~0.7	0.7~0.8	0.8~0.9	0.9~1.0
1	捕捞量	8.56	4.22	4.77	6.44	5.21	8.59	10.91	10.63	14.51	26.15
	努力量	12.45	4.12	4.42	5.75	4.52	7.88	10.51	10.02	14.34	25.98
2	捕捞量	8.90	4.30	5.92	4.27	7.25	6.21	6.95	14.99	9.17	32.03
	努力量	8.10	3.70	4.81	3.60	5.99	5.49	6.41	15.78	10.69	35.43

（续）

模型	项目	HSI									
		0.0~0.1	0.1~0.2	0.2~0.3	0.3~0.4	0.4~0.5	0.5~0.6	0.6~0.7	0.7~0.8	0.8~0.9	0.9~1.0
3	捕捞量	0.23	1.76	10.24	8.53	5.78	8.64	17.06	7.20	24.83	15.74
	努力量	0.44	3.01	13.09	7.21	5.10	7.89	16.40	6.65	22.67	17.55
4	捕捞量	0.00	4.54	9.28	5.83	6.42	7.40	9.70	18.52	19.96	18.35
	努力量	0.02	3.92	8.21	4.95	6.12	5.88	9.27	18.66	21.86	21.12
5	捕捞量	0.00	0.00	0.81	4.70	12.30	13.25	20.13	20.93	20.60	7.28
	努力量	0.00	0.01	1.21	5.61	12.86	13.51	18.70	18.14	20.78	9.18
6	捕捞量	0.00	0.00	0.37	11.12	6.32	9.32	19.12	30.82	14.81	8.12
	努力量	0.00	0.01	0.25	10.27	6.93	8.11	17.35	31.21	15.97	9.90
7	捕捞量	0.00	0.00	0.15	1.30	12.43	11.56	25.37	28.56	13.21	7.43
	努力量	0.00	0.00	0.20	1.63	12.36	11.22	25.57	25.74	14.25	9.03
8	捕捞量	0.00	0.01	0.16	0.56	3.67	17.77	22.42	30.52	18.35	6.53
	努力量	0.00	0.01	0.19	0.90	4.80	16.95	20.46	30.40	18.20	8.10
9	捕捞量	0.01	0.02	0.24	4.88	3.71	6.46	15.50	22.54	36.14	10.50
	努力量	0.01	0.02	0.30	5.17	5.07	6.60	14.71	20.25	35.69	12.19
10	捕捞量	0.01	0.26	4.49	1.35	6.19	9.23	8.65	15.70	17.41	36.72
	努力量	0.01	0.32	4.65	1.64	7.54	9.01	8.71	14.23	16.18	37.72

表4-3 2006—2014年夏季不同权重栖息地模型预测的HSI各区间内对应的产量和捕捞努力量的比例（%）

模型	项目	HSI									
		0.0~0.1	0.1~0.2	0.2~0.3	0.3~0.4	0.4~0.5	0.5~0.6	0.6~0.7	0.7~0.8	0.8~0.9	0.9~1.0
1	捕捞量	0.11	1.41	5.37	6.91	13.67	12.77	11.43	8.41	13.66	26.26
	努力量	0.22	1.46	5.17	7.07	13.84	11.31	11.36	8.80	13.46	27.31
2	捕捞量	1.85	2.39	4.13	7.09	12.07	4.65	9.14	10.35	12.99	35.33
	努力量	2.14	2.71	4.43	7.05	12.17	5.33	8.62	10.44	13.23	33.89
3	捕捞量	0.00	0.09	0.89	8.64	7.07	16.61	17.55	14.78	20.65	13.73
	努力量	0.00	0.31	0.97	8.94	7.71	15.82	16.08	15.16	21.14	13.87
4	捕捞量	0.00	1.46	4.59	3.71	11.33	9.64	10.58	14.35	18.50	25.83
	努力量	0.01	1.87	4.82	4.08	11.25	10.35	10.55	14.54	18.02	24.52
5	捕捞量	0.00	0.00	0.20	3.27	6.34	12.21	26.41	26.85	13.91	10.81
	努力量	0.00	0.00	0.56	3.82	7.88	11.71	26.81	24.29	13.94	10.99
6	捕捞量	0.00	0.00	0.78	4.20	7.71	14.39	15.22	20.66	24.99	12.05
	努力量	0.00	0.01	1.36	4.72	8.29	15.27	16.12	18.59	23.49	12.16
7	捕捞量	0.00	0.00	0.43	3.55	6.04	11.42	22.61	27.37	17.79	10.79
	努力量	0.00	0.01	0.59	4.75	6.99	12.70	22.25	24.48	17.29	10.92

（续）

模型	项目	HSI									
		0.0~0.1	0.1~0.2	0.2~0.3	0.3~0.4	0.4~0.5	0.5~0.6	0.6~0.7	0.7~0.8	0.8~0.9	0.9~1.0
8	捕捞量	0.00	0.00	0.72	5.21	9.38	9.02	11.26	20.21	30.72	13.48
	努力量	0.00	0.00	1.42	6.67	10.01	10.07	11.21	19.21	28.27	13.15
9	捕捞量	0.00	0.81	9.92	4.85	8.19	3.26	4.51	6.14	27.58	34.74
	努力量	0.00	1.48	11.62	5.30	8.73	3.75	4.60	6.20	25.86	32.46
10	捕捞量	3.30	7.52	2.63	6.24	5.78	1.65	3.91	5.42	11.31	52.23
	努力量	3.44	9.52	3.02	6.98	6.01	2.04	4.26	5.17	10.84	48.72

表 4-4　2006—2014 年秋季不同权重栖息地模型预测的 HSI 各区间内对应的产量和捕捞努力量的比例（%）

模型	项目	HSI									
		0.0~0.1	0.1~0.2	0.2~0.3	0.3~0.4	0.4~0.5	0.5~0.6	0.6~0.7	0.7~0.8	0.8~0.9	0.9~1.0
1	捕捞量	0.72	2.41	6.07	8.53	3.24	6.78	10.83	10.24	12.65	38.54
	努力量	0.95	2.87	6.63	9.76	4.83	6.52	10.34	10.76	12.40	34.95
2	捕捞量	11.01	3.54	4.51	3.67	6.26	7.02	4.61	12.90	10.07	36.41
	努力量	14.07	4.06	3.40	2.87	5.67	6.37	5.37	13.57	10.38	34.25
3	捕捞量	0.12	1.33	1.57	7.54	9.29	7.41	10.59	19.14	23.81	19.20
	努力量	0.14	1.74	1.93	8.05	11.10	8.92	9.39	18.41	21.93	18.38
4	捕捞量	2.05	7.45	4.78	7.57	4.49	6.36	13.19	12.09	18.01	24.00
	努力量	2.42	9.54	5.84	5.53	4.27	6.17	11.55	13.13	19.64	21.91
5	捕捞量	0.05	0.00	2.29	2.42	5.08	20.74	22.33	20.37	16.22	10.49
	努力量	0.04	0.02	2.71	2.77	5.58	19.86	22.61	20.33	16.54	9.54
6	捕捞量	0.05	1.82	3.21	7.36	11.97	10.88	13.88	17.64	22.91	10.28
	努力量	0.04	2.02	3.40	7.83	11.87	9.50	13.99	19.98	22.68	8.71
7	捕捞量	0.05	0.38	2.09	4.75	14.82	13.01	17.66	18.61	20.01	8.61
	努力量	0.04	0.38	2.37	4.17	13.19	12.86	19.65	19.43	20.16	7.75
8	捕捞量	0.05	1.09	1.25	15.43	9.23	9.53	9.14	21.32	24.00	8.96
	努力量	0.04	1.10	1.32	11.40	8.57	9.66	11.97	23.88	23.54	8.51
9	捕捞量	0.14	17.06	6.20	3.97	3.55	3.31	6.25	15.13	26.61	17.78
	努力量	0.19	13.17	4.36	3.68	3.68	3.61	6.34	17.52	29.22	18.22
10	捕捞量	15.50	7.91	2.82	3.49	1.69	5.32	5.63	12.15	17.54	27.95
	努力量	12.00	5.64	2.45	3.74	1.53	5.78	5.65	12.79	17.88	32.53

表4-5　2006—2014年冬季不同权重栖息地模型预测的 HSI 各区间内对应的产量和捕捞努力量的比例（%）

模型	项目	HSI									
		0.0~0.1	0.1~0.2	0.2~0.3	0.3~0.4	0.4~0.5	0.5~0.6	0.6~0.7	0.7~0.8	0.8~0.9	0.9~1.0
1	捕捞量	11.45	12.36	8.36	8.48	7.23	10.84	8.73	6.52	11.25	14.80
	努力量	10.76	11.24	8.07	8.64	7.72	10.07	8.73	7.68	11.49	15.59
2	捕捞量	18.04	4.48	6.54	4.31	2.88	5.21	5.23	9.98	8.76	34.56
	努力量	16.87	4.70	5.48	4.50	2.70	5.57	5.75	11.12	8.17	35.14
3	捕捞量	3.79	6.00	13.41	11.75	11.94	10.58	11.39	6.73	14.80	9.61
	努力量	2.53	6.11	12.48	11.43	12.08	10.00	12.27	7.93	14.30	10.85
4	捕捞量	6.35	10.68	6.64	6.45	4.97	5.22	6.02	15.23	24.39	14.06
	努力量	4.61	11.41	6.22	5.62	4.96	5.81	6.86	15.27	22.61	16.64
5	捕捞量	3.32	2.08	3.50	7.79	20.76	15.24	13.93	13.95	13.35	6.09
	努力量	2.05	1.49	3.21	8.91	18.86	15.76	13.25	14.83	14.44	7.21
6	捕捞量	3.78	3.27	4.76	7.84	10.74	8.96	22.25	16.38	15.80	6.21
	努力量	2.41	2.14	5.34	8.83	9.95	9.21	20.80	16.50	16.93	7.90
7	捕捞量	3.28	2.68	2.52	5.48	9.09	21.36	21.69	12.79	15.27	5.86
	努力量	2.01	1.73	2.23	6.60	9.58	20.17	20.22	13.01	17.46	6.99
8	捕捞量	3.23	3.61	2.33	3.00	8.97	17.03	17.87	19.67	17.02	7.27
	努力量	1.99	2.04	2.66	3.23	7.95	18.07	17.04	19.36	18.83	8.82
9	捕捞量	4.09	4.80	0.49	3.46	10.84	7.61	8.14	16.22	26.51	17.84
	努力量	2.53	3.85	0.55	3.44	8.75	7.55	9.41	16.58	25.96	21.37
10	捕捞量	4.29	4.69	0.51	3.70	11.44	7.94	4.19	9.45	15.83	37.96
	努力量	3.43	3.11	0.50	3.85	9.28	7.50	4.78	10.49	15.37	41.69

3. 模型验证及筛选结果

利用 2006—2014 年数据构建的最优 HSI 模型预测 2015 年秘鲁茎柔鱼适宜栖息地，并用 2015 年渔业数据进行验证和筛选，结果如图 4-11 和图 4-12。从图 4-11 可以看出春季秘鲁茎柔鱼适宜的栖息地面积明显大于夏季、秋季和冬季，分布在 75°W—85°W，15°S—20°S；夏季，适宜栖息地分布在 85°W—90°W，13°S—17°S；秋季栖息地适宜指数最小，且适宜栖息地集中分布在小范围内，总体上位于 18°S—19°S 的三个中心附近；冬季适宜栖息地分布在 78°W—85°W，15°S—20°S 的范围内。图 4-12 显示的是基于最优模型预测的 2015 年 HSI 不同区间内产量和捕捞努力量的比重，可以看出春夏秋冬四个季节比重值均随着 HSI 值的增加而增加，且在不利的栖息地内比重最低，而适宜的栖息地内比重最高，说明各季节基于不同权重方案的最优 HSI 模型预测性能均能较好预测茎柔鱼栖息地适宜性。

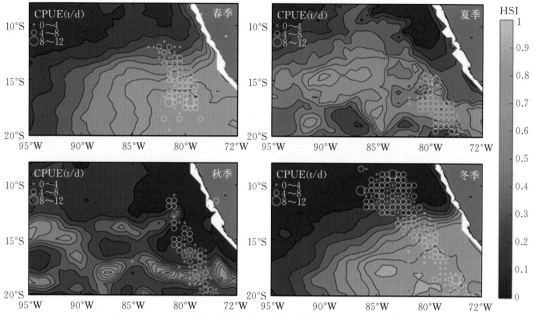

图 4-11　2015 年各季节栖息地适宜指数与 CPUE 值叠加结果

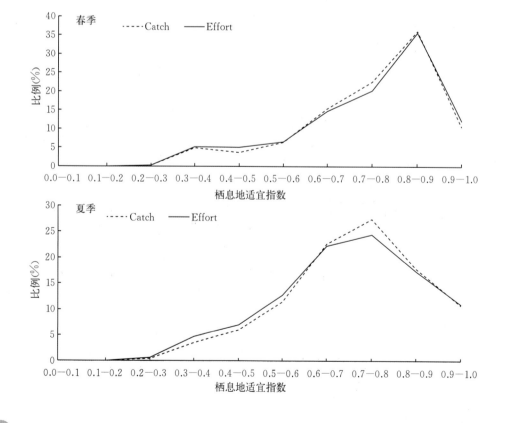

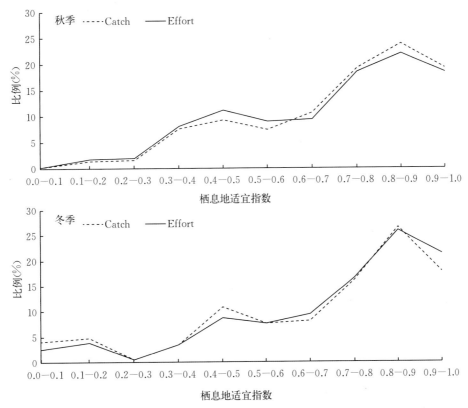

图 4-12　2015 年各季节不同栖息地适宜指数区间内产量和捕捞努力量比重

（三）讨论与分析

1. 秘鲁外海茎柔鱼渔场分布与环境因子的关系

茎柔鱼是一种生命周期短的大洋性头足类，其通常的表温范围是 15～20 ℃，在南半球进行高密度集群时的表层水温为 17～23 ℃（王尧耕等，2005）。所以，SST 对茎柔鱼的生长、繁殖、洄游等会产生直接的影响，从而影响茎柔鱼的集群位置，导致渔场分布发生变化。目前已有多个学者对茎柔鱼栖息地变动与海洋环境因子之间的关系展开研究。例如，Robinson 等（2013）通过研究加利福尼亚海湾茎柔鱼的资源量，认为其产量的增加与水温变冷有关；汪金涛等（2014）建立了预测茎柔鱼资源丰度的模型，认为海表温度是显著影响 CPUE 的环境因子之一。研究表明，水温是影响茎柔鱼栖息地的显著因素，实际上水温对茎柔鱼栖息地的影响程度呈正态分布，所以随时间变化，其影响程度是不同的。茎柔鱼资源分布主要受加利福尼亚海流、秘鲁海流和赤道逆流的影响，它主要分布在秘鲁海流的上升区（陈新军等，2019），海流的上升和下降会导致 SSH 发生变化（Andrade et al.，1999），海流上升会使得海底一些富营养集的生物上升到茎柔鱼的分布区，促进其生长和繁殖，从而形成良好的渔场。茎柔鱼的行动迅捷，垂直移动的能力很强，因此在其生活的各个阶段中都表现出很强的食性。据日本鱿钓调查船对秘鲁水域茎柔鱼胃含物的发现，70.2% 为灯笼鱼科

（*Myctophidae*）（陈新军等，2019），对于 NPP 含量高的区域，浮游生物及灯笼鱼科数量多，茎柔鱼分布相对较多，形成良好的渔场。余为等（2017）认为适宜的光和有效辐射面积的增加会使得茎柔鱼有利的栖息地面积增加，但其影响也随时间的变化而发生变化。因此，本研究选取 SST、SSH 和 NPP 这三个环境因子研究秘鲁外海茎柔鱼的渔场分布与环境因子的关系是可行的。

2. 基于不同权重的栖息地指数模型分析

HSI 模型是在由单一环境因子建立的 SI 模型的基础上建立的，表示的是环境因子整体对栖息地指数的影响情况。由于每个环境因子对栖息地的影响程度不同，所以在建立 HSI 模型时赋予每一环境因子以不同的权重指数，从而分析在不同季度下各环境因子变量对栖息地的影响情况。

本研究根据不同的权重模型构建了 HSI 模型，利用 2006—2014 年的数据计算 HSI 在不同季度和不同模型下的捕捞量与努力量的比例，选择 $HSI>0.6$ 时的捕捞量和努力量的比例，通过比较和分析选择每个季度的最优模型，并用 2015 年的数据进行验证。结果显示，春季最优的是模型 9，预测的精度是 84.68%，在此权重模型中，SST 所占的权重指数最高为 0.8；夏季最优的是模型 7，预测的精度是 78.56%，SST、SSH 和 NPP 的权重指数均为 0.333；秋季最优的是模型 3，预测的精度是 72.74%，在此权重模型中，SSH 所占的权重指数最高为 0.8；冬季最优的是模型 9，预测的精度是 68.70%，在此权重模型中，SST 所占的权重指数最高为 0.8。研究表明，在 HSI 模型中考虑了各环境因子的权重后，各季度预测精度得到提高，这在胡贯宇等（2015）对阿根廷滑柔鱼栖息地研究和蒋瑞等（2017）对秋冬季智利竹筴鱼栖息地研究中也有类似的情况。因此，本研究认为，不同季度的环境因子对秘鲁外海茎柔鱼渔场分布的影响程度不同。

在实际生产中，渔场的分布往往受多种环境因子的影响，如叶绿素的浓度和水温的垂直结构、海表面盐度等都会对渔场的分布产生一定程度的影响。同时，茎柔鱼在不同生长阶段所分布的范围不同，成体的茎柔鱼大多分布在较深的水域中。此外，还可能会受到气候事件的影响，如强拉尼娜事件会使柔鱼适宜面积增大，渔获量增多，而超强的厄尔尼诺则会导致柔鱼减产（温健等，2019）。所以，在以后的研究中，可以尝试加入更多的影响渔场分布的因子，包括生物因素和非生物因素，以建立更加完善和综合的栖息地模型，为渔业资源的合理开发和利用提供更为合理的依据。

3. HSI 季节性空间分布比较

在不同季度的最优模型下计算出的 HSI 的空间分布如图 4 - 13 所示。从 HSI 分布的季度变化来看，茎柔鱼的适宜栖息地分布在 80°W—85°W，15°S—20°S 的范围内。春季影响因子最大的是 SST，夏季 SST、SSH 和 NPP 的影响程度均衡，秋季最大的影响因子是 SSH，冬季最大的影响是 SST，但栖息地适宜面积却为春季、夏季和冬季均大于秋季。在春季和冬季的最优模型中，SST 的权重贡献率是最大的，栖息地适宜指数的分布范围也是最大的；在夏季的最优模型中，SST 的权重指数和 SSH 相当，栖息地适宜指数的分布范围相对减少；在秋季的最优模型中，SSH 的权重贡献率是最大的，而栖息地适宜指数的分布范围却是最少的，表明栖息地适宜面积与水温有很大的关系，且随着水温权重的增加而增大，这可能与茎柔鱼主要分布在秘鲁流的上升流区有很大的关系。秘鲁海流属于暖洋流，途经的海域水温会升高，海中的浮游生物及幼小型鱼类的数量也会增加，为茎柔鱼的生长和繁殖提供了很好的环境条件，适宜形成良好的渔场。

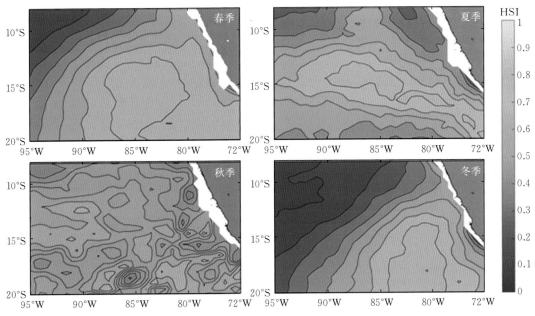

图 4-13　不同季度的最优模型计算出的 2006—2015 年秘鲁外海茎柔鱼 HSI 值的空间分布

第三节　环境变化驱动下秘鲁外海茎柔鱼渔场纬度重心的时空变动

大洋性鱼类空间分布的年间差异可能是海洋生态系统生态过程影响的结果，主要由大尺度气候变化来驱动（Walther，2010）。例如，中西太平洋鲣渔场变动与 Niño 3.4 海区温度异常显著相关，当 Niño 3.4 海区温度异常值从低到高变化时，鲣渔场重心逐渐由西向东偏移（汪金涛等，2013）。而印度洋黄鳍金枪鱼的空间分布与印度洋偶极子相关，当印度洋正偶极子发生时，黄鳍金枪鱼资源主要分布在西印度洋的北部和西部边缘海域；相反在负极子发生时，西印度洋中黄鳍金枪鱼的渔场向中部海域扩张（Lan et al.，2013）。此外，短生命周期头足类鱼类的资源分布位置与气候变化同样具有显著的关联。例如，Chen 等（2007）研究发现拉尼娜事件会导致西北太平洋柔鱼产卵场范围内的资源补充量降低，且渔场向北移动；而厄尔尼诺事件会导致产卵场柔鱼资源补充量升高，而渔场则向南移动。Tian 等（2013）认为日本海和太平洋沿岸水域中，枪乌贼四个种群的纬度分布主要受 PDO、ENSO、北极涛动（AO）和季风的控制。

秘鲁海域茎柔鱼渔场位于生产力丰富的海域，该海域内具有强劲的上升流及沿岸流，物理生物海洋环境如海表温度、叶绿素浓度以及海面高度等受到年际尺度 ENSO 事件的调控（Robinson et al.，2016）。所以，茎柔鱼的资源丰度与空间分布呈现出显著的年际变异。有研究已经表明，1997—1998 年超强厄尔尼诺事件发生，导致秘鲁海域上升流强度减弱，茎柔鱼栖息条件不利于其种群生长和生存，因此资源丰度降低（Waluda et al.，2006）。Yu 等（2016）研究发现厄尔尼诺事件会导致秘鲁海域茎柔鱼栖息地适宜性减弱，而拉尼娜事件会驱使茎柔鱼栖息地适宜性增加。从上述文献来看，已有不少研究关注气候变化与茎柔鱼资源丰度或栖息地条件的关联，但到目前为止，很少文献研究气候变化（即 ENSO 事件）对茎柔鱼渔场重心位置的影响。因此，本文将茎柔鱼渔场重心位置与渔场内环境条件（SST、SSH 和 Chl-a）以及 Niño 1+2 海区的海表温度异常值进行关联，探讨气候和海洋环境变化对秘鲁外海茎柔鱼空间分布的影响。

（一）材料与方法

1. 材料

本文茎柔鱼捕捞数据主要来自上海海洋大学鱿钓科学技术组，数据包括捕捞时间（年和月）、捕捞位置（经度和纬度）、每日产量（单位：t）以及捕捞努力量（以 d 计）等，空间分辨率为 0.5°×0.5°。数据时间为 2006—2013 年 1—12 月。主要渔场分布在 75°W—95°W，8°S—20°S 秘鲁专属经济区外海海域。

环境数据包括 SST、Chl-a 和 SSH。其中，SST 数据来源于高分辨率卫星辐射计 Pathfinder 5.1 版本，各月 SST 数据从美国 NOAA Oceanwatch 网站下载（http://ocean-watch. pifsc. noaa. gov/las/servlets/dataset），数据空间分辨率为 0.1°×0.1°；各月 SSH 数据来源于卫星高度计数据 AVISO，数据空间分辨率为 0.25°×0.25°，其下载网址为：http://las. aviso. altimetry. fr/las/getUI. do。叶绿素 a 数据来源于夏威夷大学亚太数据研究中心，其网址为 http://apdrc. soest. hawaii. edu/data/data. php，数据空间分辨率为 0.05°×0.05°。所有环境数据时间覆盖 2006—2013 年 1—12 月，空间范围覆盖秘鲁海区茎柔鱼渔场海域，其空间分布范围为 75°W—95°W，8°S—20°S。所有环境数据经预处理后空间分辨率转化为 0.5°×0.5°，并与渔业数据进行匹配。

此外，2006—2013 年 1—12 月 Niño 1+2 海区海表温度异常值来源于哥伦比亚大学气候环境数据库（http://iridl. ldeo. columbia. edu/SOURCES/. Indices/），Niño 1+2 海区范围为 80°W—90°W，0°S—10°S。可以看出 2006—2013 年 Niño 1+2 海区 SSTA 呈现显著的年际变化（图 4-14）。

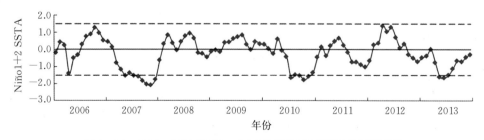

图 4-14　2006—2013 年 Niño 1+2 海区海表温度异常年际变化

2. 分析方法

本研究利用茎柔鱼渔场纬度重心的年际和月间分布来表征群体的分布特征，其中茎柔鱼渔场纬度重心（LATG）计算公式为（Li et al.，2014）：

$$LATG_m = \frac{\sum (L_{i,m} \times E_{i,m})}{\sum E_{i,m}} \qquad (4-10)$$

式 4-10 中，$L_{i,m}$ 为 m 月份 i 渔区的纬度值；$E_{i,m}$ 为 m 月份 i 渔区内的捕捞努力量总数。

前人研究表明厄尔尼诺和拉尼娜事件对鱼类存在显著影响（Tzeng et al.，2012）。由于秘鲁海域茎柔鱼渔场距离 Niño 1+2 海区较近，因此本研究利用 Niño 1+2 海区海表温度异常值来表征厄尔尼诺和拉尼娜现象，评估其变化对茎柔鱼渔场纬度重心位置的影响。利用交相关函数分析了 Niño 1+2 海区 SSTA 与茎柔鱼渔场 SST、SSH 以及 Chl-a 浓度的相关关系，据此评估茎柔鱼渔场内的环境条件对气候变化的响应过程。

鱼类栖息地一般多分布于对其有利环境的海域，而环境条件变差时，鱼类会改变自身分布，移动至更为适宜的栖息地海域（Chang et al.，2013）。为反映茎柔鱼渔场纬度分布与环境条件的关联，本文利用频率分布法估算捕捞努力量在各环境因子不同区间内的分布情况，针对不同环境因子获取茎柔鱼最适宜的环境范围。将各月最适宜的环境范围纬度分布与茎柔鱼渔场纬度重心进行对比分析，观察渔场纬度分布随最适宜的栖息环境变动情况。此外，利用交相关函数评估茎柔鱼各环境因子最适宜的范围纬度分布与 Niño 1+2 海区 SSTA 的相关关系。

依据 Niño 1+2 海区 SSTA 值大小，将其划分为不同的气候变化时期——暖期和冷期。我们分期在 Niño 1+2 海区 SSTA 增暖和变冷两个时期时对应茎柔鱼渔场内环境条件的变化，检验茎柔鱼资源丰度和空间分布的变动情况。

（二）研究结果

1. 茎柔鱼渔场纬度重心的时间变化

2006—2013 年茎柔鱼渔场纬度重心呈现显著的年际和季节性变化（图 4-15）。从 1 月到 5 月，LATG 逐渐从北向南移动，主要分布在 14°S—16°S。随后，捕捞位置逐渐向北移动，到 10 月达到 12°S 左右，11—12 月又返回至南部海域。LATG 年际变化范围最北为 2006 年的 12.7°S，最南出现在 2013 年达到 15.7°S。相关分析结果说明 LATG 与渔场 SST、Chl-a 和 SSH 呈现显著正相关（$P < 0.01$）（表 4-6）。

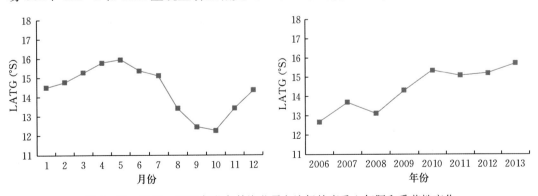

图 4-15　2006—2013 年秘鲁外海茎柔鱼渔场纬度重心年际和季节性变化

表 4 - 6　2006—2013 年茎柔鱼渔场纬度重心与渔场内 SST、Chl - a 和 SSH 的相关关系

环境变量	r	P
SST	0.480	<0.01
Chl - a	0.263	<0.01
SSH	0.437	<0.01

2. 气候对渔场内环境条件的影响

图 4 - 16 显示了 Niño 1+2 海区 SSTA（简称 NI）与各环境因子的交相关分析结果以及空间相关系数分布情况。结果表明，NI 与茎柔鱼呈现显著的正相关关系，滞后时间为 -2～1 月。最高相关系数出现在 0 月时，对应相关系数值为 0.37，表明 Niño 1+2 海区为暖期/冷期时茎柔鱼渔场温度对应增暖和变冷过程。对应滞后时间为 0 月时，相关系数空间分布图显示渔场内 SST 与 NI 呈现显著的正相关。NI 与 Chl - a 滞后 7 月时呈现显著

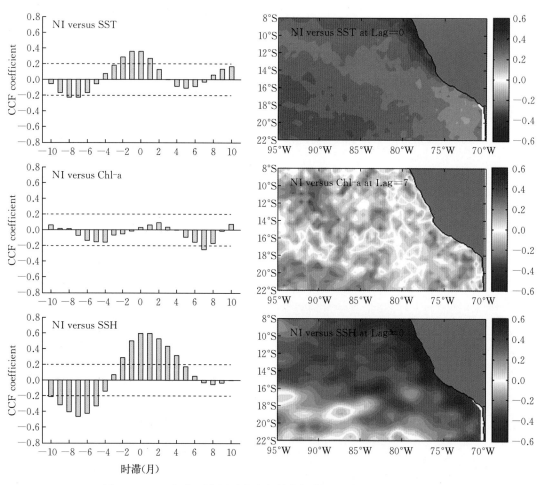

图 4 - 16　NI 与各环境因子的交相关分析结果及空间相关系数分布

注：左图为 2006—2013 年 Niño 1+2 海区 SSTA 与茎柔鱼渔场内 SST、Chl - a 以及 SSH 的交相关分析，右图为两者 Niño 1+2 海区 SSTA 与茎柔鱼渔场内各环境因子的空间相关系数分布。虚线为 95% 上下限置信区间。

的负相关，空间分布图显示相关系数基本也是负值。而 NI 与 SSH 呈现显著正相关，滞后时间为－2～4 月；最高相关系数值出现在 0 月，为 0.60；对应滞后时间为 0 月时，相关系数空间分布图显示两者的相关系数基本为负值。

3. 茎柔鱼渔场纬度重心与最适环境条件的关联

通过频率分布法获取茎柔鱼最适宜的环境因子范围。从图 4-17 可以看出，茎柔鱼最适宜的 SST 范围呈现显著的月间变化。其中 1 月最适宜的 SST 为 23 ℃，2 月最适宜的 SST 为 24 ℃，3 月最适宜的 SST 为 23 ℃，4 月最适宜的 SST 为 23 ℃，5 月最适宜的 SST 为 21 ℃，6 月最适宜的 SST 为 19 ℃，7 月最适宜的 SST 为 18 ℃，8 月最适宜的 SST 为 17 ℃，9 月最适宜的 SST 为 16 ℃，10 月最适宜的 SST 为 19 ℃，11 月最适宜的 SST 为 18 ℃，12 月最适宜的 SST 为 20 ℃。从图 4-18 可以看出，除了 3、4、6 月茎柔鱼捕捞努力量主要分布在 Chl-a 为 0.1 mg/m³，其余月份最高捕捞努力量比重分布在 Chl-a 为 0.2 mg/m³，但 3、4 和 6 月 Chl-a 为 0.2 mg/m³ 时捕捞努力量比重同样位于较高水平。因此，我们认定 Chl-a 为 0.2 mg/m³ 定义为茎柔鱼最适宜的 Chl-a 浓度。对于 SSH，可以发现除了 11 月捕捞努力量主要分布在 24 cm，其余月份捕捞努力量最高比重主要出现在 SSH 为 28 cm（图 4-19）。因此，SSH 为 28 cm 定义为茎柔鱼最适宜的 SSH 值。

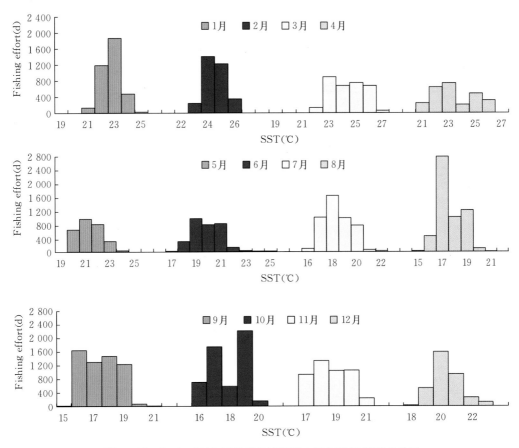

图 4-17　2006—2013 年茎柔鱼捕捞努力量与渔场 SST 的关联

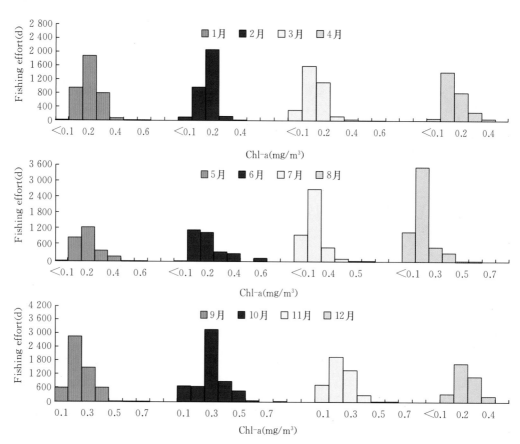

图4-18 2006—2013年茎柔鱼捕捞努力量与渔场 Chl-a 的关联

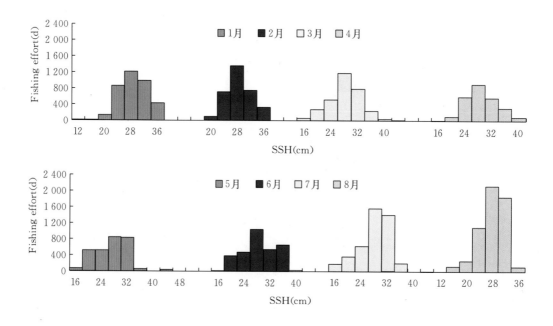

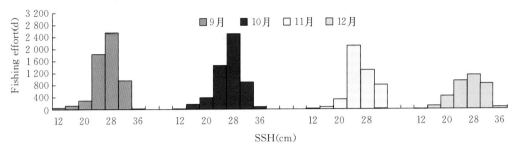

图4-19　2006—2013年茎柔鱼捕捞努力量与渔场SSH的关联

通过定义茎柔鱼最适宜的环境范围，我们对比了2006—2013年茎柔鱼渔场纬度重心LATG与各最适宜环境因子平均纬度位置（图4-20）。结果发现，LATG与最适宜SST和SSH的平均纬度呈现相似的变化趋势，而与最适宜Chl-a平均纬度变化趋势正好相反。利用交相关函数，对LATG与最适宜SST、Chl-a以及SSH平均纬度进行交相关分析（图4-21）。结果表明，LATG与最适宜SST和SSH平均纬度值呈现显著的正相关，滞后时间为0时，相关系数最高。而LATG与最适宜Chl-a平均纬度呈现显著的负相关，滞后时间为7月时相关系数最高。因此，我们利用基于最适宜SST和SSH值构建茎柔鱼渔场纬度重心回归模型，结果见表4-7。模型通过统计显著性检验，说明能够利用SST和SSH预测秘鲁海域茎柔鱼渔场纬度重心位置。

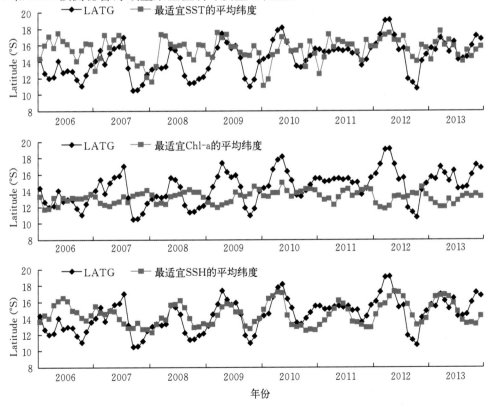

图4-20　2006—2013年茎柔鱼渔场纬度重心与最适宜SST、Chl-a和SSH平均纬度时间序列

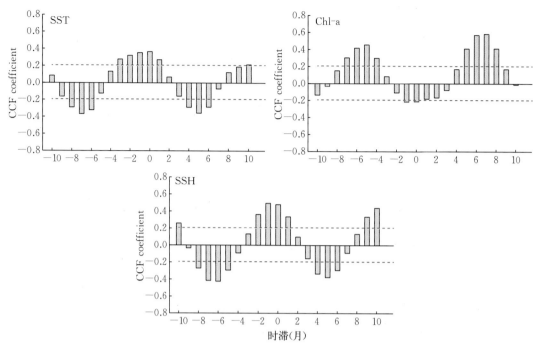

图 4‑21　渔场纬度重心与最适宜 SST、Chl‑a 和 SSH 平均纬度的交相关分析

表 4‑7　基于环境因子 SST 和 SSH 的茎柔鱼渔场纬度重心回归模型

Model	95% CI	P
$LATG_{i,j} = a_0 + a_1 P_1 + a_2 P_2$		
$a_0 = 1.545$	$-2.948 \sim 6.039$	0.496
$a_1 = 0.287$	$0.017 \sim 0.557$	0.037
$a_2 = 0.582$	$0.309 \sim 0.855$	0.000
$P_1 = j$ 年 i 月最适宜 SST 的平均纬度		
$P_2 = j$ 年 i 月最适宜 SSH 的平均纬度		
Correlation coefficient $r = 0.521$；$R^2 = 0.272$；$F = 17.339$；$P = 0.000$		

4. 不同环境条件下茎柔鱼渔场的空间分布

基于 Niño 1＋2 海区 SSTA 可以发现该海域内出现多次暖期和冷期阶段。暖期主要时间为 2009 年 10—12 月以及 2012 年 4—6 月；冷期主要出现时间为 2007 年 10—12 月以及 2013 年 4—6 月。因此，我们选择 2007 年、2009 年、2012 年以及 2013 年 4 年时间对茎柔鱼渔场环境条件和捕捞努力量的空间分布进行对比分析。

图 4‑22 显示了茎柔鱼渔场内 SST 与 CPUE 相叠加的空间分布情况。可以发现，2009 年 10—12 月茎柔鱼渔场内的 SST 明显高于 2007 年各月，而 2009 年各月茎柔鱼最适宜的 SST 等值线相对 2007 年向南偏移。同时，观察到两个年份的捕捞作业位置主要分布在最适宜的 SST 等值线上或附近两侧位置，2007 年尤为明显。同样，2012 年 4—6 月渔

场 SST 要高于 2013 年各月，而最适宜的 SST 等值线相对向南偏移。2007 年和 2013 年的 CPUE 相对较高。图 4-23 显示了茎柔鱼渔场内 SSH 与 CPUE 相叠加的空间分布情况。2009 年渔场各月 SSH 要高于 2007 年，同时 28 cm SSH 等值线相对偏南；而 2012 年各月 SSH 要高于 2013 年，尤其秘鲁沿海海域 SSH 值要明显高于 2013 年，28 cm SSH 等值线同样相对偏南。

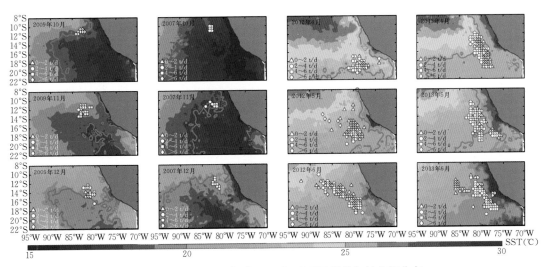

图 4-22　茎柔鱼渔场内 SST 与 CPUE 相叠加的空间分布

注：灰色线条为 2007 年和 2009 年 10—12 月以及 2012 年和 2013 年 4—6 月茎柔鱼最适宜的 SST 等值线。

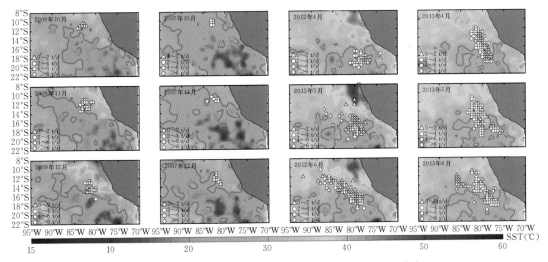

图 4-23　茎柔鱼渔场内 SSH 与 CPUE 相叠加的空间分布

注：灰色线条为 2007 年和 2009 年 10—12 月以及 2012 年和 2013 年 4—6 月茎柔鱼最适宜的 SSH 等值线。

(三) 讨论与分析

通常情况下，可将短生命周期的头足类生活史可以分为两个阶段：被动漂浮阶段和主要洄游阶段（Yu et al.，2015）。前者主要包括漂浮的卵团以及仔稚体阶段，鱿鱼在早期生活史阶段主要生活在海洋表层和亚表层水域，因此它们的空间分布主要依靠风力以及海流来输送（Boucher et al.，2013）。后者则包括幼体、亚成体和成体三个阶段，鱿鱼可以改变自身行为，从不利的栖息地洄游至有利的栖息地海域。在此阶段，鱿鱼的空间分布极大程度上被大尺度气候变化以及局部海域海洋环境条件所影响（Yu et al.，2015）。理解和厘清气候和海洋变化交互作用对头足类移动的影响有助于保护和可持续开发利用这类渔业资源（Liu et al.，2016）。茎柔鱼空间分布主要在东太平洋海域，该海域内环境与不同尺度的气候条件密切相关（Paulino et al.，2016）。本研究中，秘鲁外海茎柔鱼渔场纬度重心呈现明显的季节和年际变化。研究结果发现茎柔鱼渔场的纬度变动与 Niño 1+2 海区 SSTA 以及渔场内环境因子包括 SST、Chl-a 和 SSH 具有显著关联。

研究发现，2006—2013 年茎柔鱼 LATG 从 1 月到 5 月逐渐向南部海域偏移，而从 6 月到 10 月逐渐向北移动，随后 2 个月开始向南部海域返回。渔场作业纬度的月间变动可能与南半球夏秋季茎柔鱼长距离的摄食洄游行为有关（Nigmatullin et al.，2001）。茎柔鱼一般于 4 月开始从靠近北部海域的产卵场洄游，移动至营养盐和食物饵料丰富的南部海域，在 5—6 月形成集群。徐冰等（2012）分析了 2003—2009 年茎柔鱼渔场的时空分布得出同样的结论，即茎柔鱼的移动模式与其在纬度方向的洄游特性保持一致。茎柔鱼空间分布模式同样具有年际变化。前人研究发现茎柔鱼的资源丰度和空间分布主要受物理和生物环境影响，如水温、食物丰度、海面高度以及溶解氧等（胡振明等，2010；Paulino et al.，2016；Seibel et al.，2013）。在这些环境因子中，SST、Chl-a 和 SSH 为影响茎柔鱼种群变动的最为重要的因素。因此，本研究采用以上 3 个环境因子将其与茎柔鱼渔场变动进行关联和分析。

交相关和空间相关分析结果说明了 Niño 1+2 海区的 SSTA 与茎柔鱼渔场内的 SST、Chl-a 和 SSH 具有密切关系，意味着大尺度的气候变化（Niño 1+2 海区冷暖模态的转换）对茎柔鱼渔场内的环境条件具有主导作用，从而导致茎柔鱼空间分布模式的变化。Niño 1+2 海区为显著增暖期时（即发生了厄尔尼诺事件），导致茎柔鱼渔场内 SST 增加、SSH 上升以及 Chl-a 下降；而在 Niño 1+2 海区为显著变冷期时（即发生了拉尼娜事件），导致茎柔鱼渔场内 SST 降低、SSH 下降以及 Chl-a 浓度提高。同时，我们茎柔鱼渔场内的 SST 和 SSH 与 Niño 1+2 海区 SSTA 变化基本同步，而 Chl-a 则滞后 Niño 1+2 海区 SSTA 至少 7 个月才开始发生变化。以上说明了茎柔鱼渔场内的热力性质与中尺度物理环境对 ENSO 调控的环境变化响应极为迅速，而渔场内生物环境对气候变化响应具有滞后性，这可能是由于沿岸上升流系统中自上而下的生物物理过程具有周期长的特征所致。

捕捞努力量通常被用来作为表征鱼类出现率或获取率的指示因子（Li et al.，2014），本研究的捕捞努力量定义为每个渔船夜间作业天数整数（Yu et al.，2015）。实际上，渔民一般在鱿鱼密度高的海域进行作业捕捞，如果一个海域内产量无法持续获取，他们就可能移动渔船至渔获量更高的海域中来。因此，一个海域内捕捞努力量较大就意味着这片海域为鱼类的适宜栖息地。此外，前人研究结果表明了 CPUE 可用来表征鱼类的资源丰度（Campbell，2004），但对柔鱼科来说，基于 CPUE 的栖息地模型可能会导致低估其栖息地适宜性范围，并对输出结果带来更大误差和不确定性（Tian et al.，2009）。因此，本研究选择捕捞努力量而不是 CPUE 来估算茎柔鱼的适宜栖息环境范围。

将捕捞努力量与 3 个环境因子结合估算茎柔鱼的栖息地环境偏好范围。研究发现，捕捞努力量并不是随机分布，其分布与环境因子具有显著关联。对茎柔鱼群体来说，最适宜的 SST 值，9 月最低为 16 ℃，2 月最高为 24 ℃；最适宜 Chl-a 浓度值为 0.2 mg/m³；最适宜的 SSH 为 28 cm。本研究估算的各环境因子适宜性范围与以往学者研究结论基本一致。例如，Waluda 等（2006）研究认为温度范围在 17~22 ℃时有利于茎柔鱼群体集群。Paulino 等（2016）分析发现茎柔鱼在 SST 范围 18.4~22 ℃、Chl-a 浓度范围在 0.2~0.5 mg/m³ 时茎柔鱼出现概率最高。各月最适宜的环境值意味了捕捞努力量与该环境区间关联最为显著，可用来作为表征茎柔鱼潜在的有利栖息地的指示因子。我们发现大部分渔场纬度重心位置分布在最适宜 SST、Chl-a 和 SSH 平均纬度位置附近，随它们的变化而变化。本结论强调了可利用海洋环境变量来探测茎柔鱼栖息地海域。

大尺度的气候主导了鱼类产卵场和饵料场的环境条件，因此当异常气候事件发生时，可导致渔场空间分布的改变。例如，Zainuddin 等（2004）分析了 1998 年厄尔尼诺事件和 1999 年拉尼娜事件对西北太平洋金枪鱼渔业的影响，他们认为 1998 年厄尔尼诺事件对金枪鱼的资源丰度具有严重的负面影响，导致 CPUE 和产量急剧减少。本研究发现不同的气候条件下茎柔鱼渔场的分布及其最适宜 SST 和 SSH 纬度位置具有显著的差异，Niño 1+2 海区 SSTA 冷暖模态的转换对茎柔鱼渔场纬度重心和适宜的环境分布具有重要作用。整合所有的信息，我们提出气候变化影响茎柔鱼空间分布的可能过程：当 Niño 1+2 海区 SSTA 增暖时，东南信风减弱，导致秘鲁海域 SST 和 SSH 上升，而 Chl-a 浓度降低，最适宜的 SST 和 SSH 平均纬度向南偏移，因此导致茎柔鱼渔场纬度重心向南移动；当 Niño 1+2 海区 SSTA 转换进入变冷时期，东南信风增强，导致渔场内 SSH 降低，而底层高营养盐的水团被带入海表层，因此海面温度下降，而 Chl-a 浓度上升，同时最有利的 SST 和 SSH 平均纬度向北移动，渔场纬度重心随之向北转移。我们的研究结论说明了气候变化结合局部海域环境变化最终驱动了东南太平洋秘鲁海域茎柔鱼渔场纬度重心位置的年际变动。

第四节　秘鲁海域光合有效辐射对茎柔鱼资源丰度和空间分布的影响评估

光合有效辐射（PAR）是指能被植物叶绿体吸收利用并能进行光合作用的那部分辐射能，波长在 400~700 nm，约占太阳总辐射能的一半（Alados et al.，1996）。在海洋生态系统中，光合有效辐射影响浮游植物的繁殖与分布，是海洋初级生产力的驱动力（赵进平等，2010）。因此，其大小对海洋鱼类的资源丰度和空间分布可能产生潜在影响。国外已有学者认为光合有效辐射对头足类的资源变动存在影响（Sanchez et al.，2008）。然而，目前国内外针对秘鲁海区茎柔鱼与光合有效辐射的关联研究甚少。因此，本研究根据中国鱿钓船在秘鲁外海茎柔鱼渔场作业的捕捞数据以及光合有效辐射遥感数据，分析茎柔鱼渔场范围内光合有效辐射的时空变化以及评估其对茎柔鱼资源丰度和空间分布的影响，探索光合有效辐射对茎柔鱼资源变动的调控过程，可为茎柔鱼渔业资源管理提供科学依据。

（一）材料与方法

1. 材料

本研究茎柔鱼捕捞数据主要来自上海海洋大学鱿钓科学技术组，数据包括捕捞时间（年和月）、捕捞位置（经度和纬度）、每日产量（单位：t）以及捕捞努力量（以 d 计）等，空间分辨率为 $0.5° \times 0.5°$。数据时间为 2006—2015 年。茎柔鱼渔场主要分布在 75°W—95°W，8°S—20°S 秘鲁专属经济区外海海域。

环境数据主要为 PAR 卫星遥感数据。时间跨度为 2006—2015 年 1—12 月，环境数据覆盖了秘鲁海区茎柔鱼渔场海域，其空间分布范围为 75°W—95°W，8°S—20°S。PAR 数据来源于 http://oceanwatch. pifsc. noaa. gov/thredds/catalog. html，其空间分辨率为 $0.05° \times 0.05°$。在数据分析前，需将环境数据空间分辨率均转化为 $0.25° \times 0.25°$，并与渔业数相匹配。

2. 分析方法

定义经纬度 $0.25° \times 0.25°$ 为一个渔区，按月计算每个渔区内的单位捕捞努力量渔获量（CPUE），单位为 t/d。本文中，CPUE 用来表征茎柔鱼的资源丰度（Cao et al.，2009），其计算公式为：

$$CPUE_{ymij} = \frac{\sum Catch_{ymij}}{\sum Effort_{ymij}} \tag{4-11}$$

式 4-11 中，$\sum Catch_{ymij}$ 为经度为 i，纬度为 j 的渔区内 y 年 m 月累计渔获量（t）；$\sum Effort_{ymij}$ 为经度为 i，纬度为 j 的渔区内 y 年 m 月累计捕捞努力量（d）。

计算 2006—2015 年 1—12 月各月产量、捕捞努力量、平均 CPUE 以及 PAR 值，分析以上各变量的季节性变化。同时，绘制秘鲁海区 PAR 多年平均值空间分布图，分析茎柔鱼渔场范围内 PAR 的空间分布特征。

将各年 1—12 月 PAR 与 CPUE 进行相关分析，探讨 PAR 与茎柔鱼资源丰度的相关关系。依据频率分布法，将各月 PAR 按照不同区间进行划分，统计各区间内捕捞努力量的大小，据此计算茎柔鱼各月适宜的 PAR 分布范围（捕捞努力量分布较多的 PAR 区间）以及最偏好的 PAR 值（捕捞努力量最高时对应的 PAR 区间）。以各月适宜 PAR 范围表征适宜的茎柔鱼栖息地分布，计算各月适宜栖息地分布面积占渔场的比例，并与 CPUE 进行比较，评估茎柔鱼各月适宜 PAR 面积与资源丰度的关系；同时，计算各月最适宜的 PAR 平均纬度和茎柔鱼渔场纬度重心，估算茎柔鱼空间分布与最适 PAR 平均纬度分布的关系。其中，茎柔鱼渔场纬度重心计算公式为（Li et al.，2014）：

$$LATG_m = \frac{\sum (Latitude_{i,m} \times CPUE_{i,m})}{\sum CPUE_{i,m}} \qquad (4-12)$$

式 4-12 中，$LATG_m$ 为 i 渔区 m 月份纬度重心；$Latitude_{i,m}$ 为 i 渔区 m 月份作业纬度；$CPUE_{i,m}$ 为 i 渔区 m 月份单位捕捞努力量渔获量。

选择发生厄尔尼诺和拉尼娜事件的年份，分析 2006—2015 年不同气候条件下茎柔鱼渔场范围内 PAR 空间分布特征，且定量分析茎柔鱼适宜的 PAR 面积大小和范围并进行对比，探讨厄尔尼诺和拉尼娜事件对 PAR 空间分布可能产生的影响。厄尔尼诺和拉尼娜事件标准定义来源于美国 NOAA 气候预报中心（Yu et al.，2015），据此定义，我们选择 2007 年和 2011 年拉尼娜年份以及 2009 年和 2015 年厄尔尼诺年份进行对比分析。该定义以及各异常环境年份分类的网址为：http://www.cpc.ncep.noaa.gov/products/analysis_monitoring/ensostuff/ensoyears.shtml。

（二）研究结果

1. 茎柔鱼产量、捕捞努力量、CPUE 以及 PAR 的季节性分布

研究表明，茎柔鱼产量、捕捞努力量、CPUE 以及 PAR 具有明显的月间变化（图 4-24）。产量和捕捞努力量各月变化趋势基本一致，捕捞早期 1—4 月逐渐下降，到 4 月为最低值。随后开始显著上升，8 月和 9 月的产量和捕捞努力量最高，到 10 月后开始下降。CPUE 与 PAR 曲线在趋势上基本一致，但是在时间上存在错位。CPUE 在 1—4 月逐月降低，4 月最低为 2.77 t/d，从 5 月开始 CPUE 一致递增，到 12 月达到最高值为 5.75 t/d。PAR 月间变化规律同样为先降低后增加趋势，但最低值出现在 6 月为 29.65 E/（m² · d），最高值出现在 1 月为 55.68 E/（m² · d）。

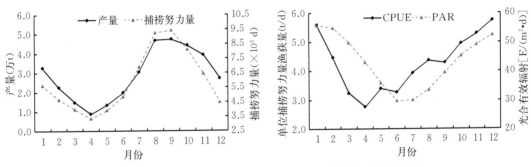

图 4-24　2006—2015 年秘鲁海区茎柔鱼各月产量、捕捞努力量、
单位捕捞努力量渔获量以及平均光合有效辐射

从秘鲁海区 PAR 空间分布上来看，PAR 主要分布范围为 30～60 E/（m² · d）。空间上具有近岸值小而离岸值增大的变化特征。但是沿岸海域具有两个高值中心，分别分布在 80°W—84°W，2°S—6°S 和 74°W—78°W，13°S—16°S 海域范围内。同时，渔场范围内西北海域 PAR 要明显高于东南海域（图 4-25）。

2. 茎柔鱼 CPUE 与 PAR 的相关分析

从 2006—2015 年茎柔鱼渔场 CPUE 与 PAR 的时间序列分析来看（图 4-26A），

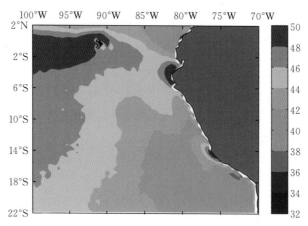

图 4-25 2006—2015 年秘鲁海区年平均光合有效辐射空间分布

CPUE 的变化趋势与 PAR 的变动基本保持一致，两者存在显著的正相关关系（$P<$ 0.01）。同时，利用相关分析法分别估算了 2006—2015 年各月 CPUE 与 PAR 的相关系数（图 4-26B），结果表明，7 月和 8 月两者呈显著正相关关系（$P<0.05$），其余月份相关性不显著（$P>0.05$）。

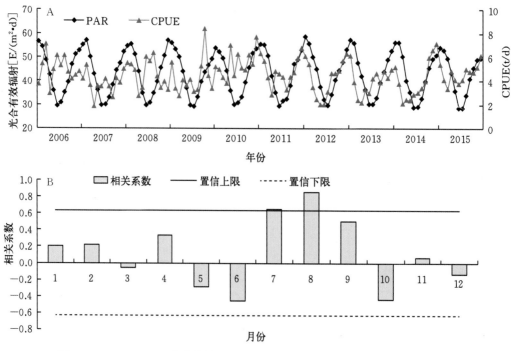

图 4-26 2006—2015 年秘鲁海区茎柔鱼渔场范围内 CPUE 与 PAR 的相关分析
A. 各月光合有效辐射与 CPUE 的时间序列 B. 两者各月相关系数

3. 各月适宜的 PAR 范围及对茎柔鱼资源丰度和空间分布的影响

2006—2015 年 1—12 月份捕捞努力量的频率分布见图 4-27 和表 4-8。结果表明，捕捞努力量的空间分布与 PAR 存在一定关联，各月份茎柔鱼适宜的 PAR 范围和最适宜的 PAR 随时间的变化而变化。

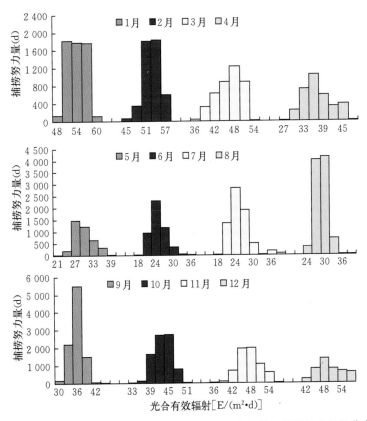

图 4-27　2006—2015 年 1—12 月不同光合有效辐射下捕捞努力量的分布

表 4-8　1—12 月茎柔鱼各月适宜 PAR 和最适宜 PAR

光合有效辐射 [E/(m²·d)]	1月	2月	3月	4月	5月	6月	7月	8月	9月	10月	11月	12月
适宜 PAR 范围	51~57	51~54	45~51	33~39	27~30	21~27	21~27	27~30	33~39	39~45	45~51	45~51
最适宜 PAR	51	54	48	36	27	24	24	30	36	45	48	48

　　基于以上分析，估算各月适宜 PAR 占渔场总面积的比例，并与 CPUE 进行对比分析（图 4-28）。研究发现，适宜 PAR 范围一般呈现 1—4 月逐渐降低、5—8 月处于最低水平、9 月之后逐渐上升的趋势。同时，我们发现 CPUE 的大小随适宜 PAR 范围变化而变化，一般情况下适宜 PAR 面积增大，CPUE 随之增大；而适宜 PAR 面积缩减，则 CPUE 显著降低。计算出两者的相关系数为 0.259，相关性极显著（$P<0.01$）。

　　此外，我们还估算了每月最适 PAR 的平均纬度，与 CPUE 纬度重心进行比较（图 4-29）。最适 PAR 平均纬度变化规律主要表现为 1—6 月向南移动，7—12 月逐渐向北转移。

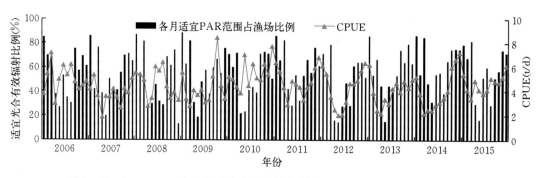

图 4 - 28　2006—2015 年各月适宜光合有效辐射范围占渔场比例与 CPUE 的关系

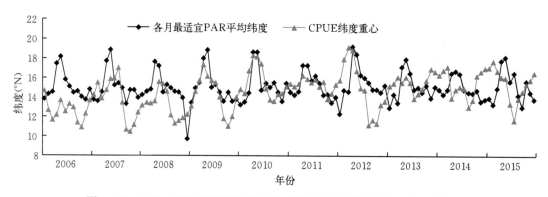

图 4 - 29　2006—2015 年各月最适 PAR 平均纬度与 CPUE 纬度重心的关系

同时，我们发现 CPUE 的纬度重心随最适 PAR 的纬度变化而变化，两者相关系数为 0.295，相关性极显著（$P<0.001$）。

4. 厄尔尼诺和拉尼娜年份 PAR 适宜范围的空间分布比较

由于 8 月 PAR 与 CPUE 的相关性最高，我们选取 2007 年和 2011 年以及 2009 年和 2015 年 8 月 PAR 适宜范围进行对比分析（图 4 - 30）。其中 2007 年和 2011 年 8 月对应了拉尼娜事件，而 2009 年和 2015 年 8 月对应了厄尔尼诺事件。研究发现，2007 年 8 月适宜 PAR 范围所占比例为 40.7%，2011 年适宜 PAR 范围所占比例为 52.9%；而 2009 年 8 月和 2015 年 8 月适宜 PAR 范围分别为 37.9% 和 28.7%，空间上可以看出 2009 年和 2015 年的适宜 PAR 面积明显缩减，说明拉尼娜年份适宜 PAR 面积显著高于厄尔尼诺年份。

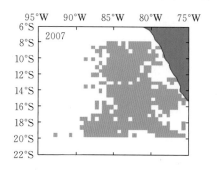
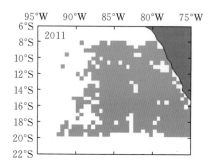

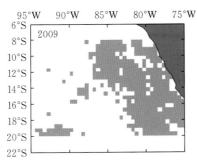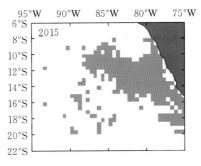

图 4-30　2007 年、2011 年和 2009 年、2015 年 8 月茎柔鱼渔场适宜光合有效辐射的空间分布

（三）讨论与分析

茎柔鱼作为短生命周期柔鱼科鱼类，其生活史具有对气候和海洋环境变化十分敏感的特征（Rodhouse，2001）。因此，当气候和栖息地环境发生改变时，势必影响到茎柔鱼的资源状况。近十年来，国内外学者就茎柔鱼资源与环境关联已展开部分研究，但大部分主要集中在水温、叶绿素、海面高度等环境因子对茎柔鱼资源变动的影响，并用这些因子预测资源状况（方学燕等，2017；Paulino et al.，2015）。例如，Robinson 等（2013）通过将加利福尼亚海湾茎柔鱼产量与海洋条件进行关联分析，认为茎柔鱼产量增高与水温变冷和叶绿素上升有关。汪金涛等（2014）基于神经网络模型，分析认为海表温度、叶绿素和海面高度三个因子对茎柔鱼 CPUE 具有显著影响，并构建了基于以上因子茎柔鱼资源丰度的预测模型。但许骆良等（2016）通过构建广义线性模型和广义加性模型，认为只有叶绿素浓度对茎柔鱼 CPUE 具有显著性影响，而通常被认对渔场起到决定作用的水温因子则为非显著因子。实际上除以上几种环境因子之外，光合有效辐射作为重要的生物光学量，与海洋浮游植物的初级生产过程有着密切联系，不仅影响浮游植物密度，也会受到负反馈作用（赵进平等，2010）。因此光合有效辐射的变动可能潜在影响茎柔鱼与海洋初级生产力之间的能量转化，从而对茎柔鱼资源变动产生影响。因此，研究光合有效辐射变化规律以及与茎柔鱼资源变动的关系可以进一步加深理解海洋渔业资源对环境变化的响应过程。

1—12 月秘鲁外海茎柔鱼资源丰度与光合有效辐射具有明显的月间变化，且两者的变化趋势基本一致，较低强度的光合有效辐射月份对应的 CPUE 较小，而光合有效辐射强度增加的月份则 CPUE 相应上升。同时，研究发现，2006—2015 年 CPUE 与光合有效辐射具有明显的正相关关系，在 7 月和 8 月具有显著相关性。以上结果说明了茎柔鱼的资源丰度是与整个渔场内的光合有效辐射大小存在显著关联，尤其 7 月和 8 月的辐射强度对其作用更为明显。此外，茎柔鱼资源丰度不仅受渔场范围内光合有效辐射平均值大小影响，同时与适宜的光合有效辐射面积大小有关。研究发现，适宜的光合有效辐射面积增加，表明茎柔鱼有利的栖息地面积增加，其资源丰度增加；而适宜的光合有效辐射面积缩减时，表明茎柔鱼不利的栖息地面积增加，则茎柔鱼资源丰度降低。以上结论均说明了茎柔鱼栖息地范围内光合有效辐射强度对茎柔鱼资源丰度产生显著影响。需要说明的是，也有一些月份适宜的光合有效辐射面积增加，茎柔鱼 CPUE 反而降低。CPUE 虽然存在显著的季节性变化，但其变化可能是受海表温度、盐度、叶绿素、海表面高度以及 PAR 等环境因子综合作用的结果，这导致本研究中 PAR 与 CPUE 的相关性只表现为 7 月和 8 月弱相关显著。因此，未来需要综合以上环境因子进行考量环境变化对茎柔鱼 CPUE 变动的影响，以评估 PAR 对 CPUE 变化的贡献率。

头足类的空间分布受海洋环境的重要影响，因此海洋环境发生改变时，其适宜的栖息地在空间上很大程度上会发生转移（Yu et al.，2015）。例如，Chen 等（2007）研究了西北太平洋柔鱼渔场空间变动与水温的关系，认为当渔场中水温上升时，渔场重心向北移动；而渔场水温降低时，则渔场重心向南转移。余为等（2016）认为西北太平洋柔鱼的纬度重心年间变化与海洋初级生产力相关，推断出柔鱼渔场纬度重心随各年最适初级生产力平均纬度转移而转移。本研究中，根据频率分布图，可以发现秘鲁外海茎柔鱼捕捞努力量在海洋环境中并非随机分布，而是与光合有效辐射具有一定关联，茎柔鱼适宜和最适的光合有效辐射随月份变化而变化。同时，茎柔鱼 CPUE 纬度重心位置变化与最适光合有效辐射平均纬度同步变化，说明了茎柔鱼各月最偏好的光合有效辐射海域可能代表了最适宜的栖息地，即代表了该海域内茎柔鱼资源丰度较高，渔场的纬度重心随该位置的变动而变动。因此，最适光合有效辐射的纬度位置对茎柔鱼渔场的空间分布具有调控作用。

不同气候条件下（厄尔尼诺和拉尼娜事件）茎柔鱼渔场范围内的环境条件呈现不同变化规律，导致茎柔鱼资源丰度和空间分布变化不同（Ichii et al.，2002）。前人研究表明，拉尼娜事件发生时，秘鲁海域上升流增强，温度降低，叶绿素浓度上升，且适宜的栖息地向南偏移，因此茎柔鱼资源丰度增加，渔场位置向南移动；相反，厄尔尼诺事件发生时，秘鲁海域上升流减弱，温度增加，叶绿素浓度降低，适宜的栖息地向北偏移，导致茎柔鱼资源丰度减小，渔场位置向北移动（Yu et al.，2016）。由于本研究时间范围内，作业渔场均分布在秘鲁外海，但 CPUE 在厄尔尼诺和拉尼娜年份发生显著变动，这种变动可能与 PAR 在不同气候条件下的分布差异所致，因此我们选择了发生厄尔尼诺和拉尼娜年份进行对比分析。本研究结果显示，气候条件对茎柔鱼渔场内的光合有效辐射同样有显著影响且存在差异。拉尼娜年份（2007 年和 2011 年 8 月）茎柔鱼适宜的光合有效辐射面积要显著高于厄尔尼诺年份（2009 年和 2015 年 8 月）。需要指出的是，2011 年 8 月 CPUE 为 3.23 t/d，显著低于 2015 年 8 月的 CPUE 5.00 t/d。因此，即使该捕捞月份适宜的光合有效辐射面积增加，茎柔鱼 CPUE 未必上升，需要结合其他环境因子对渔场环境进行综合考量和评估。

第五节　基于净初级生产力的东南太平洋茎柔鱼资源变动分析

当海洋环境条件变化时，茎柔鱼的资源量也常有所变动，导致茎柔鱼各年产量有一定波动。近年来，国内外学者针对茎柔鱼的资源丰度和空间分布与温度、叶绿素浓度等环境因子之间的关系研究已取得一定的进展（Waluda et al.，2004；Nigmatullin et al.，2001；陈兴群等，2007），但是当前针对其与海洋净初级生产力的内在联系探究尚不够充分。海洋净初级生产力作为海洋生态系统中举足轻重的因素，是海洋食物链中营养指标的重要表征因子（陈兴群等，2007）。它在一定程度上可以体现出茎柔鱼资源的潜在分布情况。因此，本研究将综合中国鱿钓技术组提供的秘鲁外海茎柔鱼的捕捞数据以及海洋净初级生产力数据，分析茎柔鱼资源变动与渔场净初级生产力的关联，为茎柔鱼资源的合理开发利用提供科学依据。

（一）材料与方法

1. 数据来源

秘鲁外海茎柔鱼的生产数据来自上海海洋大学鱿钓技术组，其中数据包括作业日期（年和月）、作业范围（经度和纬度）、每日产量（单位：t）和捕捞努力量（单位：d）等，原始数据空间分辨率为 $0.1°×0.1°$，将其转化为 $0.5°×0.5°$。数据时间为 2006—2015 年 7—12 月。渔船作业范围主要分布在 75°W—95°W，8°S—20°S 范围内。

本研究环境数据海洋净初级生产力（NPP）主要来源于卫星遥感数据，覆盖范围包含秘鲁外海茎柔鱼主要作业渔场 75°W—95°W，8°S—20°S 海域，时间范围为 2006—2015 年 7—12 月，数据主要来自网站：http://oceanwatch.pifsc.noaa.gov/thredds/catalog.html，时间分辨率为月，空间分辨率为 $0.5°×0.5°$。

2. 分析方法

计算 2006—2015 年每年 7—12 月各月各渔区内的单位捕捞努力量渔获量（CPUE）。基于 Bertrand 等（2002）的研究表明，茎柔鱼资源丰度的指标可以用 CPUE 来表示。本文定义经纬度 $0.5°×0.5°$ 为一个渔区，计算每个渔区内的 CPUE，公式如下：

$$CPUE_y = \frac{\sum Catch_y}{\sum Effort_y} \tag{4-13}$$

式 4-13 中，$CPUE$ 表示 y 年单位捕捞努力量渔获量，单位为 t/d；$\sum Catch_y$ 表示一个渔区 y 年内的总渔获量；$\sum Effort_y$ 表示一个渔区 y 年内总捕捞努力量（即一个渔区内累计的总作业天数）。在秘鲁外海海域，茎柔鱼一般全年作业，但根据茎柔鱼的洄游习性，7—12 月茎柔鱼常从秘鲁近岸向公海海域洄游，因此 7—12 月是秘鲁外海海域茎柔鱼渔场主要渔发时间，中国鱿钓渔船在秘鲁外海的高产月份也主要集中在这段时间（张新军等，2005）。基于此，本研究主要分析 2006—2015 年 7—12 月的 CPUE 与 NPP 的关联。

茎柔鱼作业渔场在纬度上表现出显著的年际和月份差异，本研究主要分析 NPP 的变化对茎柔鱼渔场的纬度分布影响。各月茎柔鱼渔场纬度重心计算方法为：

$$LATG_m = \frac{\sum (Latitude_{i,m} \times CPUE_{i,m})}{\sum CPUE_{i,m}} \tag{4-14}$$

式 4-14 中，$LATG_m$ 为 m 月份的纬度重心；$Latitude_{i,m}$ 为 i 渔区 m 月份纬度值；$CPUE_{i,m}$ 为 i 渔区 m 月份单位捕捞努力量渔获量。

计算分析在 2006—2015 年 7—12 月间各月单位捕捞努力量渔获量 CPUE、渔场纬度重心 LATG 和净初级生产力 NPP 值，并分别绘制出 CPUE、LATG 和 NPP 的多年月平均分布图，分别分析上述变量的月间变化趋势。

依据频率分布法，计算茎柔鱼各月适宜的净初级生产力 NPP 分布范围（对应捕捞努力量分布频次超过 1 000 d 的组别）以及最偏好的 NPP 值（对应捕捞努力量分布频次最高的组别），探讨 NPP 与茎柔鱼资源丰度的相关关系。具体分析方法为：以 7 月为例，分别取 2006—2015 年各年 7 月平均 NPP 与 2006—2015 年各年 7 月平均 CPUE 进行相关分析；此外，分析捕捞季节各月份（7—12 月）总平均 NPP 与年平均 CPUE 的相关性。同样，以各月适宜 NPP 范围表征茎柔鱼的栖息地分布，计算各月适宜栖息地分布的面积占渔场的比例，并评估其与茎柔鱼 CPUE 的相关关系；最后，以 7—12 月最适 NPP 所占渔场的纬度均值作为捕捞月份最适 NPP 的纬度位置，探究捕捞努力量纬度重心和最适宜 NPP 位置的关系。

根据 NOAA 定义推断的异常环境事件，选取特殊年份，分析异常环境条件下各月最适宜的 NPP 平均纬度、LATG、CPUE 的变化趋势与分布特征。厄尔尼诺和拉尼娜事件的定义以及分类来源于网址：http://www.cpc.ncep.noaa.gov/products/analysis_monitoring/ensostuff/ensoyears.shtml.

（二）研究结果

1. 茎柔鱼渔场 NPP、CPUE 以及 LATG 的月间变化

秘鲁外海茎柔鱼渔场内的 NPP 值在 7—12 月呈现逐月递增趋势；7 月 NPP 最低，其值为 543.87 mg/(m²·d)；12 月达到最高，其值为 774.02 mg/(m²·d)。7—12 月 CPUE 的变化有所起伏，其中 7—9 月 CPUE 较低，9 月最低，为 4.31 t/d；10—12 月为旺汛期，12 月最高，达到 5.52 t/d。同时可以看出，渔场纬度重心 LATG 在 7—9 月向北移动，9—12 月向南移动，其中在 12 月位于最南端为 14°54′S，9 月 LATG 位于最北端为 12°43′S（图 4-31）。

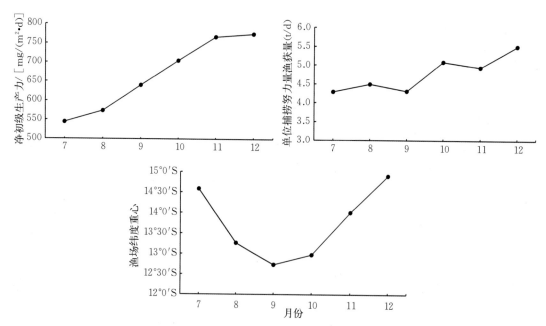

图 4-31 2006—2015 年 7—12 月秘鲁外海茎柔鱼各月单位捕捞努力量渔获量、渔场纬度重心以及渔场内平均净初级生产力

2. 茎柔鱼 CPUE 和 LATG 与 NPP 的相关分析

图 4 - 32 为 2006—2015 年 7—12 月捕捞努力量的频率分布。7 月，捕捞努力量主要集中在 NPP 值为 300~1 500 mg/(m² · d) 的范围内，最适宜的 NPP 值为 500 mg/(m² · d)，适宜范围为 500～600 mg/(m² · d)；8 月，捕捞努力量主要集中在 NPP 值为 400～1 400 mg/(m² · d) 的范围内，最适宜的 NPP 值为 500 mg/(m² · d)，适宜范围为 500～600 mg/(m² · d)；9 月，捕捞努力量主要集中在 NPP 值为 400～1 700 mg/(m² · d) 的范围内，最适宜的 NPP 值为 600 mg/(m² · d)，适宜范围为 600～900 mg/(m² · d)；10 月，捕捞努力量主要集中在 NPP 值为 400～1 800 mg/(m² · d) 的范围之内，最适宜的 NPP 值为 900 mg/(m² · d)，适宜范围为 600～900 mg/(m² · d)；11 月，捕捞努力量主要集中在 NPP 值为 300～1 800 mg/(m² · d) 的范围内，此时最适宜的 NPP 值为 800 mg/(m² · d)，适宜范围为 700～900 mg/(m² · d)；12 月，捕捞努力量主要集中在

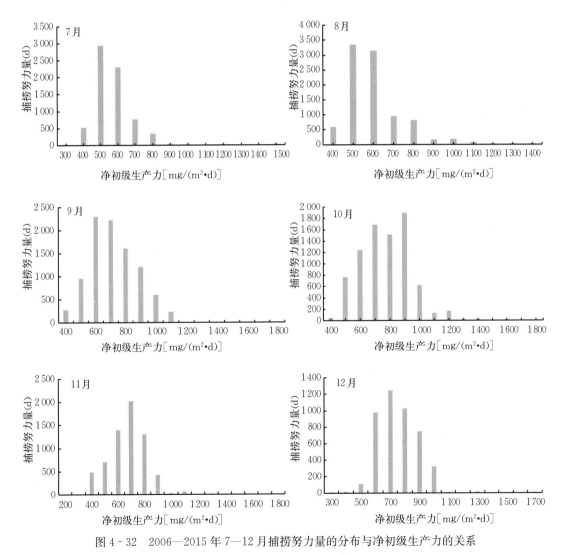

图 4 - 32　2006—2015 年 7—12 月捕捞努力量的分布与净初级生产力的关系

NPP 值为 300～1 700 mg/(m² · d) 的范围内，最适宜的 NPP 值为 700 mg/(m² · d)，适宜 NPP 范围为 600～900 mg/(m² · d)。

将 2006—2015 年 7—12 月各月的 CPUE 和 NPP 的均值进行相关性分析发现，两者的变化趋势大体相同，呈现显著的正相关性（$P<0.05$）。同样，我们对 7—12 月各月渔场纬度重心 LATG 的均值和最适宜 NPP 平均纬度的均值进行分析探究，结果表明两者相关性较为显著，呈正相关关系（$P<0.05$）（图 4-33）。

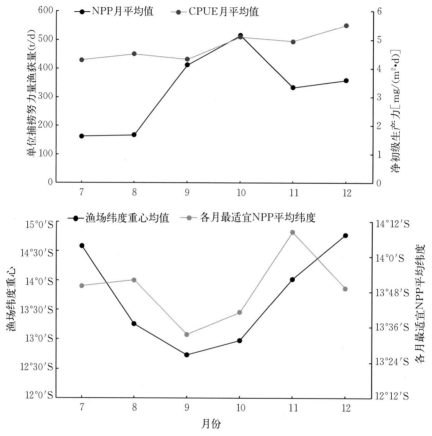

图 4-33　2006—2015 年 7—12 月茎柔鱼各月单位捕捞努力量渔获量与净初级生产力的关系、渔场纬度重心与各月最适宜净初级生产力平均纬度的关系

此外，将 2006—2015 年 7—12 月 NPP 和 CPUE 月均值进行相关性分析可以发现两者的变化趋势基本一致（图 4-34），呈显著正相关关系（$P<0.05$）。同时，2006—2015 年各月最适宜 NPP 平均纬度和纬度重心 LATG 呈现变化趋势一致，LATG 的南北移动随最适宜的 NPP 纬度变化而变化，通过相关性分析结果可以得出，两者呈显著正相关关系（图 4-35）。最后，对 2006—2015 年 7—12 月最适宜 NPP 范围占渔场比例和 CPUE 月平均值进行分析，结果表明二者同样呈现较为一致的变化趋势，呈显著正相关关系（$P<0.05$）（图 4-36）。

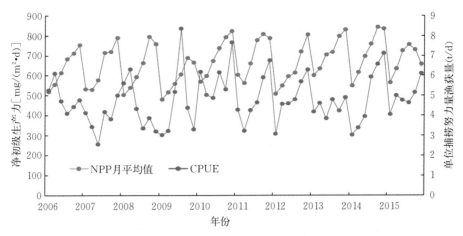

图 4-34　2006—2015 年秘鲁海区茎柔鱼 7—12 月各月初级生产力与 CPUE 关系

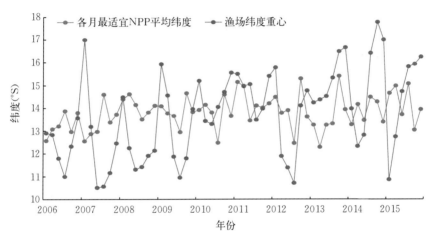

图 4-35　2006—2015 年 7—12 月各月最适宜净初级生产力平均纬度与茎柔鱼渔场纬度重心的关系

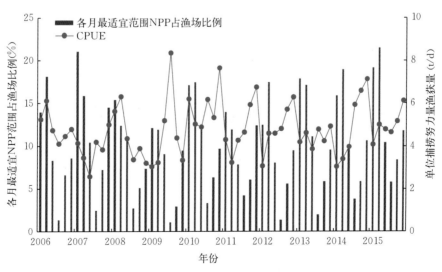

图 4-36　2006—2015 年 7—12 月各月最适宜 NPP 范围占渔场比例与 CPUE 的关系

3. 异常环境条件下茎柔鱼渔场 CPUE 和 NPP 的差异分析

根据 NOAA 定义的厄尔尼诺和拉尼娜事件，可知 2009 年是厄尔尼诺年份，2010 年是拉尼娜年份。本研究比较了 2009 年和 2010 年的 7—12 月最适宜范围 NPP 占渔场比例，可以看出，2009 年 7—12 月最适宜范围 NPP 占渔场比例的变化范围是 1.07%～12.10%，最大值出现在 8 月；2010 年 7—12 月最适宜范围 NPP 占渔场比例的变化范围是 3.32%～17.46%，最大值也出现在 8 月，两者的变化趋势基本相同。而且 2009 年 7—12 月各月最适宜范围 NPP 占渔场比例均大于 2010 年对应月份最适宜范围 NPP 占渔场比例。

2009 年与 2010 年 7—12 月各月 CPUE 值的变化趋势如图 4-37 所示。2009 年 7—10 月 CPUE 呈递增趋势，最大值在 10 月出现，为 8.35 t/d；10—12 月呈下降趋势，最小值出现在 7 月，为 3.02 t/d。相较于 2009 年，2010 年 CPUE 的月变化虽有波动，但整体呈增长趋势，最大值出现于 12 月，为 7.65 t/d；最小值出现于 9 月，为 4.88 t/d。可以看出，2010 年 CPUE 除 10 月显著低于 2009 年，9 月差异较小，其余月份均高于 2009 年各月 CPUE。可以看出，2009 年与 2010 年最适宜 NPP 平均纬度值的变化趋势大体相同，均在 10 月达到最小值。2009 年最适宜 NPP 平均纬度值的最小值为 12°57′S，2010 年为 12°28′S。

最后我们分析 2009、2010 年的 7—12 月渔场纬度重心的变化得出，在 2009 年，渔场纬度重心在 7 月达到最南端为 15°55′S，在 10 月达到最北端为 10°57′S；在 2010 年，渔场纬度重心在 12 月达到最南端为 15°33′S，在 9 月达到最北端为 13°18′S。与此同时，2009 年厄尔尼诺年渔场纬度重心相对于 2010 年各月纬度重心向南偏移。

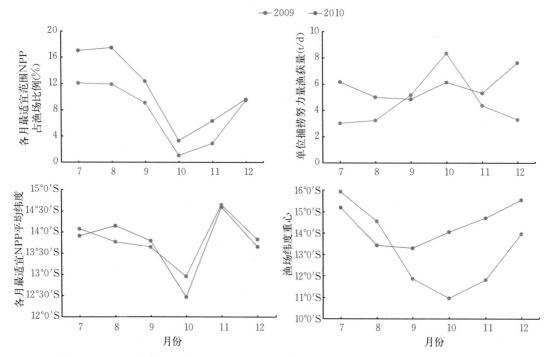

图 4-37　2009 年与 2010 年 7—12 月秘鲁外海茎柔鱼各月最适宜范围 NPP 占渔场比例、
CPUE、各月适宜 NPP 平均纬度和渔场纬度重心

依据先前选取的最适宜 NPP 值，我们对 2009 年与 2010 年 7—12 月 NPP 的空间等值线分布图进行分析发现，在 7 月最适宜 NPP 等值线分布较为广泛，位于 75°W—95°W 范围内；8 月最适宜的 NPP 等值线分布变化趋势较为一致，2009 年与 2010 年都呈西北到东南向分布；9 月、10 月与 11 月，2009 年与 2010 年最适宜的 NPP 等值线均位于秘鲁沿岸海域；12 月，2009 年最适宜 NPP 等值线图较为贴近秘鲁沿岸，而 2010 年的分布则较为宽泛，最远延伸至 88°W 附近（图 4 - 38）。对比 2009 年和 2010 年各月最适 NPP 等值线，可以发现 2010 年最适宜的 NPP 除 7 月和 8 月外其等值线纬度明显向南部海域移动。

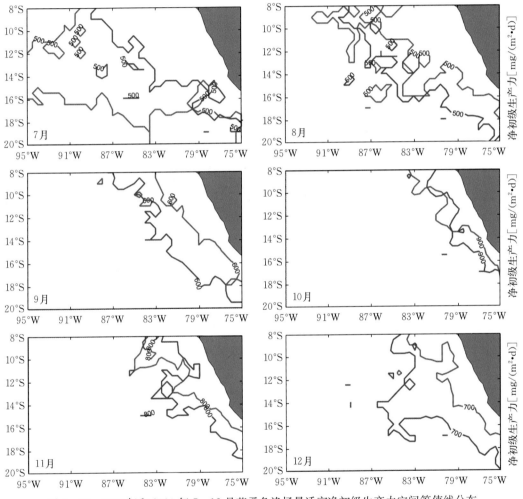

图 4 - 38　2009 年和 2010 年 7—12 月茎柔鱼渔场最适宜净初级生产力空间等值线分布
注：红色线是 2009 年数据，蓝色线是 2010 年数据。

（三）讨论与分析

近些年来，国内外学者对于茎柔鱼资源分布及丰度与各环境因子之间的关系进行了探究。例如，秘鲁外海茎柔鱼渔场可能受上升流的影响较为显著，其渔场在上升流的冷暖水团交汇处形成，说明茎柔鱼资源分布与海水表层温度及温度的水平和垂直结构都有着较为密切的关系（胡振明等，2009），在 17～23 ℃的温度范围内，较高的水温相对而言更适合茎柔鱼的生长（Taipe et al.，2001）。此外，有学者基于栖息地适宜指数建模分析认为对秘鲁外海茎柔鱼资源分布影响最大的环境因子是海表面温度（胡振明等，2010）。也有研究表明（Robinson et al.，2013），叶绿素浓度也是影响茎柔鱼资源分布的重要因素，在叶绿素浓度较高的海域通常茎柔鱼产量相对较高，甚至受特殊气候影响时，即使叶绿素浓度降至较低水平（0.19 mg/m³）也会出现茎柔鱼产量高的情况。国内学者汪金涛等（2014）基于神经网络模型的分析认为海表温度、叶绿素和海表面高度 3 个因子对茎柔鱼资源量都具有显著影响。

除了以上几类较为常见的环境条件因子外，海洋净初级生产力作为决定海洋浮游动植物的生长活动与分布的一个重要因子，可以表征海洋食物链中基础链环的营养潜力，是海洋渔业的核心影响因素之一（郭爱等，2018）。不少学者专家就海洋净初级生产力这一因子进行探究。例如，官文江等（2013）用鲐捕捞数据与海洋净初级生产力进行分析得出，净初级生产力与标准化 CPUE 之间呈倒抛物线的显著非线性关系（P<0.05）。余为等（2016）对西北太平洋海洋净初级生产力与柔鱼资源量变动关系的研究表明，柔鱼渔场范围内净初级生产力在经度方向上呈明显的季节性变化，冬春季低，夏秋季高。Nesis（1983）研究指出，茎柔鱼分布与初级生产力和次级生产力关系密切，初级生产力的大小会影响茎柔鱼资源的空间分布。

本研究发现，在 2006—2015 年，秘鲁外海茎柔鱼渔场的净初级生产力的月均值与单位捕捞努力量的月均值呈显著正相关，两者变化趋势基本相同。根据各月适宜净初级生产力范围可以看出，单位捕捞努力量最高时值正对应着最为适宜的净初级生产力。当各月最适宜净初级生产力范围占渔场比例增大时，该渔场范围的捕捞努力量也会随之升高。基于以上分析，渔场内的净初级生产力对茎柔鱼的资源丰度有着显著影响。在个别月份存在着适宜净初级生产力范围占比增大但捕捞努力量却降低的现象，这种现象可能是受其他环境因子的综合作用造成的，需要后续深入探究其原因。

在西北太平洋柔鱼渔场内，7—11 月各月最适净初级生产力平均纬度与捕捞努力量纬度重心呈显著正相关关系（P<0.05），即单位捕捞努力量位置在渔场中不是随机分布，可能受最适净初级生产力的纬度分布的影响（余为等，2016）。本研究发现，秘鲁外海茎柔鱼渔场的纬度重心与各月最适宜净初级生产力的纬度位置十分相近且两者变化趋势基本相同。茎柔鱼渔场各月最适宜净初级生产力的位置对应着茎柔鱼较高的资源丰度，可能表征着茎柔鱼的最适宜栖息地位置。

异常环境条件如厄尔尼诺与拉尼娜事件，对茎柔鱼的资源分布及丰度有着较显著的影响。厄尔尼诺和拉尼娜事件等大范围海洋环境变化的发生会在较大程度上影响秘鲁外海茎柔鱼的生存环境，从而导致其生活习性以及资源分布上有所变化（Niquen et al.，2014）。秘鲁外海茎柔鱼渔场在厄尔尼诺和拉尼娜条件下都会逐渐向东南方向移动，但是拉尼娜条件下的偏移相对较小（徐冰等，2012）。本研究选取 2009 年（厄尔尼诺年）和 2010 年（拉尼娜年）进行对比分析，发现 2009 年的各月最适宜范围净初级生产力占渔场比例低于2010 年，其对应的单位捕捞努力量也较低。可见，厄尔尼诺事件的发生会导致秘鲁外海茎柔鱼渔场的净初级生产力降低，从而渔场的单位捕捞努力量也随之降低；而在拉尼娜年份则相反，渔场的净初级生产力在拉尼娜事件发生时会升高，渔场的单位捕捞努力量也相应升高。

　　笔者研究了 2006—2015 年 7—12 月秘鲁外海茎柔鱼渔场的净初级生产力与单位捕捞努力量渔获量之间的相关性，得出了净初级生产力对于秘鲁外海海域茎柔鱼的空间分布与资源丰度具有显著影响的分析结果。但由于在实际情况之中，茎柔鱼渔场的分布往往会受到多种环境因子的综合影响，本文仅仅只针对净初级生产力这一单一因素，存在着一定的局限性。因此，在今后的研究中，应当与其他环境因子如海表面温度、海表面温度水平梯度、海表层盐度（SSS）、海面高度（SSH）、叶绿素浓度（Chl-a）等综合全面考虑分析，以期得到更为精确的研究结果。

第五章

秘鲁外海茎柔鱼栖息地对不同时空尺度气候变化的响应

第一节　秘鲁外海茎柔鱼栖息地分布模式的年间差异
——以 2010 年和 2015 年为例

　　茎柔鱼资源受环境变化影响较大，目前研究表明，茎柔鱼资源丰度与局部海洋环境包括海表面温度（SST）、海表面高度（SSH）和海表面盐度（SSS）等环境因子关系密切（王尧耕，2005；Nigmatullin et al.，2001）。特别是茎柔鱼对海水温度较为敏感，海表面温度对茎柔鱼的生长、繁殖、洄游等行为会产生影响，从而影响茎柔鱼的集群位置和活动路线；而海表面高度的变化会造成营养物质流动，为茎柔鱼生长提供营养来源，促进其生长发育（王尧耕，2005；Taipe et al.，2001；Nevárez - Martínez et al.，2006；Nigmatullin et al.，2001；Waluda et al.，2006）。同时，作为短生命周期头足类，其资源变动不仅与环境变化密切相关，也受气候变化影响。已有研究表明，厄尔尼诺和拉尼娜事件会影响茎柔鱼的生活史，并且强厄尔尼诺气候条件下茎柔鱼产量非常低（Waluda et al.，2006）。此外，秘鲁海域上升流也对其资源量变化产生影响。本研究基于栖息地适应性指数模型对东南太平洋茎柔鱼资源年间差异进行研究，对比分析秘鲁茎柔鱼渔场在拉尼娜年份（2010 年）和厄尔尼诺年份（2015 年）下海表面温度及其距平（SST、SSTA）、海表面高度距平（SSHA）的时空变化，探索其栖息地分布差异，从而丰富对秘鲁海域茎柔鱼渔场环境动态的认识，为渔业资源的可持续利用提供科学依据。

（一）材料与方法

1. 材料

　　渔业数据来自上海海洋大学鱿钓技术组，茎柔鱼捕捞数据包含作业位置与时间、捕捞努力量及产量等信息，时间跨度为 2010 年强拉尼娜年份和 2015 年超强厄尔尼诺年份的 9—12 月（9—12 月为我国捕捞茎柔鱼的主要高产月份，且与异常气候发生时间相对应），空间范围为秘鲁海区茎柔鱼渔场海域 75°W—95°W，8°S—20°S，空间分辨率为 0.5°×0.5°。

　　环境数据取自夏威夷大学网站 http://apdrc.soest.hawaii.edu/data/data.php，数据主要包含海表面高度和海表面温度，时间为 2010 年和 2015 年的 9—12 月，空间跨度为

75°W—95°W，8°S—20°S。为匹配渔业数据，环境数据的空间分辨率转化为 0.5°×0.5°。此外，根据海表面高度和海表面温度平均态的偏离大小，计算两个环境变量的距平值。

2. 分析方法

计算 2010 年和 2015 年的 9—12 月各月的单位捕捞努力量渔获量（CPUE）、捕捞努力量（Effort）、产量（Catch）及渔场纬度重心（LATG）的月平均值，并绘制月间变化线形图，对比两年间差异。相关计算公式如下（余为等，2016；Li et al.，2014）：

$$CPUE_{ymij} = \frac{\sum Catch_{ymij}}{\sum Effort_{ymij}} \tag{5-1}$$

式 5-1 中，y 表示年份；m 表示月份；i 为经度；j 为纬度。

$$LATG_m = \frac{\sum (Latitude_{i,m} \times Effort_{i,m})}{\sum Effort_{i,m}} \tag{5-2}$$

式 5-2 中，$Latitude_{i,m}$ 表示作业纬度；i 表示渔区；m 表示月份。

海表面高度距平和海表面温度通常用来构建茎柔鱼的栖息地模型并探测其变化对栖息地分布的影响（Yu et al.，2016）。因此，为对比异常环境气候对秘鲁海域两个环境要素的影响，本研究计算 2010 年和 2015 年 9—12 月的海表面温度与海表面高度距平值的月平均值，并绘制表面温度与海表面高度距平的月均值折线图和空间差异分布图；此外，还比较了两年各月的海表面温度距平与海表面高度距平，绘制空间分布图，分析年间差异。

利用 Yu 等（2016）构建的茎柔鱼栖息地模型，利用算术平均法联合单因子适宜性指数模型（SI），选择海表面温度适应性指数（SI_{SST}）与海表面高度距平适应性指数（SI_{SSHA}）计算综合栖息地适宜性指数（HSI），综合栖息地适宜性指数变化范围为 0～1。前人在该模型中已经证实当综合栖息地适宜性指数＞0.6 时，该海域适宜茎柔鱼生存，单位捕捞努力量渔获量较高；而综合栖息地适宜性指数＜0.2 的海域不利于茎柔鱼生存，单位捕捞努力量渔获量较高较低（Yu et al.，2016）。通过对比 2010 年和 2015 年基于海表面温度与海表面高度距平的单因子适宜性指数大于 0.6 的空间分布，并分别计算基于栖息地适宜性指数模型的各月适宜和不适宜的海表面温度与海表面高度距平范围，绘制线形图进行对比，从而得出环境因子对茎柔鱼资源产生的影响。

综合海表面温度与海表面高度距平两个因子，计算 2010 年与 2015 年 9—12 月各月综合栖息地适宜性指数（HSI）以及各月综合栖息地适宜性指数＞0.6 和综合栖息地适宜性指数＜0.2 的面积比例，并绘制月间线形图和综合栖息地适宜性指数空间分布图且在图中标注综合栖息地适宜性指数＝0.6 的等值线，对比两年的适宜栖息地面积与位置，再通过绘制各月海表面温度的空间分布图且标注各月最适温度等值线等方法，分析环境因子对于东南太平洋海域茎柔鱼栖息地范围与位置的影响。

（二）研究结果

1. 秘鲁外海茎柔鱼单位捕捞努力量渔获量、捕捞努力量、产量以及渔场纬度重心的月间变化

2010 年与 2015 年 9—12 月单位捕捞努力量渔获量最大值均出现在 12 月，2010 年为 7.65 t/d，2015 年为 6.11 t/d，捕捞努力量两年均呈现先增加后降低的趋势，且均在 10

月达到峰值（图5-1）。茎柔鱼产量在2010年9—12月逐渐增加，最大值为12月的129.26 t，而2015年9—12月各月产量上波动，最大产量出现在11月，为260.41 t。渔场纬度重心在两年的9—12月均呈现逐月南移的迹象，均在12月位于最北，2010年12月位于15.56°S，2015年12月位于16.24°S。对比两年总体线形图发现，2010年拉尼娜年9—12月各月单位捕捞努力量渔获量均高于2015年厄尔尼诺年，而各月产量和捕捞努力量均低于2015年，且渔场纬度重心均比2015年对应各月偏北。

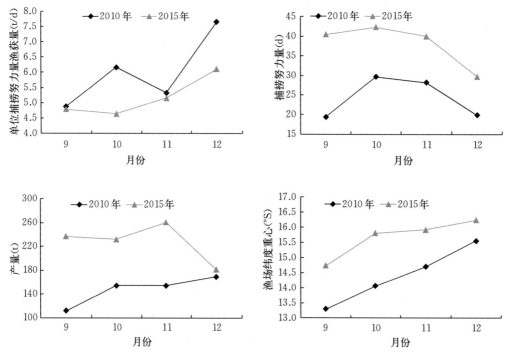

图5-1 2010年与2015年9—12月秘鲁茎柔鱼各月单位捕捞努力量渔获量、
捕捞努力量、产量以及渔场纬度重心

2. 渔场环境对比

2010年是拉尼娜年，2015年是厄尔尼诺年，根据2010年与2015年9—12月各月海表面温度差值及海表面高度距平差值的空间分布图（图5-2）所示，2010年秘鲁茎柔鱼渔场大部分海域表面温度与海表面高度距平均低于2015年，海表面温度差异在9月和10月最为显著，而海表面高度距平差异在12月更为显著，且北部渔场两年间差异值明显高于南部渔场。

2010年与2015年9—12月海表面温度与SSHA月平均值折线图显示（图5-3），2010年9—12月海表面温度与海表面高度距平值均低于2015年对应各月，且两年9—12月海表面温度均随月份逐渐增加，在12月达到最高值，2010年为20.17 ℃，2015年为21.28 ℃。2015年9—12月海表面高度距平值在5.14～7.52 cm波动，12月达最大值7.52 cm，9月最小；而2010年9—12月海表面高度距平值先增后降，变化范围为−3.91～−2.29 cm，10月达最大值为−2.29 cm。

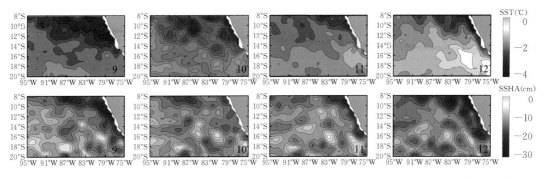

图5-2　2010年与2015年9—12月茎柔鱼渔场月平均海表面温度和海表面高度距平差值空间分布

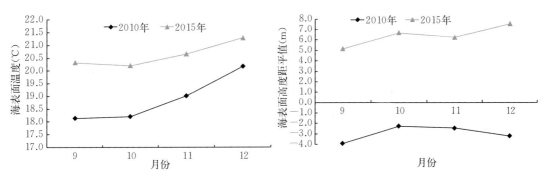

图5-3　2010年与2015年9—12月秘鲁茎柔鱼渔场各月海表面温度和海表面高度距平值

　　2010年和2015年9—12月秘鲁茎柔鱼渔场海表面温度距平值和海表面高度距平值的空间分布见图5-4，2010年9—12月大部分海域的海表面温度距平值为负值，尤其9月

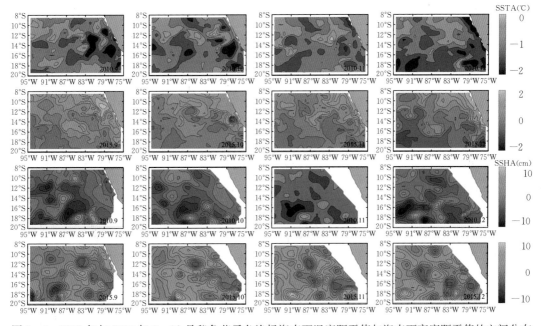

图5-4　2010年与2015年9—12月秘鲁茎柔鱼渔场海表面温度距平值与海表面高度距平值的空间分布

和 10 月东部部分海域海表面温度距平值很小，而且北部渔场普遍比南部渔场海表面温度距平值高；2015 年 9—12 月大部分海域海表面温度距平值为正值，且越靠近东北海域数值越高。2010 年 9—12 月绝大部分海域的海表面高度距平值为负值，尤其是 11 月和 12 月，而且西南海域海表面高度距平值相对更低；而 2015 年 9—12 月大部分海域海表面高度距平值为正值，且 10—12 月西南海域海表面高度距平值相对更高。

3. 基于单因子的适宜栖息地指数对比

对比 2010 年和 2015 年 9—12 月各月份的渔场适宜海表温度和海面高度海域距平值（大于 0.6 的范围）的空间分布图（图 5-5）可以看出，2010 年适宜的海表温度和适宜的海面高度距平值的面积显著高于 2015 年各月，尤其是 9 月和 11 月的差异较大，而且 2010 年的适宜的海表温度和适宜的海面高度距平值范围海域比 2015 年更加集中靠北，2015 年适宜海域面积相对分散。

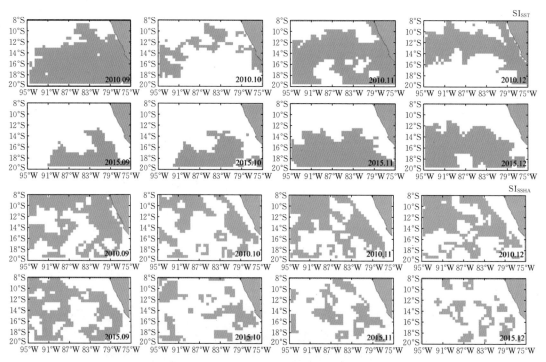

图 5-5　2010 年与 2015 年 9—12 月秘鲁茎柔鱼渔场适宜海表面温度和海表面高度距平值空间分布

2010 年和 2015 年 9—12 月各月的海表温度和海面高度距平值的适宜范围（大于 0.6）比例和不适范围（小于 0.2）比例直线图见图 5-6。可以看出，2010 年适宜的海表温度和海面高度距平值的比例高于 2015 年，而不适范围所占比例 2010 年明显小于 2015 年。其中 2010 年适宜的海表温度所占比例最高的是 9 月达到 58.14%，最低是 10 月为 19.90%；2015 年适宜的海表温度所占比例最高的是 12 月达到 42.05%，最低是 9 月为 20.20%；而两年适宜的海面高度距平值面积比例最大值均在 9 月，2010 年为 47.32%，2015 年为 40.49%。2010 年与 2015 年不适宜的海表温度所占比例峰值均出现在 10 月，2010 年为 63.90%，2015 年为 68.10%，最小值 2010 年为 11 月的 19.51%，最小值 2015

年为 12 月的 46.54%；而 2010 年不适宜的海面高度距平值面积最大值出现在 10 月为 23.90%，最小值出现在 11 月为 9.46%，2015 年不适宜的海面高度距平值面积比例最大值为 12 月的 39.12%，最小值为 9 月的 18.15%。

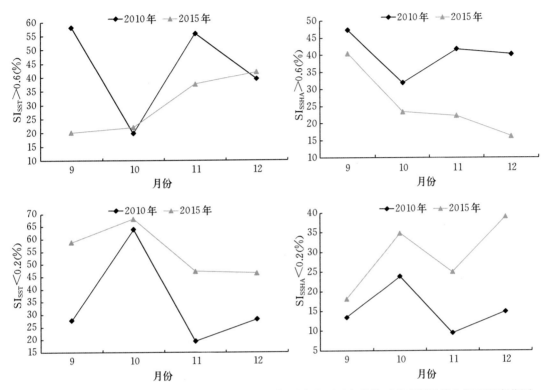

图 5-6　2010 年与 2015 年 9—12 月秘鲁茎柔鱼渔场适宜和不适宜的海面高度距平值和海面温度范围

4. 茎柔鱼的适宜栖息地范围对比

综合海表面温度和海表面高度距平值两大环境因子，制作 2010 年和 2015 年 9—12 月各个月份渔场的栖息地适宜性指数月平均值空间分布图并进行对比，标出栖息地适宜性指数为 0.6 的等值线（图 5-7）。从图中可以明显看出，2010 年秘鲁海域茎柔鱼适宜的栖息地范围（黄色海域）比 2015 年更加靠北，且 2010 年 9—12 月各月的茎柔鱼适宜栖息地范围明显增加。2010 年不适宜的栖息地面积也明显小于 2015 年，而 2015 年不适宜栖息地相对较广，且位置也较靠北。

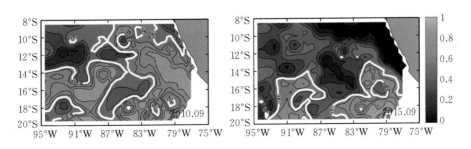

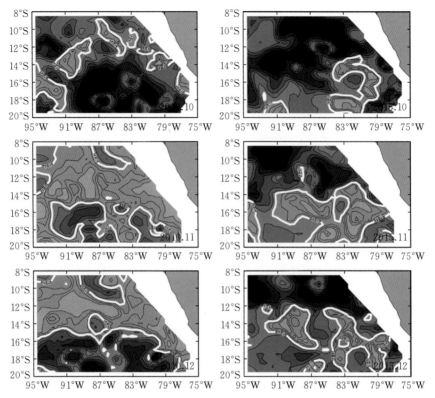

图 5-7 2010 年与 2015 年 9—12 月秘鲁外海茎柔鱼渔场栖息地适宜性指数空间分布

2010 年和 2015 年 9—12 月各个月份栖息地适宜性指数月平均值折线图（图 5-8）显示，2010 年各月栖息地适宜性指数值均高于 2015 年，且两年栖息地适宜性指数波动趋势相同，最大值均出现在 11 月，2010 年为 0.67，2015 年为 0.49；最小值均在 10 月，2010 年为 0.39，2015 年为 0.35。由栖息地适宜性指数的适宜范围（大于 0.6）所占比例和不利范围（小于 0.2）所占比例进行对比得出，2010 年各月适宜的栖息地适宜性指数范围明显高于 2015 年，不适宜范围明显低于 2015 年。其中，2010 年适宜的栖息地适宜性指数所占比例最高的是 11 月，达到 45.85%，比例最低的是 10 月，为 13.07%；不适的栖息地适宜性指数所占比例最大值出现在 10 月，为 20.00%，最小值出现在 11 月，为 0。

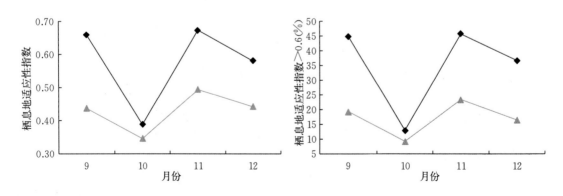

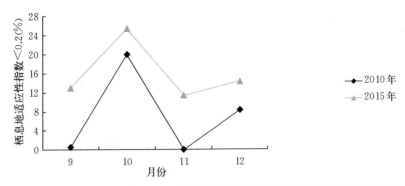

图 5-8　2010 年与 2015 年 9—12 月秘鲁茎柔鱼渔场栖息地适宜性指数月平均值

2015 年适宜的栖息地适宜性指数所占比例最大的是 11 月，达到 23.41%，比例最低的是 10 月，为 9.27%；不适的栖息地适宜性指数所占比例最高的是 10 月，达到 25.46%，比例最低的是 11 月，为 11.41%。

根据秘鲁海域茎柔鱼渔场 2010 年和 2015 年 9—12 月各月海表面空间分布图（图 5-9），可以得出 2010 年拉尼娜年秘鲁海域整体温度比 2015 年厄尔尼诺年低，且 2010 年各月茎柔鱼最适宜等温线明显比 2015 年对应各月更偏北，而温度的变化会导致茎柔鱼资源丰度和分布的变动，所以适宜温度的北移也导致了 2010 年适宜栖息地偏北，进而影响 2010 年各月渔场纬度重心也比 2015 年偏北。

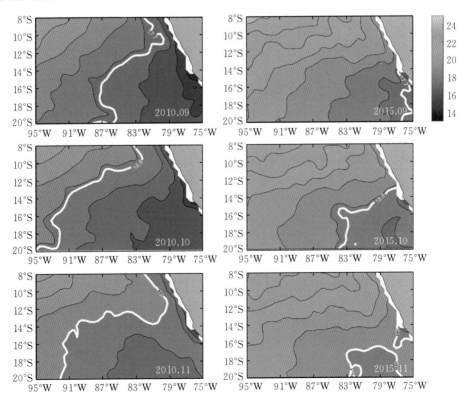

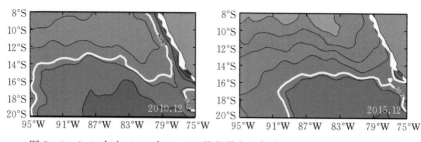

图 5-9　2010 年与 2015 年 9—12 月茎柔鱼渔场各月海表面温度空间分布

（三）讨论与分析

1. 茎柔鱼资源与环境的关系

茎柔鱼作为一种短生命周期物种，其资源丰度和渔场分布极易受气候和海域环境变化的影响，已有很多研究表明，海表面温度、海表面高度、盐度、叶绿素含量、上升流强度、初级生产力等环境因子的变化都会造成茎柔鱼资源的变动。温度对于茎柔鱼的影响贯穿其整个生命周期，任何一个阶段温度的变化都极易造成其资源量的变动。如徐冰等（2012）通过灰色关联分析法，得出产卵场最适海表面温度面积占总面积比例越大对茎柔鱼资源量补充越有利。海表面高度可以表征涡旋（方学燕等，2017），一定程度反映海域营养盐含量，对于茎柔鱼生长有很大影响；还有研究表明海表面高度与茎柔鱼单位捕捞努力量渔获量存在很强相关性（汪金涛，2014）。方学燕等（2017）通过综合环境因子结合秘鲁外海茎柔鱼单位捕捞努力量渔获量进行相关性分析后，再进行协同克里金插值研究，认为茎柔鱼产卵时期资源分布主要由海表面盐度和海表面高度决定。同时，上升流的强度也会影响茎柔鱼资源，因为上升流会携带大量营养物质为茎柔鱼提供饵料，有利于其生长繁殖。Ichii 等（2002）研究发现，哥斯达黎加海域茎柔鱼的资源丰度与上升流密切相关，良好的上升流使得茎柔鱼资源量丰富，而上升流较弱时会造成茎柔鱼的资源丰度较小。通过分析前人关于环境因子对于茎柔鱼资源关联度大小的研究，权衡了各环境因子对于茎柔鱼的影响程度，认为海表面温度和海表面高度距平值是影响茎柔鱼资源变动的至关重要的环境因子，故选取了这两大环境因子来探讨茎柔鱼资源与环境的关系。

2. 异常气候对茎柔鱼资源影响的年间差异

厄尔尼诺和拉尼娜现象会导致海域环境发生变化，从而对于鱼类资源产生不同程度的影响。如余为等（2015）研究表明，厄尔尼诺年海表面温度和叶绿素含量均降低，对西北太平洋柔鱼资源产生不利影响，导致柔鱼产量锐减，而拉尼娜年有利于柔鱼资源量补充。Anderson 等（2001）分析认为，厄尔尼诺年上升流强度减弱，海域营养盐减少，影响茎柔鱼生长，造成秘鲁外海茎柔鱼产量锐减。

通过对比 2010 年强拉尼娜年和 2015 年超强厄尔尼诺年对于秘鲁海域茎柔鱼资源影响的年间差异，发现拉尼娜年茎柔鱼资源丰度高于厄尔尼诺年。由于拉尼娜事件发生时，太平洋东部海表温度偏低，海流涌升势力增强，造成秘鲁海域形成强劲的上升流，丰富了海域的营养物质，导致初级生产力升高，有利于茎柔鱼的摄食与生长，而且 2010 年栖息地海表面温度和海表面高度距平值均比 2015 年低，各月适宜的海表面温度和海表面高度距平值的面积显著高于 2015 年对应各月，导致适宜栖息地面积也相比 2015 年大，不适宜栖息地面积小，利于茎柔鱼生存和繁衍的范围广；而 2015 年厄尔尼诺事件下，水温等环境因子不利于茎柔鱼生存，所以使得 2010 年茎柔鱼单位捕捞努力量渔获量高于 2015 年。异常气候不仅会影响茎柔鱼的资源丰度，还会导致其分布的变化，由于拉尼娜年海水温度较低，茎柔鱼会游往温度相对较高的北部渔场，而且适宜的海表面温度和海表面高度距平海域比厄尔尼诺年更加集中靠北，导致茎柔鱼适宜栖息地也会相对偏北，大量茎柔鱼会偏向在北部海域生存栖息，从而使得 2010 年渔场纬度重心比 2015 年要偏北。徐冰等（2012）研究认为，异常气候对秘鲁外海茎柔鱼中心渔场的位置有重要影响，拉尼娜年中心渔场作业范围相比厄尔尼诺年向北偏移 1°～2°。这与本研究结果一致。

3. 栖息地适应性模型的应用

栖息地适应性指数模型最早是用来描述野生动物的栖息地质量而被美国地理调查局国家湿地研究中心鱼类与野生生物署提出，后逐渐被广泛应用于鱼类资源研究（Nishida et al.，2003；Lee et al.，2005；龚彩霞，2011）。如胡振明等（2010）利用栖息地适宜指数分析秘鲁外海茎柔鱼渔场分布。本研究参考了 Yu 等（2016）建立的单因子适宜性指数（SI）模型，该模型验证结果好、预测性强。同时，海表面温度和海表面高度距平值作为茎柔鱼渔场及其栖息地的重要影响因子之一，本研究采用算术平均法取海表面温度适应性指数（SI_{SST}）与海表面高度适应性指数（SI_{SSHA}）和的 1/2 计算综合栖息地适应性指数，并基于该模型计算拉尼娜年（2010 年）和厄尔尼诺年（2015 年）两年 9—12 月各月适宜与不适宜的海表面温度和海表面高度距平值范围，进行对比分析。

通过栖息地适应性指数模型对拉尼娜年（2010 年）和厄尔尼诺年（2015 年）两年 9—12 月东南太平洋茎柔鱼渔场的海表面温度及其距平值（SST、SSTA）、海表面高度距平值（SSHA）进行分析，发现 2010 年拉尼娜年和 2015 年厄尔尼诺年对秘鲁海域茎柔鱼的资源影响存在明显的年间差异。本研究的不足之处在于只对海表面温度和海表面高度距平值这两个环境因子进行研究，但影响茎柔鱼资源的环境因子是多样的，所以在今后的研究中需要结合更多尺度的气候变化如太平洋年代际涛动（PDO）等，综合考虑秘鲁海域茎柔鱼渔场的空间变化以及资源丰度变化。

第二节　ENSO 背景下秘鲁外海茎柔鱼栖息地的演变

ENSO 是海洋与大气连续但不规则的循环变化现象，它影响全球气候异常变化（王彦磊等，2009）。厄尔尼诺（El Niño）事件发生时，太平洋中部和东部海域表温异常变暖；而拉尼娜（La Niña）事件发生时，太平洋中部和东部海域表温则异常变冷，ENSO 现象具有年际变动（Sheinbaum，2003）。以往研究表明，鲐、黄鳍金枪鱼、柔鱼、褶柔鱼等鱼种的空间分布及资源丰度均受 ENSO 的调控（郭爱等，2018；Lu et al.，2001；Chen et al.，2007；Yu et al.，2018）。对于茎柔鱼，以往研究主要关注 ENSO 事件对其渔场环境状况的影响，并探索其资源空间分布的变化（徐冰等，2012）。对于 ENSO 影响茎柔鱼栖息地的研究也仅限于分析特殊年份，且时间序列短（Yu et al.，2019）。因此，本研究分析长时间尺度下，在不同 ENSO 事件期间秘鲁外海茎柔鱼渔场环境的变化以及不同事件期间茎柔鱼栖息地适宜性及栖息地纬度重心的变化，探索适宜栖息地时空分布对不同 ENSO 事件的响应过程，以掌握年际气候变化对茎柔鱼栖息地的影响，为可持续开发和利用茎柔鱼资源提供依据。

（一）材料与方法

1. 材料

环境数据包括 SST 和 SSH，来源于夏威夷大学网站（http://apdrc.soest.hawaii.edu/data/data.php）。数据时间范围为 1950—2015 年 1—12 月，空间范围覆盖秘鲁外海茎柔鱼渔场，其中渔场范围为 75°W—95°W，8°S—20°S；SST 和 SSH 时间分辨率为月；空间分辨率原为 $0.1° \times 0.1°$，均通过插值转化为 $0.5° \times 0.5°$。ENSO 事件利用 Niño 3.4 区海表温距平值（SSTA）来表示，其数据来自美国 NOAA 气候预报中心（https://www.cpc.ncep.noaa.gov/products/analysis_monitoring/ensostuff/ensoyears.shtml）。

2. 分析方法

依据 NOAA 对 El Niño 和 La Niña 事件的定义，Niño 3.4 区（120°W—170°W，5°N—5°S）SSTA 连续 5 个月滑动平均值超过 $+0.5\ ℃$，则认为发生一次 El Niño 事件；若连续 5 个月低于 $-0.5\ ℃$，则认为发生一次 La Niña 事件，其余为正常气候。本研究据此定义 1950—2015 年发生的异常环境事件（表 5-1）。

表 5-1 1950—2015 年 El Niño 和 La Niña 事件的确定

ENSO 种类	年　份
El Niño	1951、1953、1957、1963、1965、1969、1972、1976、1977、1982、1986、1987、1991、1994、1997、2002、2004、2006、2009、2015
正常气候	1950、1952、1956、1958、1959、1960、1961、1962、1966、1967、1968、1974、1978、1979、1980、1981、1984、1985、1989、1990、1992、1993、1996、2001、2003、2005、2008、2012、2013、2014
La Niña	1954、1955、1964、1970、1971、1973、1975、1983、1988、1995、1998、1999、2000、2007、2010、2011

计算海表温度距平（SSTA）和海表高度距平值（SSHA），并且依据 1950—2015 年 9—12 月的 Niño 3.4 区 SSTA，结合对应月份的 SSTA 及 SSHA 数据，对 1950—2015 年东南太平洋秘鲁茎柔鱼渔场进行年际变化分析，分析 SSTA、SSHA、Niño 3.4 指数的变化趋势。此外，利用交相关函数分析 Niño 3.4 指数与 SSTA 和 SSHA 的滞后相关性。

依据定义的 El Niño 和 La Niña 事件，将 1950—2015 年 9—12 月的 SSTA 和 SSHA 数据分为三种 ENSO 年份，计算空间平均值，绘制不同类型下的空间分布图，分析其空间分布特征。依据 Yu 等（2016）建立的适应性指数（SI）模型，建立 SI_{SST} 和 SI_{SSHA} 时的响应变量是捕捞努力量，推算茎柔鱼渔场海域9—12月适宜的海表温度（SI_{SST}）和适宜的海表高度距平（SI_{SSHA}），分析 SSTA、SSHA、SI_{SST} 和 SI_{SSHA} 在不同 ENSO 事件期间的变动规律。

利用算术平均法（AMM）计算综合栖息地适宜性指数（HSI），其计算公式如下：

$$HSI = \frac{1}{2}\ (SI_{SST} + SI_{SSHA}) \tag{5-3}$$

式 5-3 中，SI_{SST} 和 SI_{SSHA} 分别为 SST 和 SSHA 的适宜性指数。HSI 的范围为 0~1，将 $HSI \leqslant 0.2$、$0.2 < HSI < 0.6$ 及 $HSI \geqslant 0.6$ 分别定义为不适宜的、正常的及适宜的栖息地（Yu et al.，2019）。利用交相关函数分析 Niño 3.4 指数和 HSI 的滞后相关性。此外，在不同 ENSO 事件下分析 HSI 的变化，并且依据1950—2015年9—12月茎柔鱼渔场海域 HSI 数据，计算空间平均值并绘制空间分布图，分析适宜性栖息地面积在不同 ENSO 事件下的空间变化特征。

计算各月茎柔鱼 HSI 的纬度重心，并利用交相关函数分析 Niño 3.4 指数与茎柔鱼 HSI 的纬度重心的滞后相关性。此外，将1950—2015年9—12月茎柔鱼平均 HSI 的纬度重心进行归类，分析不同 ENSO 事件期间纬度重心的变化。其中，HSI 纬度重心计算方法为（Yu et al.，2019）：

$$LAGT_{HSI} = \frac{\sum (Latitude_{i,m} \times HSI_{i,m})}{\sum HSI_{i,m}} \tag{5-4}$$

式 5-4 中，$LAGT_{HSI}$ 为 HSI 的纬度重心；$Latitude_{i,m}$ 为 i 渔区 m 月份的纬度值；$HSI_{i,m}$ 为 i 渔区 m 月份的适宜性指数。

(二) 研究结果

1. 不同 ENSO 事件期间 SSTA、SSHA 的时间变化

由图 5-10 可以看出，Niño 3.4 指数、秘鲁外海茎柔鱼渔场 SSTA 及 SSHA 呈显著年际变化。从三者的波动情况可以看出，当 Niño 3.4 指数上升时，相应地 SSTA 和 SSHA 均增长；当 Niño 3.4 指数下降时，SSTA 和 SSHA 也随之降低。

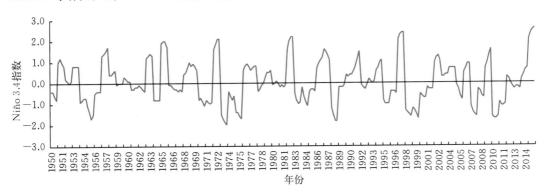

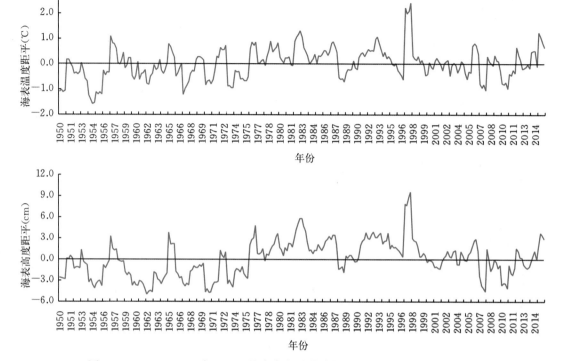

图 5-10　1950—2015 年 9—12 月东南太平洋秘鲁茎柔鱼渔场 Niño 3.4 指数、
SSTA、SSHA 的年际变化

交相关分析表明，Niño 3.4 指数与茎柔鱼渔场 SSTA 呈显著正相关，在 SSTA 滞后 0
月时相关性最大，相关系数值为 0.594 2（$P<0.05$），表明在 Niño 3.4 区 SSTA 发生变化
时，秘鲁外海茎柔鱼渔场 SSTA 随之迅速变化；同样，Niño 3.4 指数与茎柔鱼渔场
SSHA 也呈显著正相关，在 SSHA 滞后 1 个月时相关性最大，相关系数值为 0.564 7
（$P<0.05$）（图 5-11）。

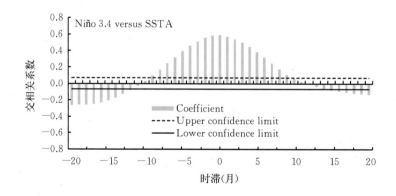

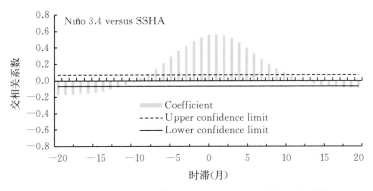

图 5-11　Niño 3.4 指数与 SSTA、SSHA 的交相关系数

2. 不同 ENSO 事件下各环境因子的适宜性变化

秘鲁外海茎柔鱼渔场 SSTA 和 SSHA 与 ENSO 事件有显著的相关性。由图 5-12 可以看出，当 El Niño 事件发生时，渔场 SSTA 均为正值，表明茎柔鱼渔场的海表水温偏高；在正常气候条件下，茎柔鱼渔场的海表水温相较于 El Niño 事件明显降低；而在 La Niña 事件下，SSTA 均为负值，相较于前两种气候条件，茎柔鱼渔场的海表水温最低。茎柔鱼渔场 SSHA 与 ENSO 的相关性与 SSTA 大致相同，在 El Niño、正常气候和 La Niña 条件下，茎柔鱼渔场海面高度依次降低。

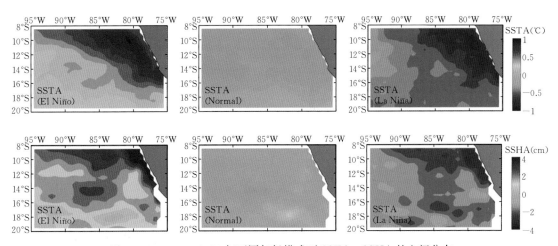

图 5-12　1950—2015 年不同气候模式下 SSTA、SSHA 的空间分布

注：El Niño 为厄尔尼诺条件，Normal 为正常气候条件，La Niña 为拉尼娜条件。

秘鲁外海茎柔鱼渔场 SSTA、SSHA、适宜的 SST 和 SSHA 在不同的 ENSO 事件下呈显著的变化（图 5-13）。茎柔鱼渔场 SSTA 和 SSHA 在 El Niño 事件下较高，在正常气候事件和 La Niña 事件下较低。相应地，正常气候事件和 La Niña 事件下适宜的 SST 和 SSHA 显著高于 El Niño 事件。

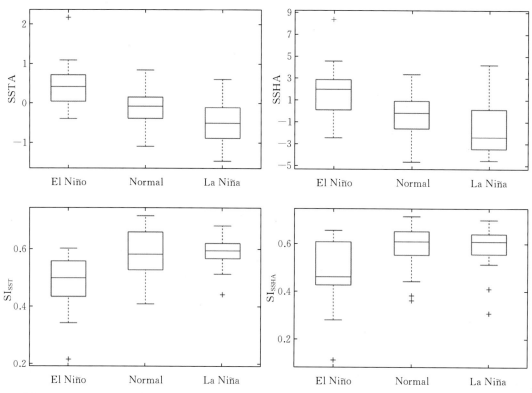

图 5-13 1950—2015 年 SSTA、SSHA、适宜的 SST 和适宜的 SSHA 在不同气候模式下的变化

注："+"为异常值。

3. 不同 ENSO 事件下茎柔鱼栖息地适宜性时空变化

交相关分析表明，Niño 3.4 指数与 HSI 呈显著负相关，在 HSI 滞后 1 月产生最大负影响，相关系数值为−0.265 6（$P<0.05$），表明在 Niño 3.4 指数较高时，适宜的栖息地面积较少（图 5-14）。进一步分析在不同 ENSO 事件下茎柔鱼渔场 HSI 的时空变化（图 5-15）。结果显示，1950—2015 年在正常气候和 La Niña 事件下，茎柔鱼的 HSI 值显著

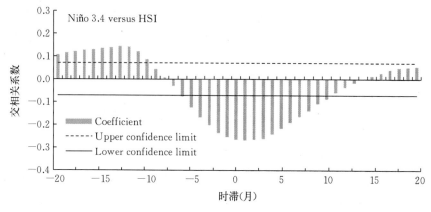

图 5-14 Niño 3.4 指数与 HSI 的交相关系数

高于 El Niño 事件。此外，茎柔鱼适宜栖息地面积比例也显著高于 El Niño 事件。此外，从空间分布图看，正常气候和 La Niña 事件下，$HSI \geqslant 0.6$ 的面积比例较大；El Niño 事件下的 HSI 值大部分小于 0.6，表明栖息地质量较低。

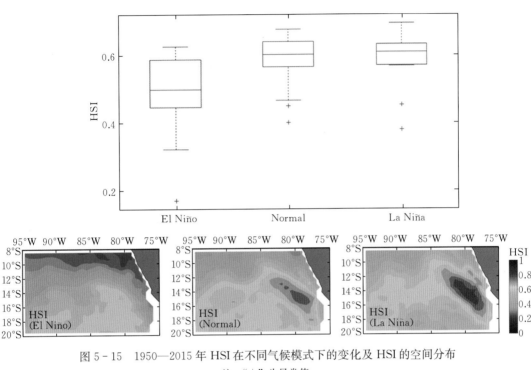

图 5-15　1950—2015 年 HSI 在不同气候模式下的变化及 HSI 的空间分布

注："+"为异常值。

Niño 3.4 指数与茎柔鱼渔场 HSI 的纬度重心的交相关分析表明，两者呈显著正相关，并在 HSI 的纬度重心滞后 0 月时具最大相关性，相关系数值为 0.356 2（$P <$ 0.05），表明 Niño 3.4 指数较高时，茎柔鱼渔场 HSI 的纬度重心偏南。在 El Niño 事件下，茎柔鱼渔场 HSI 的纬度重心明显较正常气候和 La Niña 事件下的纬度重心向南移动（图 5-16）。

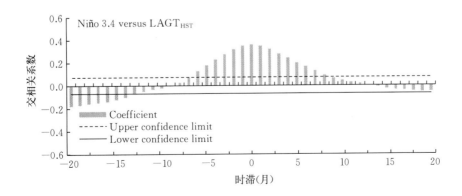

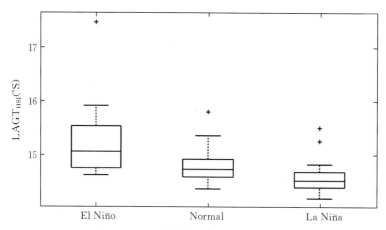

图 5-16　1950—2015 年 Niño 3.4 指数与渔场纬度重心的交相关系数及渔场重心在
不同气候模式下的纬向变化

注："＋"为异常值。

（三）讨论与分析

ENSO 能使热带太平洋生态系统出现较强的年际变化，对诸多经济鱼种的资源丰度及空间分布产生影响（Harrison et al.，2015）。茎柔鱼因其生命周期短，对于环境因子的变化极为敏感，异常气候现象对其资源波动也有较大影响，特别是 El Niño 和 La Niña 事件（Yamagata et al.，1985）。Robinson 等（2013）研究发现，La Niña 事件引起海表温度较长时间变冷的现象，使得茎柔鱼的渔获量较高；从 2005 年 1 月到 2012 年 3 月，渔获量逐步下降，发现此与栖息地水温逐渐变暖有关。Waluda 等（2006）认为，1998—1999 年强 El Niño 事件期间，上升流势力较弱，导致茎柔鱼资源丰度和渔获量较低。本研究发现，Niño 3.4 指数与秘鲁外海茎柔鱼渔场 SSTA 和 SSHA 呈显著正相关，Niño 3.4 指数越高，渔场的海表温度及海面高度越高。此外，本研究通过分析茎柔鱼渔场 SSTA 和 SSHA 的空间分布特征，同样发现在 El Niño 事件下，渔场的水温偏暖，海面高度升高；在正常气候及 La Niña 事件下，渔场的水温偏冷，海面高度降低。Yu 等（2019）研究认为，与 2015 年的强 El Niño 事件相比，2011 年的 La Niña 事件产生了适宜的环境条件，有利于茎柔鱼的生长和生存。在 2011 年的每个季节，各环境因子的适宜面积都有所增大，从而使适宜栖息地面积增加。这与本研究结果一致。本研究通过对不同 ENSO 事件下 SI$_{SST}$ 和 SI$_{SSHA}$ 变化进行分析，发现在正常气候及 La Niña 事件下，适宜的 SST 和 SSHA 相比于 El Niño 事件下的比例有显著的增加。

基于 Yu 等（2016）研究结果，本研究将 SST 和 SSHA 作为关键环境因子，构建了栖息地指数模型。已有较多研究证实 SST 对茎柔鱼渔场形成有重要影响，并常用于 HSI 建模（Yu et al.，2018；徐冰等，2012；陈新军等，2006；胡振明等，2009）。SSHA 作为影响栖息地的重要因素之一，将其用于 HSI 建模能更加准确地探索适宜栖息地的分布范围。Yu 等（2019）表明 SSHA 是造成栖息地质量差异的主导因素。通过 AMM 方法计算 HSI，可以在结果中反应每个环境因子的变化。目前，大多数研究选择 AMM 方法并成功预测鱼种的栖息地适宜性，如鲣（Yen et al.，2017）、鲐（郭爱等，2018）、柔鱼（温健等，2019）。本研究利用1950—2015年的Niño 3.4指数与HSI值进行交相关分析，发现两者呈显著负相关，滞后1月的相关性最强，表明茎柔鱼栖息地能够迅速响应ENSO事件。Yu等（2016）利用2006—2013年的数据对HSI与Niño 3.4指数进行分析，发现滞后时间为−1～−3个月，呈显著负相关，与本研究结果一致。此外，本研究分析了适宜栖息地纬度重心与Niño 3.4指数的交相关性，发现两者呈显著正相关。进一步分析在不同ENSO事件下适宜栖息地纬度重心的变化，发现在El Niño事件下，适宜栖息地纬度重心偏南；在正常气候及La Niña事件下，适宜栖息地纬度重心偏北。Paulino等（2016）研究表明，渔捞作业船队的年度分布与厄尔尼诺海温异常相关，在2008年和2009年船队集中在北部，在La Niña事件年份呈分散空间分布，但总体集中在SST范围为18.4～22℃的海域内。这可能是由于商业渔船的特性，El Niño事件下茎柔鱼资源丰度较低，船队仅在资源较为集中的地区进行作业。徐冰等（2012）根据我国2005—2009年鱿钓船生产数据，结合表温等资料，发现2007年受La Niña事件影响，相较2006年和2009年10—12月El Niño事件，中心作业渔场向北偏移了1°～2°。这与本研究结果一致。

本研究推测秘鲁外海茎柔鱼栖息地适宜性对不同ENSO事件的可能响应过程为：在El Niño事件下，茎柔鱼渔场海表温度升高，海面高度上升，适宜的海表温度和海表高度面积减少，栖息地质量下降，适宜栖息地面积减少，适宜栖息地纬度重心偏南；在正常气候及La Niña事件下，茎柔鱼渔场海表温度降低，海面高度下降，适宜的海表温度和海面高度面积增加，栖息地质量上升，适宜栖息地面积增加，适宜栖息地纬度重心偏北。由于HSI模型存在偏差，仅利用SST和SSHA两个参数不能完全描述茎柔鱼栖息地的环境变化，今后的研究中我们应加入其他环境因子并且考虑各环境因子的权重分配，使模型预测更加精确。此外，由于生产数据的缺失，我们较难对长时间尺度的环境数据进行对比，今后应加强国际渔业合作收集更多的数据。

第三节　多类型厄尔尼诺和拉尼娜事件下秘鲁外海茎柔鱼栖息地变动

厄尔尼诺（El Niño）和拉尼娜（La Niña）事件是太平洋表温异常变动的主导因素，其具有年际变动周期（Sheinbaum，2003）。秘鲁外海的海洋环境受到大尺度气候的显著控制，因此，厄尔尼诺和拉尼娜事件对该区域鱼类的空间分布产生明显的影响（Swartzman et al.，2008）。前人研究表明，厄尔尼诺事件致使茎柔鱼栖息地适宜性降低，适宜栖息地面积减少，产量降低；而拉尼娜事件使茎柔鱼适宜栖息地面积增加、产量提高（Yu et al.，2016）。此外由于各年厄尔尼诺和拉尼娜事件强度不同，对鱼类栖息地的影响也有所不同，前人发现柔鱼、鲐等在不同气候条件下，栖息地适宜性变化存在差异（余为等，2018；郭爱等，2018）。以往对于茎柔鱼栖息地在不同强度厄尔尼诺和拉尼娜事件下的变动研究甚少，且研究时间序列较短。因此，本研究分析长时间尺度下，不同强度厄尔尼诺和拉尼娜事件期间秘鲁外海茎柔鱼渔场环境的变化，以及不同强度事件期间茎柔鱼栖息地适宜性和纬度重心的变化，为茎柔鱼资源的开发利用提供重要渔场信息。

（一）材料与方法

1. 材料

环境数据包括海表温度（SST）和海面高度（SSH），数据时间范围为 1950—2015 年 1—12 月，时间分辨率为月。数据覆盖秘鲁外海茎柔鱼渔场海域，其空间分布范围为 75°W—95°W，8°S—20°S，数据空间分辨率均由 0.1°×0.1° 通过插值转化为 0.5°×0.5°。环境数据均来源于夏威夷大学网站（http://apdrc. soest. hawaili. edu/data/data. php）。厄尔尼诺和拉尼娜事件利用海洋尼诺指数（Ocean Niño Index，ONI）来表征，尼诺指数依据 Niño 3.4 区（120°W—170°W，5°S—5°N）海表温距平值（SSTA）来获取，其数据来自美国 NOAA 气候预报中心（https://www. cpc. ncep. noaa. gov/products/analysis_monitoring/ensostuff/ensoyears. shtml）。

2. 厄尔尼诺和拉尼娜事件强度划分

依据 NOAA 对厄尔尼诺和拉尼娜事件的定义，Niño 3.4 区 SSTA 连续 5 个月滑动平均值超过 +0.5 ℃，则认为发生一次厄尔尼诺事件；若连续 5 个月低于 −0.5 ℃，则认为发生一次拉尼娜事件。依据尼诺指数的大小，将厄尔尼诺的强度划分为：$0.5 \leqslant ONI \leqslant 0.9$，为弱厄尔尼诺事件；$1.0 \leqslant ONI \leqslant 1.4$，为中强度厄尔尼诺事件；$1.5 \leqslant ONI \leqslant 1.9$，为强厄尔尼诺事件；$ONI \geqslant 2.0$，为超强厄尔尼诺事件，本研究将强厄尔尼诺事件和超强厄尔尼诺事件合并归为强厄尔尼诺事件。将拉尼娜事件的强度划分为：$−0.9 \leqslant ONI \leqslant −0.5$，为弱拉尼娜事件；$−1.4 \leqslant ONI \leqslant −1.0$，为中强度拉尼娜事件；$−1.9 \leqslant ONI \leqslant −1.5$，为强拉尼娜事件；$ONI \leqslant −2.0$，为超强拉尼娜事件。当 ONI 处于以上各临界值区间内连续超过 3 个月，则认为发生该类强度的异常气候（http://ggweather. com/enso/oni. htm）。依据上述定义，本研究将 1950—2015 年发生的厄尔尼诺和拉尼娜事件按照强度进行归类（表 5 - 2）。

表 5 - 2　1950—2015 年厄尔尼诺和拉尼娜事件强度划分

异常气候事件	强　度	年　份
厄尔尼诺事件	弱强度	1953，1969，1976，1977，2004，2006
	中强度	1951，1963，1986，1994，2002，2009
	高强度	1957，1965，1972，1982，1987，1991，1997，2015
拉尼娜事件	弱强度	1954，1964，1971，1983，2000
	中强度	1955，1970，1995，2011
	高强度	1973，1975，1988，1998，1999，2007，2010

3. 分析不同强度气候条件下适宜的环境变化

依据定义的不同强度的厄尔尼诺和拉尼娜事件，分别计算弱强度、中强度和高强度的厄尔尼诺及拉尼娜事件下的 SSTA 和 SSHA 空间平均值，绘制不同强度下的空间分布图，分析其空间分布特征。依据 Yu 等（2016）建立的适应性指数（SI）模型，推算茎柔鱼渔场海域 9—12 月适宜的海表温度（SI_{SST}）和适宜的海表高度距平（SI_{SSHA}），分析 SSTA、SSHA、SI_{SST} 和 SI_{SSHA} 在 3 种强度的厄尔尼诺和拉尼娜事件下的变动规律。

4. 建立栖息地指数模型

利用算术平均法（AMM）计算综合栖息地适宜性指数（HSI），将 $HSI \geqslant 0.6$ 定义为适宜的栖息地（Yu et al.，2019）。依据 9—12 月茎柔鱼渔场海域 HSI 数据，计算 3 种强度厄尔尼诺和拉尼娜事件 HSI 的空间平均值，绘制空间分布图并分析不同强度气候条件下栖息地适宜性的空间变化。此外，通过对厄尔尼诺和拉尼娜事件的强度划分，计算不同强度对应年份 HSI 的平均值，并分析其变动规律。

5. 分析不同强度气候条件下纬度重心变化

依据强度划分结果，计算茎柔鱼渔场 HSI 的纬度重心，分析厄尔尼诺和拉尼娜事件在不同强度期间纬度重心的变化。其中，HSI 纬度重心计算方法为（Yu et al.，2019）：

$$LAGT_{HSI} = \frac{\sum (Latitude_{i,m} \times HSI_{i,m})}{\sum HSI_{i,m}} \tag{5-5}$$

式 5 - 5 中，$LAGT_{HSI}$ 为 HSI 的纬度重心；$Latitude_{i,m}$ 为 i 渔区 m 月份的纬度值。

（二）研究结果

1. 不同强度气候条件下 SSTA、SSHA 的空间变化

由图 5 - 17 可以看出，秘鲁外海茎柔鱼渔场 SSTA 的空间变化与不同强度的厄尔尼诺和拉尼娜事件之间有显著的相关性。弱厄尔尼诺事件及中强度厄尔尼诺事件期间，SSTA 较低，表明茎柔鱼渔场的海表水温偏低，相比较之下，强厄尔尼诺事件下茎柔鱼渔场的海表水温偏高；中强度拉尼娜及强拉尼娜事件期间，茎柔鱼渔场的海表水温明显比弱拉尼娜事件的海表水温偏低。秘鲁外海茎柔鱼渔场 SSHA 在不同强度气候条件下的空间变化与 SSTA 大致相同（图 5 - 18）。强厄尔尼诺事件期间海面高度偏高，弱厄尔尼诺事件及中强度厄尔尼诺事件期间海面高度偏低；弱拉尼娜事件期间海面高度偏高，中强度拉尼娜及强拉尼娜事件期间海面高度偏低。

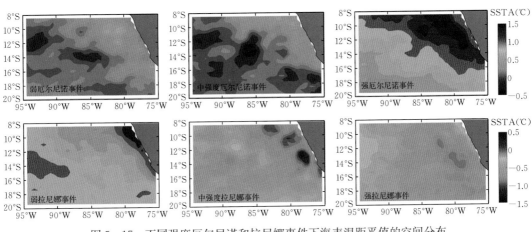

图 5 - 17　不同强度厄尔尼诺和拉尼娜事件下海表温距平值的空间分布

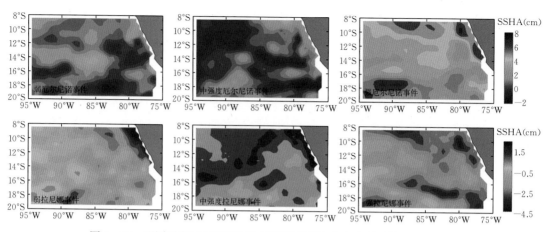

图 5-18 不同强度厄尔尼诺和拉尼娜事件下海表高度距平值的空间分布

2. 不同强度气候条件下 SSTA、SSHA 的适宜性变化

秦鲁外海茎柔鱼渔场 SSTA 及 SSHA 在不同强度气候条件下有显著的变化（图 5-19）。弱厄尔尼诺事件及中强度厄尔尼诺事件期间，秦鲁外海茎柔鱼渔场 SSTA 和 SSHA 较低；强厄尔尼诺事件期间，茎柔鱼渔场 SSTA 和 SSHA 较高；弱拉尼娜事件期间茎柔鱼渔场 SSTA 较高，中强度拉尼娜及强拉尼娜事件期间茎柔鱼渔场 SSTA 较低，茎柔鱼渔场 SSHA 在 3 种强度的拉尼娜事件期间均偏低。

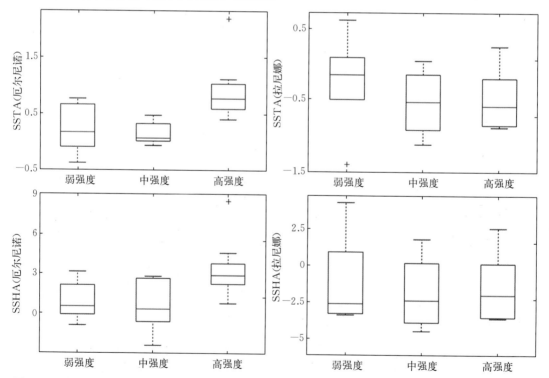

图 5-19 海表温度距平值（SSTA）和海表高度距平值（SSHA）在不同强度厄尔尼诺和拉尼娜事件期间的变化

注："＋"为异常值。

弱厄尔尼诺事件及中强度厄尔尼诺事件期间，秘鲁外海茎柔鱼渔场适宜的 SST 及 SSHA 明显高于强厄尔尼诺事件。在 3 种不同强度的拉尼娜事件期间，茎柔鱼渔场适宜的 SST 及 SSHA 均较高，平均值均在 0.6 左右，表明茎柔鱼渔场 SST 及 SSHA 较为适宜（图 5 - 20）。

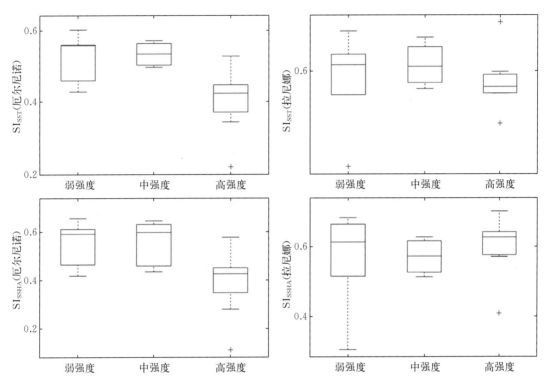

图 5 - 20　适宜的海表温度（SST）和适宜的海表高度距平值（SSHA）在不同强度厄尔尼诺和拉尼娜事件期间的变化

注："＋"为异常值。

3. 不同强度气候条件下茎柔鱼栖息地的适宜性变化

从图 5 - 21 可以看出，秘鲁外海茎柔鱼栖息地适宜性在不同强度的气候条件下差异较为显著。厄尔尼诺事件的强度越弱，茎柔鱼栖息地的适宜性越高，较为适宜的栖息地面积越多；拉尼娜事件的强度越强，茎柔鱼栖息地的适宜性越高，较为适宜的栖息地面积越多。此外，拉尼娜事件期间，茎柔鱼栖息地的适宜性明显比厄尔尼诺事件下的适宜性高。其中，强厄尔尼诺事件与强拉尼娜事件呈现鲜明对比。强厄尔尼诺事件期间，茎柔鱼渔场 HSI 均低于 0.6；强拉尼娜事件期间，茎柔鱼渔场 HSI 均高于 0.6，表明强拉尼娜事件期

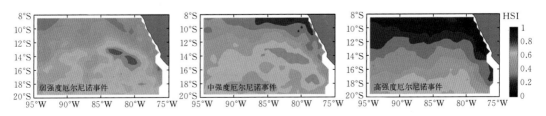

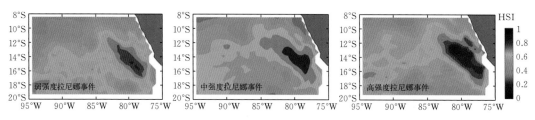

图 5-21　不同强度厄尔尼诺和拉尼娜事件期间栖息地适宜性指数（HSI）的空间分布

间茎柔鱼的栖息地较为适宜。

根据不同强度气候条件的年份得到 HSI 的平均值（图 5-22），可以看出在弱厄尔尼诺事件及中强度厄尔尼诺事件期间茎柔鱼栖息地的适宜性明显高于强厄尔尼诺事件；在 3 种强度的拉尼娜事件期间，茎柔鱼栖息地的适宜性均较为适宜。此外，在厄尔尼诺事件期间，随着强度的增加，茎柔鱼渔场 HSI 的纬度重心逐渐向南偏移；然而在拉尼娜事件期间，随着强度的增加，茎柔鱼渔场 HSI 的纬度重心逐渐向北偏移。整体来看，拉尼娜事件期间茎柔鱼渔场 HSI 的纬度重心明显比厄尔尼诺事件偏北（图 5-23）。

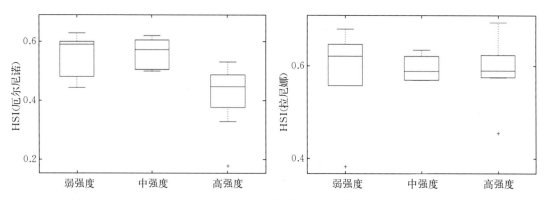

图 5-22　栖息地适宜性指数（HSI）在不同强度厄尔尼诺和拉尼娜事件期间的变化

注："+"为异常值。

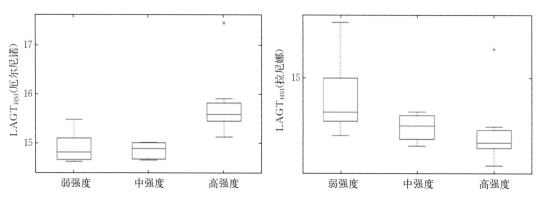

图 5-23　渔场重心在不同强度厄尔尼诺和拉尼娜事件期间的纬向变化

注："+"为异常值。

（三）讨论与分析

厄尔尼诺和拉尼娜事件对太平洋渔业有深远的影响（Bell et al.，2013），大尺度的气候变化对鱼类生存的海洋环境有显著影响，进而使柔鱼种群做出迅速反应，迁移到适宜的栖息地（Rodhouse，2013）。厄尔尼诺事件发生时，太平洋东部和中部海洋表面异常偏暖；拉尼娜事件发生时，太平洋东部和中部海洋表面异常偏冷（Sheinbaum，2003）。对于茎柔鱼，Robinson 等（2013）认为1999年拉尼娜事件期间形成了水温偏冷的适宜栖息地，此外，由于海表温度偏冷、叶绿素 a 浓度较高和较强的上升流等因素增加了茎柔鱼的产量。Robinson 等（2016）认为2009—2010年厄尔尼诺事件期间，茎柔鱼捕捞量保持低水平与异常的冬春季风和较低浓度的叶绿素 a 有关。Yu 等（2016）利用 SST、SSHA 和叶绿素 a（Chl a）3个关键环境因子构建栖息地指数模型，研究了东南太平洋茎柔鱼栖息地在不同气候条件下的变动，表明厄尔尼诺事件期间海域环境不适宜茎柔鱼生长，适宜栖息地面积减小，产量降低；而拉尼娜事件期间茎柔鱼适宜栖息地面积扩张，产量提高。前人仅对厄尔尼诺和拉尼娜事件期间茎柔鱼栖息地的变动进行了研究，然而不同年份的厄尔尼诺和拉尼娜事件强度不同，因此我们需要考虑不同强度异常事件情况下栖息地的变动。本研究分析较长时间序列的不同强度异常事件对茎柔鱼栖息地的影响，从而补充茎柔鱼群体响应气候变化的相关研究。

本研究基于 Yu 等（2016），利用 SST 和 SSHA 两个关键环境因子，构建了栖息地指数模型。SST 对茎柔鱼渔场形成有较为显著的影响（徐冰等，2012），SSHA 也作为影响栖息地的重要因素之一，通过 Yu 等（2016）的预测和验证，证明模型是可靠准确的。但茎柔鱼栖息地的环境变化较为复杂，今后的研究中我们应加入其他环境因子，使模型预测更加精确。Yu 等（2016）通过对2006—2012年厄尔尼诺和拉尼娜事件的分析，对比分析了两种异常气候条件下栖息地的变动规律。本研究依据1950—2015年长时间序列的数据，将厄尔尼诺和拉尼娜事件分别划分为弱强度、中等强度和高强度。研究发现，在强厄尔尼诺事件期间，栖息地海表水温偏暖，海面高度偏高，适宜栖息地面积较少；中强度拉尼娜和强拉尼娜事件期间，栖息地海表水温偏冷，海面高度偏低，适宜栖息地面积较大。Yu 等（2019）研究认为2015年强厄尔尼诺事件期间，环境条件不利于茎柔鱼的生存；2011年拉尼娜事件期间，各环境因子的适宜面积均有所增大，进而使适宜栖息地面积增加。这与本研究结果一致。Waluda 等（2006）认为，在拉尼娜事件强度较高的年份，上升流势力强劲，茎柔鱼的资源丰度和渔获量更高。本研究发现，强拉尼娜事件期间，适宜的栖息地面积最大。

目前，已有相关研究分析不同强度厄尔尼诺和拉尼娜事件对海洋鱼类栖息地的影响，如余为等（2018）研究发现西北太平洋柔鱼各月适宜温度范围受厄尔尼诺和拉尼娜事件调控，其面积随气候事件的强弱发生变化。郭爱等（2018）研究认为中国近海鲐栖息地适宜性与厄尔尼诺和拉尼娜事件显著相关，且随着异常气候事件强度的不同而发生变化。本研究表明，不同强度厄尔尼诺和拉尼娜事件会对秘鲁外海茎柔鱼渔场的海表温度和海面高度产生不同的影响，进而使得茎柔鱼渔场适宜的 SST 和 SSHA 面积发生变化，导致不同强度气候条件下茎柔鱼适宜的栖息地面积不同。本研究推测茎柔鱼栖息地响应气候变化的过程可能为：相对于弱厄尔尼诺和中强度厄尔尼诺事件，强厄尔尼诺事件期间茎柔鱼渔场水温偏高，海面高度偏高，适宜的 SST 和 SSHA 面积缩小，进而使茎柔鱼适宜栖息地面积减少；相较于弱拉尼娜事件，中强度拉尼娜和强拉尼娜事件期间茎柔鱼渔场水温偏低，海面高度偏低。不同强度拉尼娜事件下适宜的 SST 和 SSHA 均偏高，但强拉尼娜事件期间茎柔鱼适宜栖息地面积明显高于弱拉尼娜和中强度拉尼娜事件。此外，随着强度的增加，厄尔尼诺事件期间茎柔鱼栖息地的纬度重心逐渐偏南，拉尼娜事件期间茎柔鱼栖息地纬度重心逐渐偏北。本研究充分表明，秘鲁外海茎柔鱼栖息地适宜性在不同强度异常气候事件期间发生显著变化。因此，本研究结果能为大洋性头足类渔业资源响应大尺度气候变化研究提供补充和借鉴，并为茎柔鱼资源的可持续管理提供科学依据。

第四节　秘鲁外海茎柔鱼栖息地适宜性年代际变动

作为短生命周期种类，茎柔鱼资源量变动对局部海域环境条件以及全球气候变化极为敏感，其资源和渔场随之发生波动。太平洋年代际涛动（PDO）是一种以 10 年周期尺度变化的太平洋气候变化现象。在 PDO 暖期（"暖位相"）时，北太平洋西北部和中部海域异常变冷，而东太平洋海域和北美洲沿岸海域异常变暖；而在 PDO 冷期（"冷位相"），北太平洋西北部和中部海域异常变暖，而东太平洋海域和北美洲沿岸海域异常变冷（Miller et al.，2004）。前人研究表明，PDO 对西北太平洋柔鱼（余为等，2017）和太平洋褶柔鱼（*Todarodes pacificus*）（武胜男等，2018）等头足类的渔场环境产生显著影响。本研究分析在太平洋年代际涛动位于冷暖位相两种气候条件下，对比秘鲁外海茎柔鱼渔场 SSTA 与 SSHA 的时空变化特征以及两种气候条件下茎柔鱼栖息地质量的变化，并探索茎柔鱼适宜栖息地对 PDO 的响应过程，整体把握大尺度气候变化对茎柔鱼栖息地的影响，从而丰富秘鲁外海茎柔鱼渔场环境动态的认识，为茎柔鱼资源的可持续开发和管理提供科学依据。

（一）材料与方法

1. 材料

环境数据包括海表面温度（SST）和海表面高度（SSH），时间为 1950—2015 年 1—12 月，共计 792 个月，数据覆盖了秘鲁海区茎柔鱼渔场海域，其空间分布范围为 75°W—95°W，8°S—20°S，数据空间分辨率均转化为 0.5°×0.5°。环境数据均来源于夏威夷大学网站（http://apdrc.soest.hawaii.edu/data/data.php）。太平洋年代际涛动（PDO）指数来源于美国华盛顿大学大气与海洋研究联合研究所（JISAO）网站（http://research.jisao.washington.edu/pdo/PDO.latest）。

2. 分析方法

计算海表温度距平值（SSTA）和海表面高度距平值（SSHA），并对 1950—2015 年 PDO 指数、秘鲁外海茎柔鱼渔场海域 SSTA 和 SSHA 进行逐年平均，分析其年际变化。根据 PDO 指数的年际变化，确定 PDO 冷暖位相的具体时间范围。

利用交相关函数分析 PDO 指数与 SSTA 和 SSHA 的相关性，分别绘制 PDO 在冷暖位相时茎柔鱼渔场内的 SSTA 和 SSHA 空间分布图，对比分析茎柔鱼渔场范围内 SSTA 和 SSHA 在不同 PDO 位相时的空间分布特征。

依据 Yu 等（2016）建立的适应性指数（SI）模型，利用算术平均法（AMM）计算综合栖息地适宜性指数，其计算公式如下：

$$HSI=\frac{1}{2}\left(SI_{SST}+SI_{SSHA}\right) \tag{5-6}$$

式 5-6 中，SI_{SST} 和 SI_{SSHA} 为各环境因子的适宜性指数。综合栖息地适宜性指数值范围在 0~1，认定 $HSI\geqslant0.6$ 的海域为茎柔鱼适宜的栖息地（Tian et al.，2009）。依据 SI 模型计算茎柔鱼各月适宜 SST 和适宜 SSHA 范围，并分别对其逐年平均，对比 PDO 位于冷暖位时茎柔鱼对各环境因子适宜范围的变动规律。此外，对 1950—2015 年各年 HSI 进行逐年平均，分析其年际变化，绘制 PDO 位于不同位相时茎柔鱼 HSI 空间分布图，利用交相关函数分析 HSI 与 PDO 指数、SSTA 和 SSHA 的相关性，最终推理秘鲁外海茎柔鱼栖息地质量对 PDO 年代际变化的响应过程。

（二）研究结果

1. SSTA 和 SSHA 变化及与 PDO 指数交相关分析

由图 5-24 可以看出，1950—2015 年 PDO 经历两个冷位相和一个暖位相，其中 1950—1976 年和 1999—2015 年 PDO 位于冷位相，1977—1998 年 PDO 位于暖位相。1950—1976 年和 1999—2015 年 PDO 指数平均值分别为 −0.63 和 −0.15，而 1977—1998 年 PDO 指数平均值为 0.60。秘鲁外海茎柔鱼渔场 SSTA 的变化范围为 −1.32~−1.35 ℃，其中 1950—1976 年和 1999—2015 年 PDO 位于冷位相时，SSTA 平均值分别为 −0.25 ℃ 和 −0.08 ℃，明显低于 1977—1998 年 PDO 暖位相，其对应的 SSTA 平均值为 0.36 ℃。SSHA 波动范围为 −4.43~5.85 cm，其中 1950—1976 年和 1999—2015 年平均 SSHA 分别为 −1.59 cm 和 −0.58 cm，明显低于 1977—1998 年平均 SSHA 值 2.39 cm。

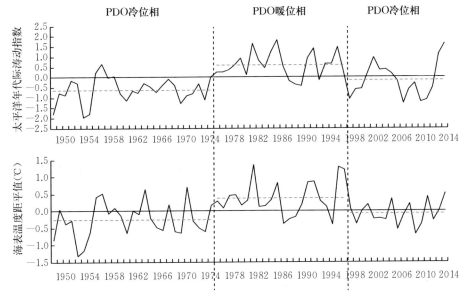

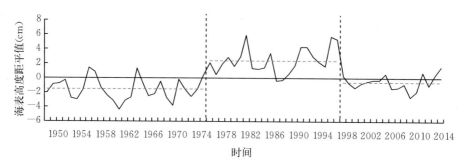

图 5-24 1950—2015 年 PDO 指数以及东南太平洋海域秘鲁茎柔鱼
渔场 SSTA 和 SSHA 的年际变化

1950—2015 年茎柔鱼渔场 SSTA 和 SSHA 的变化趋势与 PDO 指数的变动基本保持一致（图 5-24）。交相关分析表明，秘鲁外海茎柔鱼渔场 SSTA 与 PDO 指数呈显著正相关，在 -1 月（提前 1 个月）时相关性最大，相关系数值为 0.496 2（$P<0.05$）；此外，渔场 SSHA 与 PDO 指数呈显著正相关，在 -1 月（提前 1 个月）时相关性最大，相关系数为 0.588 6（$P<0.05$）（图 5-25）。

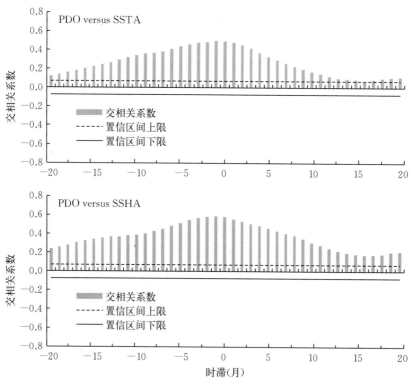

图 5-25 PDO 指数与 SSTA、SSHA 的交相关系数（正负数分别代表滞后和提前）

2. PDO 冷暖位相内的 SSTA 和 SSHA 空间分布差异

1950—1976 年 PDO 位于冷位相时，绝大多数海域内的 SSTA 均为负值，仅在 75°W—77°W，17°S—20°S 海域内出现少数正值，空间上 SSTA 由南向北呈现递减的趋势；1977—1998 年 PDO 位于暖位相时，秘鲁外海茎柔鱼渔场内的 SSTA 全部为正值，东北海域的 SSTA 值相较其他海域比较集中并且偏高，西南部分海域的 SSTA 值也较高；1999—2015 年 PDO 位于冷位相时，在空间上 SSTA 呈由南向北递增的趋势，大部分海域 SSTA 为负值，北部部分海域为正值（图 5-26）。

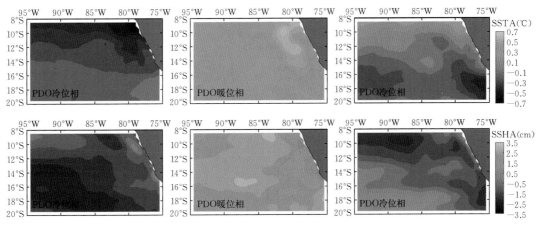

图 5-26　1950—2015 年 PDO 位于冷暖位相时 SSTA、SSHA 的空间分布

1950—1976 年 PDO 位于冷位相时，SSHA 大多为负值，在 75°W—77°W，13°S—15°S 海域内出现少数正值；1977—1998 年 PDO 位于暖位相时，渔场内 SSHA 全部为正，85°W—88°W，14°S—16°S 海域以及 82°W—85°W，9°S—10°S 海域内，SSHA 值偏高；1999—2015 年 PDO 位于冷位相时，在空间上 SSHA 呈西南高东北低的趋势，大部分海域 SSHA 为负值，仅有西南部分海域的 SSHA 为正。由此可以看出，PDO 位于冷位相时，茎柔鱼渔场内水温变冷，海面高度下降；相反，PDO 位于暖位相时，茎柔鱼渔场水温增暖，而海面高度上升。

3. 秘鲁外海茎柔鱼渔场在 PDO 冷暖位相内栖息地变化

由图 5-27 可知，茎柔鱼适宜的 SST 平均值在 21.3%～47.8% 波动。1950—1976 年和 1999—2015 年 PDO 位于冷位相时，适宜的 SSTA 平均值分别为 38.3% 和 36.8%，明显高于 1977—1998 年 PDO 位于暖位相内适宜的 SSTA 平均值 35.0%。此外，茎柔鱼适宜的 SSHA 变化范围为 9.3%～42.3%。1950—1976 年和 1999—2015 年 PDO 位于冷位相时，适宜的 SSHA 平均值分别为 36.1% 和 36.0%，明显高于 1977—1998 年 PDO 位于暖位相内适宜的 SSTA 平均值 26.4%。

从图 5-28 可看出，1950—2015 年 HSI 的变化趋势与 PDO 指数呈相反趋势，HSI 值变化范围为 0.25～0.58。1950—1976 年和 1999—2015 年 PDO 位于冷位相时，HSI 平均值分别为 0.52 和 0.51，明显高于 1977—1998 年 PDO 暖期的 HSI 平均值 0.44。从 HSI 的空间分布可以看出，在 1950—1976 年和 1999—2015 年 PDO 冷位相时，较为适宜的栖息地面积（HSI>0.6）明显大于 1977—1998 年 PDO 暖位相，并且较为适宜的栖息地集中分布于 75°W—85°W，12°S—16°S 海域。

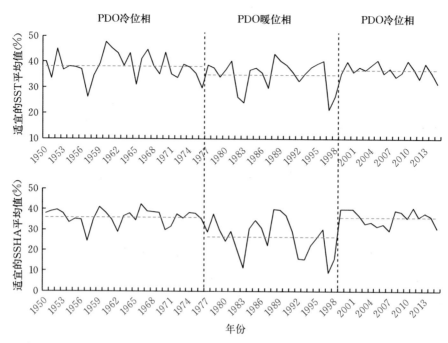

图 5-27 1950—2015 年 PDO 暖期和冷期适宜的 SST 和适宜的 SSHA 的年际变化

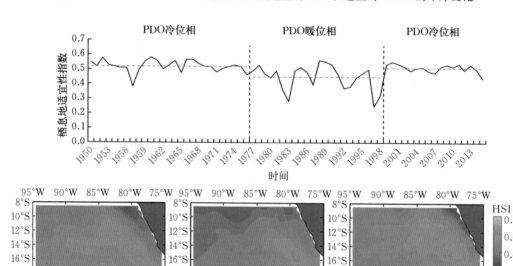

图 5-28 1950—2015 年 PDO 暖期和冷期 HSI 的年际变化和空间分布

进一步分析 1950—2015 年各月 HSI 与 PDO 指数、SSTA 和 SSHA 交相关性（图 5-29）。结果显示，HSI 和 PDO 指数呈显著负相关关系，且在提前 2 个月时产生最大负影响，对应交相关系数为−0.290 5（$P<0.05$）；HSI 和 SSTA 呈显著负相关关系，且在滞后 1 个月时产生最大负影响，对应交相关系数为−0.377 3（$P<0.05$）；同样 HSI 和 SSHA 呈显著负相关关系，并在 0 月产生最大负影响，对应交相关系数为−0.440 5（$P<0.05$）。

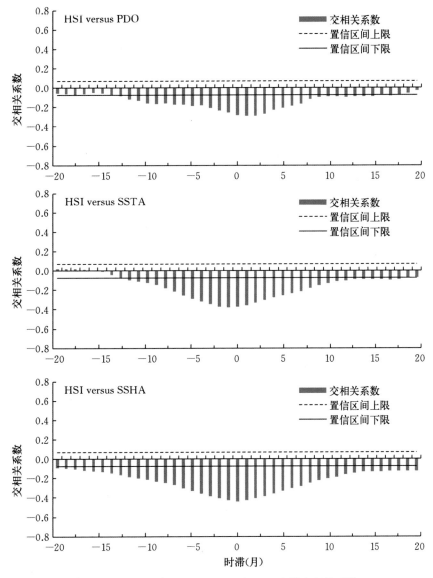

图 5 - 29　HSI 与 PDO、SSTA 和 SSHA 的交相关系数

注：正负数分别代表滞后和提前。

（三）讨论与分析

太平洋年代际涛动是一种年代际时间尺度上的气候变率强信号，是叠加在长期气候趋势变化下的扰动，可直接造成太平洋及其周边地区的年代际变化（何鹏程等，2011）。不同尺度气候变化之间也存在着交互作用，例如 PDO 位于暖位相时，厄尔尼诺事件发生频率高且强度较强；PDO 位于冷位相时，拉尼娜事件发生频率高且强度较强（吕俊梅等，2005）。从本研究结果来看，根据 PDO 指数、SSTA 和 SSHA 的时间序列可以观察到，

PDO 指数以及环境因子的波动除了年代际的变化，在年际时间尺度上也存在着显著的波动。例如，1997 年适宜的 SST 和适宜的 SSHA 平均值为 1950—2015 年的最低值；1997 年 HSI 也达到最低水平，栖息地质量下降，适宜栖息地面积减少。已有研究表明（余为等，2017），1997—1998 年厄尔尼诺现象的发生，使得茎柔鱼资源量下降，从而导致秘鲁外海茎柔鱼产量剧减。由此可知，若在 PDO 冷位相时期发生厄尔尼诺现象，两种气候效应的叠加，可能会使茎柔鱼资源下降程度变大。

PDO 冷暖位相的交替能够影响海洋鱼类种群。Zwolinski 等（2014）研究认为太平洋沙丁鱼种群的补充量与 PDO 直接相关，PDO 位于暖位相时沙丁鱼种群增加，位于冷位相时减少。张衡等（2011）对 1952—2001 年太平洋长鳍金枪鱼延绳钓生产数据和 PDO 进行交相关分析，结果表明长鳍金枪鱼 CPUE 同太平洋年际振荡指数具有相关性。Phillips 等（2014）根据 1961—2008 年北太平洋长鳍金枪鱼幼鱼的空间分布与海表温度以及 PDO 指数和多元 ENSO 指数的关联，得出 PDO 指数对长鳍金枪鱼资源有负影响。PDO 变化对太平洋地区海洋生态系统以及渔业的影响，对于短生命周期的头足类研究甚少（Mantua et al.，2002）。余为等（2017）研究认为，PDO 暖期时产生了有利于柔鱼生长和繁殖的气候条件，导致资源量上升；相反，PDO 冷期则产生了不利于柔鱼的环境条件导致资源丰度下降，从而产量锐减。武胜男等（2018）研究发现，PDO 变化在一定程度上影响太平洋褶柔鱼秋生群资源量和产卵场环境；PDO 位于正位相年份，太平洋褶柔鱼秋生群产卵场 SST 明显低于 PDO 负位相年份。由于我国鱿钓渔业发展历程短，缺乏长时间的捕捞数据，目前对于柔鱼科的研究都仅限于短时间序列内，并局限于探讨 PDO 的年际变化。本研究根据 1950—2015 年 PDO 指数变化，将 PDO 分为三个时期，即 1950—1976 年冷位相、1977—1998 年暖位相和 1999—2015 年冷位相，该 PDO 时期的划分与前人的研究基本相同（Miller et al.，2004；吕俊梅等，2005；Mosek et al.，2000），并且探讨了不同位相时期内秘鲁外海茎柔鱼渔场环境变化。研究认为，PDO 指数与 SSTA 和 SSHA 呈显著正相关关系，说明 PDO 位于冷位相时，SSTA 和 SSHA 偏低，PDO 位于暖位相时则相反。

许多研究显示，SST 对茎柔鱼渔场的分布影响显著，是影响茎柔鱼生命史及空间分布的关键因子（陈新军等，2006；胡振明等，2009）。SST 作为最基本的输入变量，通常被用于 HSI 建模（胡振明等，2010；Yu et al.，2016）。在 Yu 等（2016）研究中指出，SSHA 是栖息地形成的重要因素之一，将 SSHA 考虑在栖息地模型建立中能够更加准确地鉴定和探索最适宜栖息地。研究发现，利用 AMM 建立的综合栖息地适应性指数模型，高 HSI 值与大量捕捞努力量和高渔获量之间存在很强的一致性（Yu et al.，2016），能够为气候变化下的栖息地适宜性提供强有力的依据。另外，Yu 等（2016）已利用实际生产数据对栖息地指数模型进行了验证，故本研究未对模型进行重复验证。

依据 Yu 等（2016）建立的 SI 模型，确定适宜的 SST 和适宜的 SSHA，其年际变化与 PDO 指数的波动有一定的相关性，并且 PDO 位于冷位相时，适宜的 SST 和 SSHA 平均值上升；PDO 位于暖位相时，适宜的 SST 和 SSHA 平均值降低。通过 AMM 建立综合栖息地适宜性指数模型，分析发现 PDO 位于冷位相时，栖息地的质量上升，适宜的栖息地面积较大；PDO 位于暖位相时，栖息地的质量下降，适宜的栖息地面积较小。由于茎柔鱼易受到气候以及海洋环境的影响，本研究利用长达 66 年的环境数据，通过在 PDO 年代际尺度气候变化背景下，分析 SSTA 和 SSHA 等环境因子的变化，同时构建 HSI 模型，分析适宜栖息地的面积分布。结果显示，环境因子的变动与 PDO 大尺度气候变化有显著的相关性，并且栖息地的质量以及适宜范围很好地响应了 PDO 的变化。结合上述分析，我们推理出秘鲁外海茎柔鱼栖息地适宜性对 PDO 的可能响应过程为：PDO 位于冷位相时，东太平洋偏冷，茎柔鱼渔场水温变冷，海面高度下降，适宜的温度和海面高度范围增加，进而栖息地质量上升，适宜的栖息地面积较大；PDO 位于暖位相时，东太平洋偏暖，茎柔鱼渔场水温变暖，海面高度上升，适宜的温度和海面高度范围减少，进而栖息地质量下降，适宜的栖息地面积较小。

本研究仅选用了 SST 和 SSHA 两个环境因子构建 HSI 模型，HSI 模型不可避免地会有一定的偏差，我们需要考虑每个环境因子的作用，在下一步的研究中可以考虑加入叶绿素、海表面盐度等因子。此外，由于我国秘鲁外海茎柔鱼渔场的生产数据没有达到长时间尺度的条件，所以缺少了与环境数据的对比，今后应该通过国际合作收集更多的渔业数据，能够更好地对海洋环境以及气候对于渔场的影响进行大尺度的分析。

第五节　不同 PDO 气候模态下秘鲁外海茎柔鱼栖息地的季节性分布

茎柔鱼资源丰度具有显著的年间差异，这可能与东太平洋多尺度的气候变化相关（Heppell et al.，2013）。ENSO 现象具有年际变动，特别是在厄尔尼诺和拉尼娜事件发生时，茎柔鱼渔场环境发生显著变化，进而使得茎柔鱼产量变动（Waluda et al.，2006；温健等，2020）。太平洋年代际涛动（PDO）相较 ENSO 现象变化频率较低，是太平洋长期气候变化信号（Miller et al.，2004）。以海表温度（SST）异常定义不同 PDO 时期：PDO 冷期时，北太平洋西北部和中部海域异常变暖，而东太平洋海域和北美洲沿岸海域异常变冷；PDO 暖期时与 PDO 冷期相反（Miller et al.，2004；Wu，2013）。不同气候模态下海洋环境差异显著，气候模态的转变对头足类资源丰度变化具有重要影响，以往研究表明，长枪乌贼（*Loligo bleekeri*）（Tian et al.，2013）和西北太平洋柔鱼（余为等，2017）等头足类资源分布与气候模态转变相关。目前对于 PDO 现象影响茎柔鱼渔场环境的研究甚少，本研究基于长时间序列数据，探讨不同 PDO 时期下秘鲁外海茎柔鱼渔场环境的季节性变化，并通过分析关键环境因子的月间变化，探索茎柔鱼渔场季节性变化的可能原因。

（一）材料与方法

1. 材料

环境数据包括海表温度（SST）和海表面高度（SSH），数据时间范围为 1950—2015 年 1—12 月，时间分辨率为月。数据的空间分布范围为 75°W—95°W，8°S—20°S，空间分辨率均通过插值转化为 0.5°×0.5°。环境数据均来源于夏威夷大学网站（http://apdrc. soest. hawaili. edu/data/data. php）。太平洋年代际涛动（PDO）指数来源于美国华盛顿大学大气与海洋研究联合研究所（JISAO）网站（http:// research. jisao. washington. edu/pdo/PDO. latest）。

2. 分析方法

计算海表面高度距平值（SSHA），依据 Yu 等（2016）建立的适宜性指数（SI）模型，计算茎柔鱼渔场海域适宜的海表温度（SI_{SST}）和适宜的海表面高度距平值（SI_{SSHA}）。利用算术平均法（AMM）计算综合栖息地适宜性指数（HSI），其计算公式如下：

$$HSI=\frac{1}{2}(SI_{SST}+SI_{SSHA}) \tag{5-7}$$

式 5-7 中，SI_{SST} 和 SI_{SSHA} 分别为 SST 和 SSHA 的适宜性指数。定义 $HSI\geqslant0.6$ 的海域为茎柔鱼适宜的栖息地（Chen et al.，2010；Chang et al.，2013）。将茎柔鱼渔场 HSI 值按照季节分别平均，绘制春季和冬季茎柔鱼栖息地气候态分布图，分析其空间分布特征。

1950—2015 年 PDO 经历冷、暖、冷 3 个时期，其中 1950—1976 年为 PDO 冷期，1977—1998 年为 PDO 暖期，1999—2015 年为 PDO 冷期（Wu，2013）。分别对 3 个时期茎柔鱼渔场 HSI 值进行平均并计算与冬、春季栖息地气候态值的差值，分析不同气候模态下，春季和冬季茎柔鱼渔场 HSI 的空间分布规律及与气候态差异的变化情况。

定义各环境因子的适宜性指数 $SI\geqslant0.6$ 为茎柔鱼渔场适宜的环境条件（Yu et al.，2019），绘制不同气候模态下适宜的 SST 和 SSHA 的空间分布，分析两种适宜环境条件及重叠海域的分布范围。基于 1950—2015 年冬、春季栖息地的 HSI 值，计算栖息地适宜性指数距平值（HSIA），将各年的 HSIA 值与 PDO 指数按照季节进行平均，对比分析其变化趋势。

计算不同气候模态下，春季和冬季茎柔鱼渔场适宜的栖息地（$HSI\geqslant0.6$）在经度和纬度的出现频次，分析不同气候模态及不同季节栖息地在空间上的变动。分别计算春季和冬季各月（即 6—11 月）不同气候模态下，茎柔鱼渔场 $SI_{SST}\geqslant0.6$ 及最适宜的 SST 在经度和纬度上的分布情况，对比分析各月及不同气候模态下适宜环境条件的变化。分别绘制不同气候模态下茎柔鱼渔场 6—11 月各月最适宜 SST 等值线空间分布图，分析最适宜 SST 的分布特征。

(二) 研究结果

1. 春季和冬季气候态栖息地分布

对比发现，春季适宜的栖息地面积显著大于冬季，且春季适宜栖息地的分布范围较广，在 77°W—94°W 范围内均有分布，纬度相对偏南分布，整体呈现由北向南栖息地适宜性逐渐增强的趋势。冬季适宜栖息地面积相对较小，集中分布在 77°W—88°W，13°S—20°S，栖息地适宜性整体呈现偏向东南增强的趋势（图 5-30）。

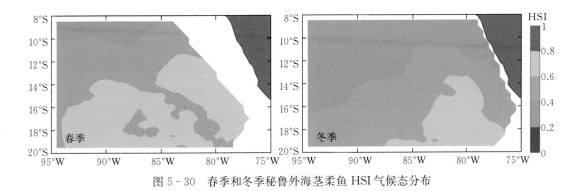

图 5-30　春季和冬季秘鲁外海茎柔鱼 HSI 气候态分布

2. 不同气候模态下春季和冬季栖息地分布差异分析

1950—2015 年经历 3 个 PDO 时期，不同时期下春季和冬季茎柔鱼渔场存在显著差异（图 5-31）。1950—1976 年和 1999—2015 年 PDO 冷期下，春季和冬季茎柔鱼渔场的适宜

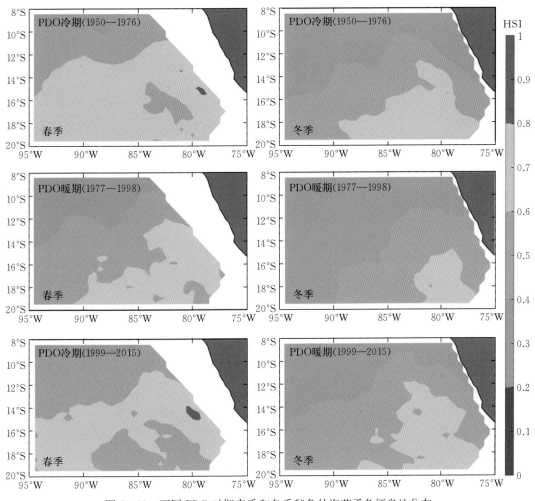

图 5-31　不同 PDO 时期春季和冬季秘鲁外海茎柔鱼栖息地分布

栖息地面积均显著大于 1977—1998 年 PDO 暖期。可以看出在 PDO 冷期下，春季茎柔鱼渔场 HSI 值出现少许 $HSI \geqslant 0.8$ 的海域，且春季和冬季栖息地整体适宜性增加。结合不同时期 HSI 值与气候态值的差异图（图 5-32）发现，PDO 冷期下春季和冬季渔场 HSI 值相较气候态值偏高；PDO 暖期下 HSI 值相较气候态值偏低。进一步表明 PDO 冷期春季和冬季茎柔鱼渔场的栖息地适宜性升高，而 PDO 暖期栖息地适宜性降低。

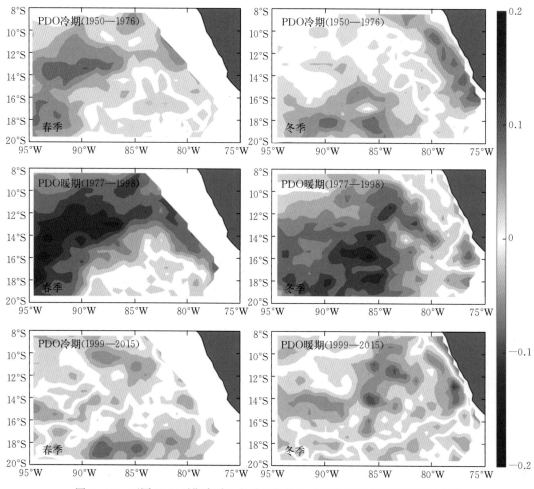

图 5-32　不同 PDO 时期春季和冬季秘鲁外海茎柔鱼 HSI 与气候态值的差异

　　茎柔鱼渔场两个关键环境因子的适宜环境条件空间分布如图 5-33 所示，对比发现茎柔鱼渔场春季适宜的 SST 和 SSHA 分布范围均比冬季广泛。PDO 冷期下春季和冬季茎柔鱼渔场适宜的 SST 和 SSHA 分布相较 PDO 暖期更广泛，且重叠区域也相对更多。PDO 冷期下，春季茎柔鱼栖息地适宜的 SST 和 SSHA 的重叠区域主要分布于 77°W—85°W，12°S—18°S 和 85°W—95°W，12°S—16°S 两个海域。PDO 暖期下，重叠区域仅分布于 77°W—83°W，12°S—16°S 的海域。冬季茎柔鱼栖息地适宜的 SST 和 SSHA 的重叠区域少，PDO 冷期仅分布于 79°W—81°W，13°S—15°S 的海域，PDO 暖期没有重叠区域。与图 5-31 对比发现，重叠区域与适宜栖息地的分布位置大部分重合，表明栖息地与 SST

和 SSHA 的空间分布显著相关。1950—2015 年茎柔鱼渔场 HSIA 和 PDO 指数的年际变化趋势呈现负相关关系（图 5 - 34），表明 PDO 冷期时茎柔鱼渔场栖息地较为适宜，PDO 暖期时茎柔鱼渔场栖息地较为不利。

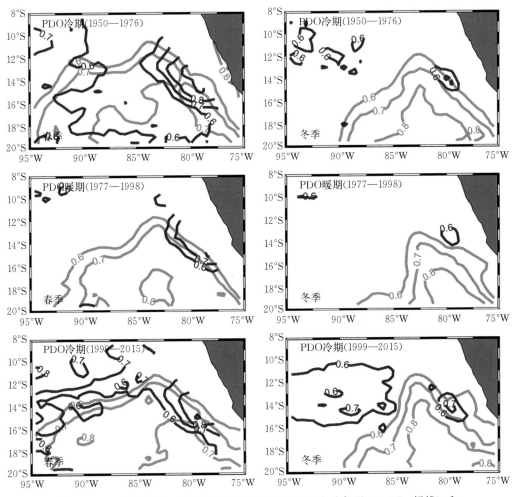

图 5 - 33　不同 PDO 时期春季和冬季秘鲁外海茎柔鱼渔场基于 SST（绿线）和
SSHA（红线）的适宜 SI（$SI \geqslant 0.6$）空间分布

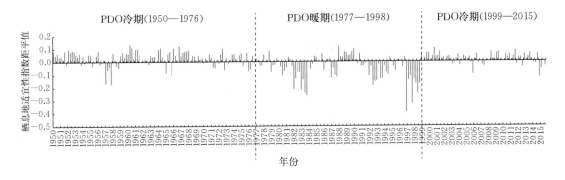

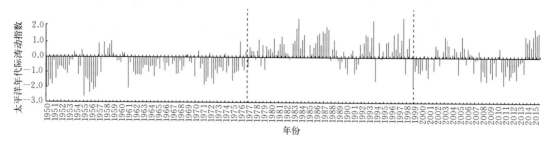

图 5-34　1950—2015 年 PDO 指数以及秘鲁茎柔鱼渔场 HSIA 的年际变化

3. 不同气候模态下春季和冬季栖息地空间位置分析及其成因

图 5-35 为不同 PDO 时期春季和冬季茎柔鱼适宜栖息地在经度和纬度的空间分布。PDO 冷期下，春季茎柔鱼适宜栖息地在经度上的分布较为平均，纬度上 1950—1976 年相比 1999—2015 年更为平均；冬季适宜栖息地在经度和纬度上分布明显少于春季，且分别向东和南移动。PDO 暖期下，春季适宜栖息地相较 PDO 冷期在经度上分布相对偏少，且明显向东移动，在纬度上分布也偏少，具有向南移动的趋势；冬季适宜栖息地在经度和纬度上分布较少，明显向东和向南移动。

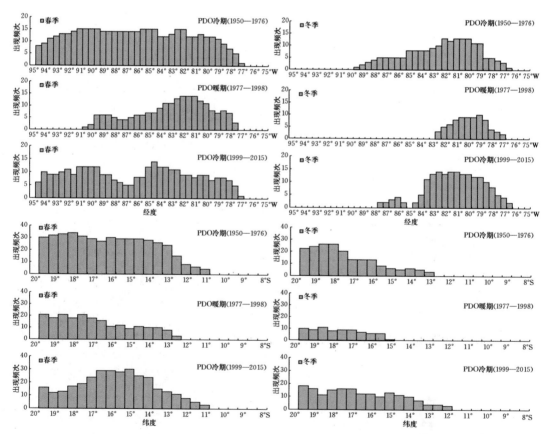

图 5-35　不同 PDO 时期春季和冬季秘鲁外海茎柔鱼适宜栖息地（$HSI \geqslant 0.6$）
在经度和纬度上的分布频次

　　分析 6—11 月各月适宜的 SST 在经度和纬度的分布情况（图 5 - 36），春季（9—11 月）适宜 SST 分布较为平均，仅有 10 月分布在经度上偏东、在纬度上偏南。冬季（6—8 月）适宜的 SST 分布在经度上明显向东移动，在纬度上明显向南移动。相较于 PDO 冷期，PDO 暖期下春季（9—11 月）和冬季（6—8 月）均在经度上向东移动，在纬度上向南移动。

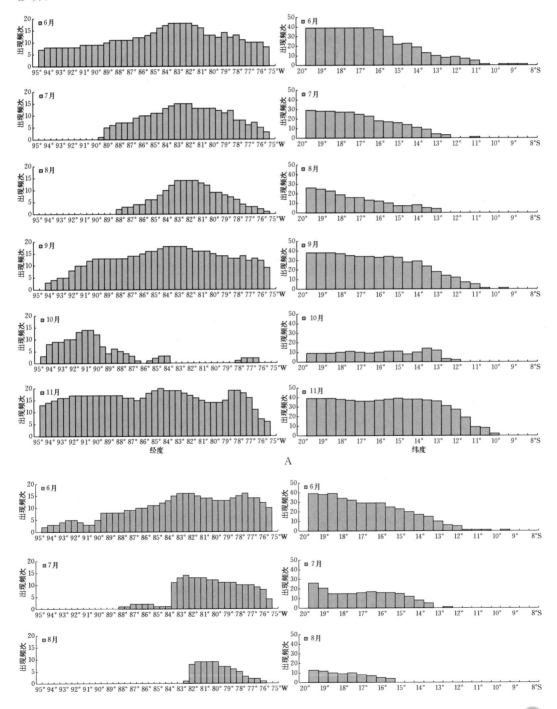

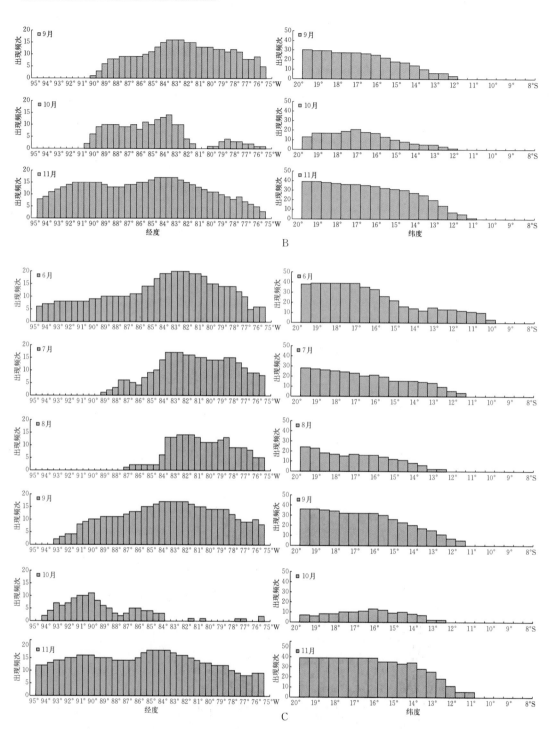

图 5-36 不同 PDO 时期春季和冬季秘鲁外海茎柔鱼适宜的 SST 在经度和纬度上的分布频次
A. PDO 冷期（1950—1976） B. PDO 暖期（1977—1998） C. PDO 冷期（1999—2015）

分析 6—11 各月最适宜的 SST 在经度和纬度的分布情况（图 5-37），明显看出春季（9—11 月）最适宜的 SST 的分布较冬季（6—8 月）更广泛，且冬季在经度上偏东、在纬度上偏南。相较于 PDO 冷期，PDO 暖期最适宜的 SST 分布较少，在 7—9 月最显著。春季（9—11 月）最适宜 SST 等值线分布逐月向西北方向移动，冬季（6—8 月）最适宜的 SST 等值线分布逐月向东南方向移动。相较于 PDO 冷期，PDO 暖期 6—11 月各月最适宜的 SST 等值线均明显向东南方向移动（图 5 - 38）。

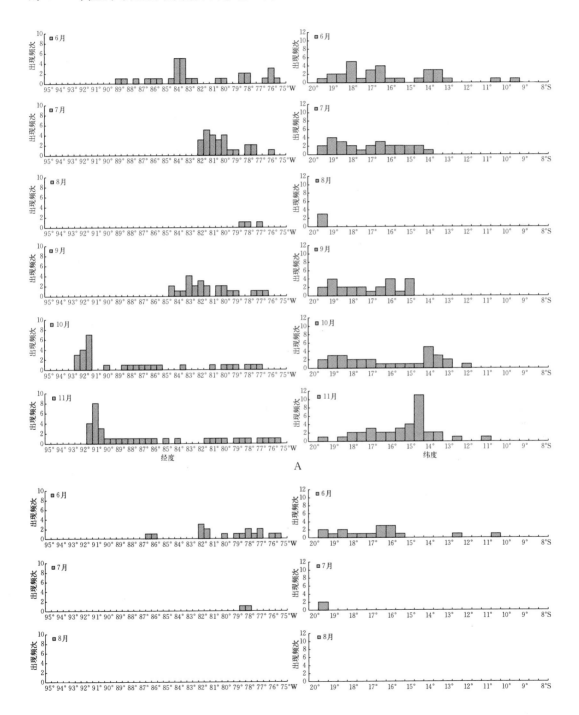

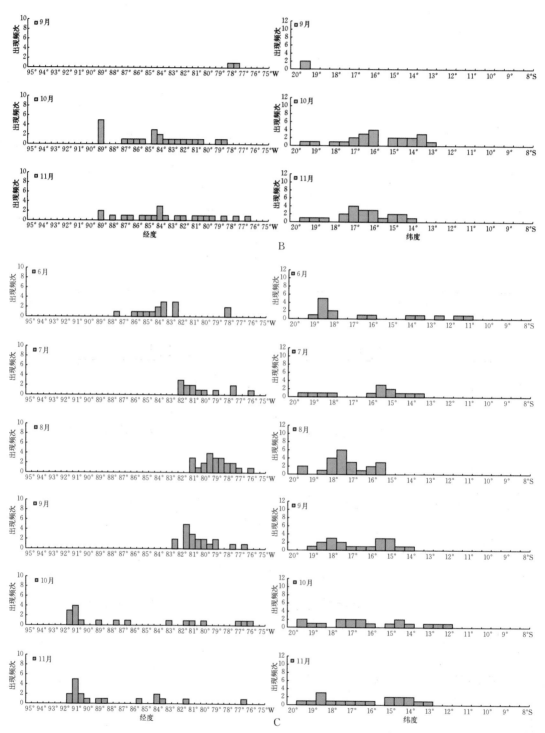

图 5-37　不同 PDO 时期春季和冬季秘鲁外海茎柔鱼最适宜的 SST 在经度和纬度上的分布频次

A. PDO 冷期（1950—1976）　B. PDO 暖期（1977—1998）　C. PDO 冷期（1999—2015）

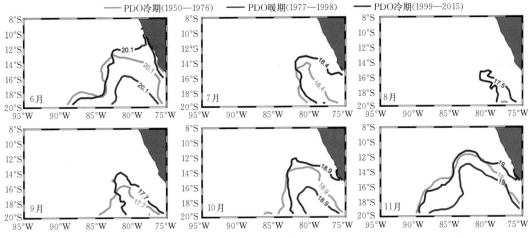

图 5-38 不同 PDO 时期春季和冬季秘鲁外海茎柔鱼最适宜的 SST 等值线分布

(三) 讨论与分析

栖息地适宜性指数(HSI)模型能够评估大洋性鱼类栖息地质量,近年来在渔业科学中被广泛应用(Hua et al.,2020)。本研究依据 Yu 等(2016)建立的 SI 模型,选取 SST 和 SSHA 两个关键环境因子作为 HSI 模型的输入参数,SST 通常作为研究茎柔鱼栖息地变动最基本的环境因子,其对茎柔鱼资源分布具有显著影响(胡振明等,2009)。海表面高度也作为影响茎柔鱼栖息地关键要素之一,涡流活动促进水团垂直混合,可能改变海洋表面营养盐浓度及初级生产力水平,进而影响茎柔鱼的资源丰度(余为等,2017)。本研究基于算术平均法构建 HSI 模型,主要由于其较为平均地反映各环境因子的影响程度,且近年来在较多鱼类适宜栖息地预测中得到成功应用,预测结果较为准确(Yen et al.,2017;Li et al.,2014)。本研究利用 HSI 模型分析秘鲁外海茎柔鱼渔场春季和冬季适宜栖息地的空间分布,研究发现春季适宜的栖息地面积显著高于冬季且分布范围较广。Yu 等(2019)利用 2006—2015 年 SST、SSHA 和净初级生产力(NPP)构建 HSI 模型,研究发现茎柔鱼栖息地适宜性具有显著季节性变化,春秋季期间适宜栖息地面积增加,而冬季适宜栖息地面积减少,这与本研究结果一致。

茎柔鱼对栖息地环境条件变化较敏感(Paulino et al.,2016)。已有较多研究表明,厄尔尼诺和拉尼娜事件的交替变化对茎柔鱼的资源分布有显著影响(Waluda et al.,2006;Robinson et al.,2013)。Yu 等(2016)分析不同气候条件下环境变化对茎柔鱼栖息地适宜性的影响,研究发现厄尔尼诺事件期间上升流势力减弱,渔场水温变暖,适宜的环境范围缩小,致使适宜栖息地面积减小;拉尼娜事件期间上升流势力增强,渔场水温变冷,适宜的环境范围增加,适宜栖息地面积增加。PDO 冷期与 PDO 暖期太平洋环境条件具有显著差异,北太平洋西北部和中部海域在 PDO 冷期异常变暖,PDO 暖期异常变冷(Wu,2013)。Yu 等(2016)结合 1995—2011 年西北太平洋柔鱼的生产数据,分析 PDO 对其栖息地环境的影响,研究发现 PDO 与柔鱼渔场 SST、SSH 及 CPUE 的纬度重心之间具有显著相关性，PDO暖期下柔鱼渔场水温变冷，海表面高度降低，CPUE纬度重心向南移动；PDO冷期下柔鱼渔场水温变暖，海表面高度升高，CPUE纬度重心向北移动。东太平洋在不同PDO时期下环境变化也显著，PDO冷期下东太平洋海域和北美洲沿岸海域异常变冷；PDO暖期下东太平洋海域和北美洲沿岸海域异常变暖（Wu，2013）。目前PDO对茎柔鱼渔场环境影响的研究甚少，Litz等（2011）研究表明，北加利福尼亚洋流海域的茎柔鱼季节性分布与PDO现象相关，茎柔鱼分布密度与SST和PDO趋势相同。本研究发现，PDO冷期茎柔鱼渔场适宜的环境范围增加，栖息地适宜性升高；而PDO暖期适宜的环境范围减少，栖息地适宜性降低，适宜栖息地的分布偏东南方向。

此外，研究发现茎柔鱼渔场春季和冬季栖息地适宜性有显著差异，推测原因可能为茎柔鱼渔场适宜的环境范围缩减，冬季茎柔鱼渔场适宜的SSHA范围明显较春季减少，且适宜的SST和SSHA的重叠范围明显减少。春季茎柔鱼适宜栖息地在经度上分布相较冬季更为平均，冬季适宜栖息地明显向东移动，在纬度上明显向南移动。适宜的栖息地空间分布主要受环境条件变化的调控，以往的研究发现，太平洋头足类栖息地季节性空间分布差异与适宜的环境分布位置有较强的相关性，环境条件的月间差异也促使栖息地适宜性差异显著（Yu et al.，2019；2020）。唐建华等（2015）研究发现柔鱼渔场重心与月间SST差异有显著关系，且具有明显的季节性变化。本研究分析6—11月适宜的SST的空间分布发现，春季（9—11月）适宜SST分布相对较为平均，而冬季（6—8月）适宜SST分布逐渐向东南方向移动。通过进一步分析最适宜的SST空间分布发现，春季（9—11月）最适宜的SST分布逐渐向西北方向移动，而冬季（6—8月）最适宜的SST分布逐渐向东南方向移动。推测春季和冬季茎柔鱼适宜栖息地的空间分布差异可能是由于适宜的SST的月间分布差异所致。本研究表明，不同气候模态（PDO冷期和暖期）下秘鲁外海茎柔鱼栖息地适宜性发生显著的季节性变化。

第六节 海水增温条件下秘鲁外海茎柔鱼栖息地的时空变动

温室气体排放产生的热量会被海洋表层海水吸收而导致海表面温度逐渐上升，目前海洋表层所吸收的能量已增加14×20^{22} J，这直接导致全球海洋表面温度（SST）的上升（Levitus et al.，2009；Gille，2002）。海洋温度上升导致海冰融化、海平面上升、海水溶解氧降低和区域气候异常频率的增加，继而对海洋生物、海洋生态环境造成显著的影响（Kim et al.，2009；Brierley et al.，2009）。同时，海水温度上升会使大型藻类和生物分布发生巨大变化，一些海藻的分布区域将进一步改变，有些甚至会灭绝（Wernberg et al.，2011）。因此，探索重要海洋经济生物在海水温度上升的情况下其栖息地的变化是一项重要的科学研究内容。

随着全球海洋温度的上升，秘鲁海域的水温同样会发生改变。秘鲁海域茎柔鱼渔场位于秘鲁海流和副热带环流混合区（孙珊等，2008），茎柔鱼是温度敏感型种类，海水温度的变化势必会对其栖息地带来影响。以往的研究主要以厄尔尼诺和拉尼娜事件为背景，研究茎柔鱼资源变动情况，而海表温稳定升高对茎柔鱼栖息地的变动影响并未深入研究。因此，本研究目的是评估在全球气候变暖的背景下，秘鲁外海茎柔鱼栖息地变动的情况。本研究构建了基于海表温度的栖息地模型，利用该模型预测了 9 月、10 月、11 月和 12 月每个月份海表温度上升 0.5 ℃、1.0 ℃、2.0 ℃ 和 4.0 ℃时秘鲁区域茎柔鱼的适宜栖息地面积及时空变化情况，与目前茎柔鱼栖息地分布做对比分析，由此来评估全球海洋变暖对茎柔鱼栖息地的影响。

（一）材料与方法

1. 材料

渔业数据来源于上海海洋大学中国远洋渔业数据中心，数据信息包括作业位置与时间、产量及捕捞努力量等信息，时间跨度为 2011—2015 年，空间范围为秘鲁外海海域茎柔鱼主要作业渔场，渔业数据的空间分辨率为 $0.25°×0.25°$。

环境数据为海表面温度（SST）。该数据来源于美国国家海洋和大气管理局（NOAA）（网址为：ftp://ftp.cdc.noaa.gov/Datasets/noaa.oisst.v2.highres/）。数据空间分辨率为 $0.25°×0.25°$。经纬度主要为 75°W—95°W，8°S—20°S 海域。SST 数据经预处理后与渔业数据进行匹配分析。

2. 分析方法

栖息地适宜性指数（HSI）模型能够用来预测鱼类栖息地，且可以评估气候和海洋环境变化对鱼类栖息地的影响（Cheung et al.，2015）。通常情况下，栖息地适宜性指数模型由单个或多个环境因子拟合并构建，由于本研究主要评估秘鲁海域海表温度上升对茎柔鱼栖息地的影响，且茎柔鱼是温度敏感性种类，海表温度是影响茎柔鱼的最为关键的环境因子，当海表温度发生改变时，茎柔鱼资源丰度和空间分布会发生显著改变，因此栖息地适宜性指数模型主要考虑海表温度一个因子。9—12 月栖息地适宜性指数计算方法如表 5 - 3 所示（Yu et al.，2016）。

表 5 - 3　秘鲁外海茎柔鱼 9—12 月栖息地适宜性指数模型（Yu et al.，2016）

月　份	方　　程
9	$HSI_{SST} = \exp[-0.221\,8\,(X_{SST}-17.691\,7)^2]$
10	$HSI_{SST} = \exp[-1.764\,2\,(X_{SST}-18.870\,1)^2]$
11	$HSI_{SST} = \exp[-0.342\,5\,(X_{SST}-18.991\,6)^2]$
12	$HSI_{SST} = \exp[-0.450\,9\,(X_{SST}-20.203\,5)^2]$

注：HSI_{SST} 为 9—12 月海表温度对应的栖息地适宜性指数；X_{SST} 为 9—12 月的海表温度。

栖息地适宜性指数值范围在 0~1，定义 $HSI≤0.2$、$0.2<HSI<0.6$、$HSI≥0.6$ 以及 $HSI≥0.8$ 的海域分别为茎柔鱼的不利栖息地、普通栖息地、适宜栖息地以及最优栖息地（Chang et al.，2013）。

建立 9—12 月栖息地适宜性指数模型，评估海洋变暖对秘鲁外海茎柔鱼栖息地适宜性的影响。基于联合国政府间气候变化专门委员会气候预测模式（Levitus et al.，2009；Gille，2002；Kim et al.，2009；Brierley et al.，2009），本研究在不同海表面温度情况下，即 SST、SST+0.5 ℃、SST+1.0 ℃、SST+2.0 ℃ 以及 SST+4.0 ℃，茎柔鱼不利栖息地、适宜栖息地和最优栖息地面积（占据整个渔场的比例）及其分布变化。利用栖息地的经度和纬度重心变化表征栖息地分布变化，计算公式分别为（Li et al.，2014）：

$$LONG_{HSI} = \frac{\sum (Longitude_{i,s} \times HSI_{i,s})}{\sum HSI_{i,s}} \qquad (5-8)$$

$$LATG_{HSI} = \frac{\sum (Latitude_{i,s} \times HSI_{i,s})}{\sum HSI_{i,s}} \qquad (5-9)$$

式 5-8、式 5-9 中，$LONG_{HSI}$ 为栖息地适宜性指数经度重心；$LATG_{HSI}$ 为栖息地适宜性指数纬度重心；$Longitude_{i,s}$ 为第 s 月 i 渔区的经度；$Latitude_{i,s}$ 为第 s 月 i 渔区的纬度；$HSI_{i,s}$ 为第 s 月 i 渔区的栖息地适宜性指数。

（二）研究结果

1. 茎柔鱼渔场 SST 及栖息地适宜性指数的变化

从图 5-39 来看，海表温度变化梯度大并呈明显的月间变化。9 月渔场东南部海表温度在 20 ℃以下；12 月受副热带控制，东南部及中部海域海表温度上升至 20 ℃以上。9 月，茎柔鱼适宜的栖息地范围较大；10 月适宜的栖息地范围大幅下降；11 月至 12 月适宜的栖息地范围扩大并恢复至 9 月水平（图 5-40）。

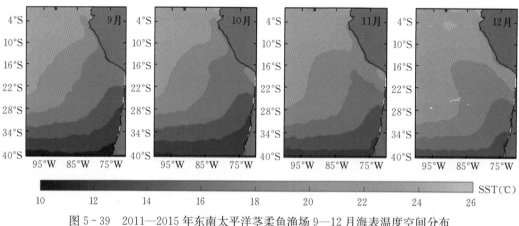

图 5-39　2011—2015 年东南太平洋茎柔鱼渔场 9—12 月海表温度空间分布

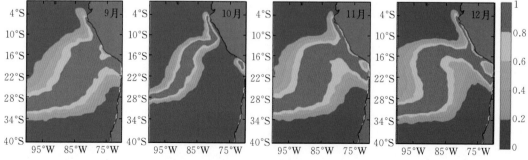

图 5-40　2011—2015 年东南太平洋茎柔鱼渔场 9—12 月栖息地适宜性指数空间分布

2. 海水温度变化时茎柔鱼适宜栖息地范围的变化

比较 2011—2015 年 9—12 月的茎柔鱼栖息地和在海表温度上升 0.5 ℃、1 ℃、2 ℃ 和 4 ℃的情况下茎柔鱼栖息地的月分布情况（图 5 - 41），结果发现秘鲁海域海表温度在上升时会导致茎柔鱼适宜栖息地范围缩小；海表温度上升越高，栖息地的范围缩小越剧烈，同时适宜栖息地位置向南偏移。10 月茎柔鱼适宜栖息地呈先增加后缩减的趋势。

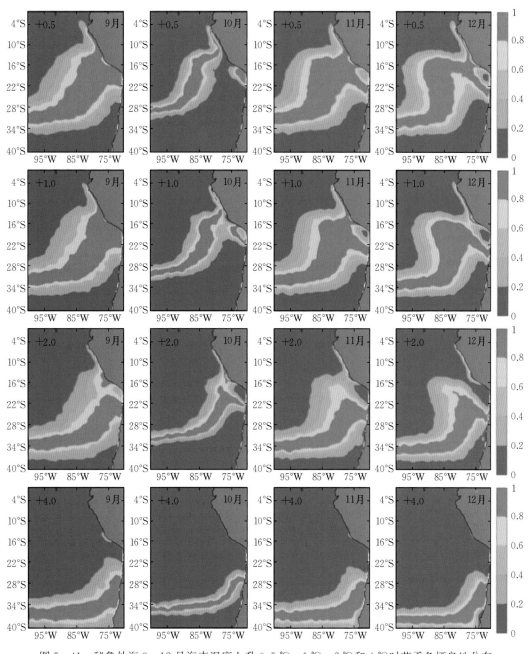

图 5 - 41 秘鲁外海 9—12 月海表温度上升 0.5 ℃、1 ℃、2 ℃ 和 4 ℃时茎柔鱼栖息地分布

通过量化不同栖息地适宜性指数范围在不同海表温度情境下的占比情况，发现随着海表温度上升，栖息地适宜区域的占比逐渐下降（图 5 - 42）。例如，9 月最优栖息地的渔场区域比例随着温度的升高从 22.3% 降至 10.4%，而 $HSI \leqslant 0.2$ 的区域从 42.5% 增长至 64.8%。

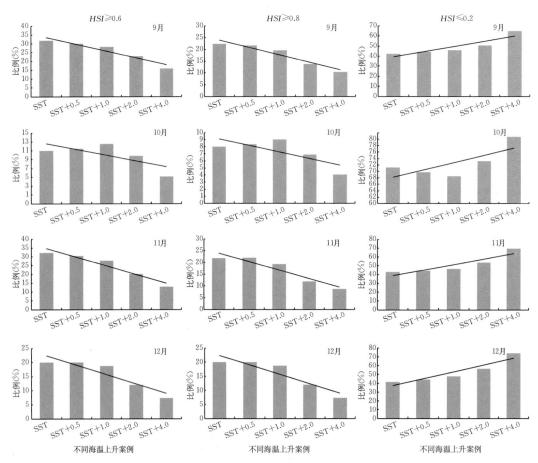

图 5 - 42　海表温度上升不同情境下东南太平洋秘鲁海域茎柔鱼适宜栖息地、
最优栖息地和不利栖息地的面积变化

注：斜线为线性回归模型拟合。

3. SST 上升时茎柔鱼适宜栖息地经纬度重心变化

从图 5 - 43 和图 5 - 44 可以看出，9～12 月栖息地纬度重心开始在 18.4°S—21.0°S，当温度逐渐上升 0.5℃、1℃、2℃和 4℃时，其纬度重心变化范围分别为 19.7°S—22.2°S、20.9°S—23.4°S、23.7°S—26.9°S、32.4°S—34.6°S；9—12 月栖息地经度重心开始在 84°W—86°W，当温度逐渐上升 0.5℃、1℃、2℃和 4℃时，其经度重心变化范围分别为 84.7°W—86.8°W、83.9°W—85.2°W、83.3°W—84.3°W、82.0°W—83.1°W、82.5°W—83.2°W。由此看来，当温度上升 4℃时，纬度重心向南移动最远，经度重心向东移动最远，而 10 月经度重心略微向西偏移。

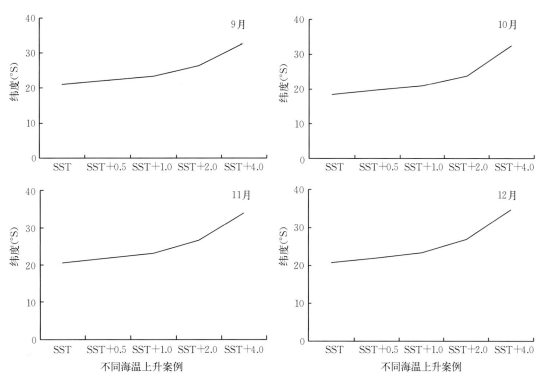

图 5 - 43　海表温度上升 0.5℃、1℃、2℃和 4℃时与 2011—2015 年 9—12 月秘鲁外海
　　　　茎柔鱼栖息地纬度重心变化

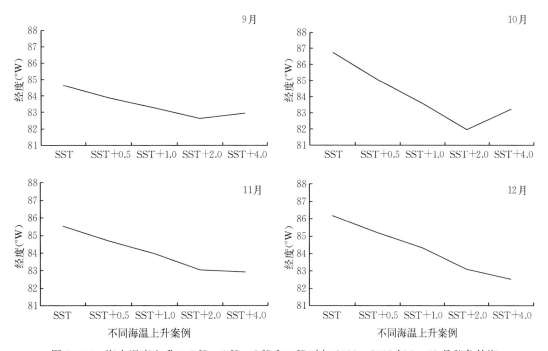

图 5 - 44　海表温度上升 0.5℃、1℃、2℃和 4℃时与 2011—2015 年 9—12 月秘鲁外海
　　　　茎柔鱼栖息地经度重心变化

在不同海表温度变化情境下，对栖息地适宜性指数平均值的空间变化进行分析（图5-45、图5-46），发现当温度从0.5℃上升至4℃时，栖息地适宜性指数均值向东逐渐升高，向南逐渐升高。因此，随着海表温度上升，茎柔鱼栖息地适宜性较高的海域逐渐向东南方向偏移。

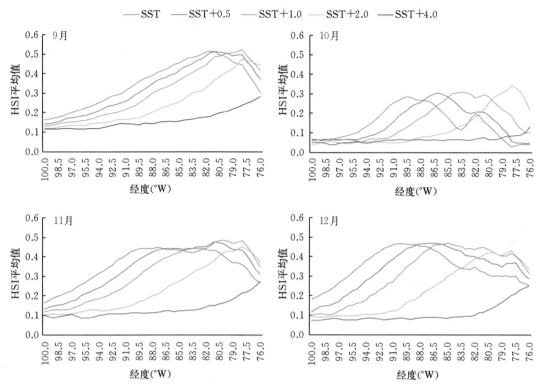

图5-45　海表温度上升0.5℃、1℃、2℃和4℃时与2011—2015年9—12月东南太平洋秘鲁外海茎柔鱼渔场栖息地HSI均值随经度分布变化

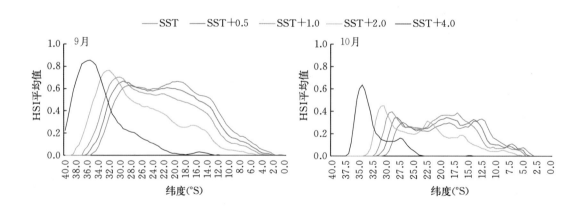

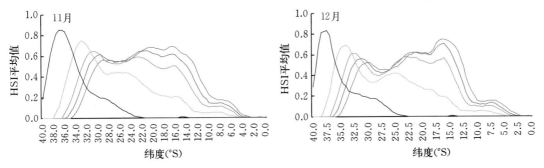

图 5 - 46　海表温度上升 0.5 ℃、1 ℃、2 ℃和 4 ℃时与 2011—2015 年 9—12 月东南太平洋
秘鲁外海茎柔鱼渔场栖息地 HSI 均值随纬度分布变化

（三）讨论与分析

1. 栖息地模型

鱼类栖息地适宜性指数模型常被用来进行大洋性海洋经济生物资源栖息地评估与预测研究，例如，胡振明等（2010）通过不同渔业和环境因子如 SST，SSS，SSH 等，采用不同的栖息地适宜性指数结构模型分析茎柔鱼渔场变化；王家樵等（2006）利用标准化后的 CPUE 的来建立印度洋金枪鱼的栖息地模型；陈新军等（2008）运用传统栖息地适宜性指数建模方法分析了印度洋大眼金枪鱼的栖息地的适宜范围；金岳等（2014）基于栖息地适宜性指数模型预测了秘鲁外海茎柔鱼热点区域，模型中主要考虑 SST 和 SSH 两个环境因子。因此，利用栖息地适宜性指数模型来分析鱼类栖息地变化具有非常高的可靠性。本研究对海表温度升高的不同情境下的茎柔鱼栖息地的分布进行分析，据此对秘鲁外海茎柔鱼的可持续利用提供依据，也为茎柔鱼栖息地与全球气候变暖关系的研究提供了方向和初步的研究结果。

2. 海表温度上升的影响

海洋生物资源变动过程相当复杂，存在多种影响因素。除了人类过度捕捞导致各类渔业资源量下降外，还有一个关键因素就是气候和海洋环境的变化，影响过程可通过改变鱼类生长、摄食、洄游、繁殖等方式对其时空分布和资源丰度产生正面或负面效应（Tu et al.，2015；Worm et al.，2011）。气候变化驱动的鱼类资源丰度和空间位置改变的典型过程是栖息地适宜性发生变化，从而导致鱼类空间分布发生转移，资源丰度降低或升高。研究发现，2003—2012 年秘鲁外海茎柔鱼资源丰度年际变化较大，最高的年份为 2004 年而最低的年份为 2007 年（许骆良等，2015），这与厄尔尼诺和拉尼娜事件有一定关联。全球海洋水温变暖是在未来长期存在的一种类型的气候变化，目前已导致不同大洋性海洋生物资源分布产生变化（Kibler et al.，2015）。例如，在西北太平洋海域，太平洋秋刀鱼（*Cololabis saira*）（Tseng et al.，2011）和柔鱼（Xu et al.，2016）的栖息地将会随着海表温度上升而逐渐向高纬度位置转移。秘鲁海域作为世界上重要的鱼类栖息地之一，由于全球变暖的影响其渔场内海表温度也在逐年上升，茎柔鱼作为温度敏感性头足类，资源丰度和空间分布极度依赖 SST 的分布情况（徐冰等，2012），海表温度的变化势必会带来茎柔鱼种群分布格局的变化，这种变化对未来精准探测茎柔鱼渔场带来一定难度。因此，全球海洋变暖可能是茎柔鱼种群分布将要面临的重要气候因素，未来随着海表水温逐渐上升会不会导致茎柔鱼栖息地减少甚至消失，将是科学家关注的重要科学问题。

研究表明，秘鲁外海茎柔鱼渔场适宜海表温度范围在 18～23 ℃（胡振明等，2008）。Taipe 等（2001）认为秘鲁沿岸茎柔鱼作业渔场适宜的 SST 在 14～30 ℃。茎柔鱼作为短生命周期种类，全球气候变暖或厄尔尼诺现象会使其资源量发生波动（Rodhouse，2001）。徐冰等（2013）通过研究发现茎柔鱼资源量丰度和补充量的 SST 相关性较高，可以用来进行对茎柔鱼资源量的预测。本研究发现在海表温度上升时，秘鲁茎柔鱼栖息地会逐渐向东南方向偏移。这可能是由于当温度升高时，秘鲁外海海域原来的区域温度过高已不适宜茎柔鱼生存、繁殖和摄食，而不利的环境条件会使茎柔鱼种群迅速作出响应并寻找相对更为适宜的海域。因此，为了寻找其适宜的表层温度区域，茎柔鱼便会朝着冷水区域方向移动，即向东南方向移动。此外，当海表温度上升非常剧烈时，会直接影响茎柔鱼栖息地面积大小。因此，温度持续增加会导致满足茎柔鱼适合生存的区域逐渐减小，危害茎柔鱼物种生存。9—12 月为茎柔鱼的主要渔期（陈新军等，2006），当茎柔鱼栖息地面积逐渐缩小时，会导致捕捞区域缩减，降低捕捞效率和产量，甚至会引起不必要的纠纷。气候变化和人类的影响会导致鱼类栖息地发生变化，有的甚至会灭亡。所以，在不破坏物种栖息地的前提下，采取合适的捕捞和监测策略尤为重要（闫永斌等，2019）。

本研究结果表明，秘鲁海域海表温度上升时对茎柔鱼的 9—12 月的栖息地面积和时空分布具有显著影响。其影响主要表现为：适宜栖息地和最优栖息地面积随着海表温度的上升逐渐缩减，而其空间位置逐渐向东南方向转移。海表水温上升是一个持续的气候变化过程，对大洋性经济头足类栖息地影响显著。因此，未来该类渔业管理需要充分评估气候变化特别是海表温度上升带来的影响。

需要指出的是本研究存在以下两点不足之处：①茎柔鱼广泛分布在东太平洋海域，从南智利海域到阿拉斯加，但本研究中茎柔鱼数据只覆盖了秘鲁外海海域。考虑到茎柔鱼的分布广泛性，由于海表温度上升，茎柔鱼的分布存在多种可能性。②传统的经验，栖息地适宜性指数模型应当是基于多环境因子的综合模型，模型应当考量关键环境因子。本研究由于主要考虑水温变化对茎柔鱼栖息地的影响，因此只基于海表温度一个因素对茎柔鱼栖息地变化展开了分析，但影响茎柔鱼栖息地变化的因素还有 SSS、SSH 和叶绿素浓度等（王家樵，2006），模型结果可能存在一定偏差。因此，未来需要精确地分析茎柔鱼栖息地变化应考虑多种环境因子的综合影响。

第六章

气候胁迫下智利外海茎柔鱼和
竹筴鱼栖息地的协同演变

第一节　基于最大熵模型的茎柔鱼和智利
竹筴鱼的关键环境因子分析

茎柔鱼和智利竹筴鱼（*Trachurus murphyi*）作为东太平洋重要经济种，前者广泛分布于加利福尼亚（37°N）至智利南部（47°S）区域，后者则主要集群于 35°S—50°S 的智利至新西兰之间的"竹筴鱼带"及南太平洋的秘鲁、厄瓜多尔等专属经济区（Cubillos et al.，2008；Gerlotto et al.，2013；Morales‐Bojórquez and Pacheco‐Bedoya，2016；Yu et al.，2019）。智利竹筴鱼的资源量以智利海域居多，而该海域也是远洋渔业国家捕捞茎柔鱼的重要场所（方学燕等，2014；Li et al.，2016）。因茎柔鱼资源量更新速度快和其对环境变化的敏感性，其资源丰度和分布以及产量变动往往具有显著的月间和年际差异（Li et al.，2017；Yu and Chen，2018）。智利竹筴鱼作为具有垂直移动生物学特性的生态种，其种群密度及空间分布于不同时间尺度内的变动同样与海洋环境变化具有较高关联度，如徐红云等基于外包络法构建的栖息地指数模型研究发现，不同海表面温度范围下智利竹筴鱼渔场纬度随海表面温度的升高而南移（徐红云等，2016）；Bertrand 等（2014）基于 GAM（Generalized additive model）分析智利竹筴鱼栖息地变动，研究认为其栖息地在 2—9 月随海洋环境的变化于智利海域南北部间洄游。

目前，针对茎柔鱼和智利竹筴鱼资源丰度与渔场分布对环境变化响应的众多研究，研究结果往往依赖于多年渔获数据的积累，且未考虑影响两者栖息地分布的环境变量存在月间差异（Tian et al.，2012；Li et al.，2016）。最大熵模型（Maximum Entropy，MaxEnt）是一种可以从物种实际有限的经纬度分布信息无偏推断其未知分布的物种分布模型，环境变量对模型的增益效果可作为衡量其重要性的指标（Phillips et al.，2008；张嘉容等，2020）。因此，本研究选用 2011—2017 年 3—5 月茎柔鱼和 2013—2017 年 3—5 月智利竹筴鱼的渔业统计数据构建 MaxEnt 模型以模拟各月两物种栖息地的分布变化，进一步筛选和分析各月影响两者潜在分布的关键环境因子，为两者渔场的探测提供科学依据。

（一）材料方法

1. 材料

2011—2017 年 3—5 月茎柔鱼和 2013—2017 年 3—5 月智利竹筴鱼的渔业生产数据均由上海海洋大学中国远洋渔业数据中心提供，数据信息主要包括作业位置（经度和纬度）、作业日期（年、月、日）、捕捞努力量及日捕捞量（单位：t），空间覆盖范围为 70°W—97°W，20°S—47°S（图 6-1）。各物种潜在分布变化均以月和 0.5°×0.5°的时空分辨率进行建模分析。

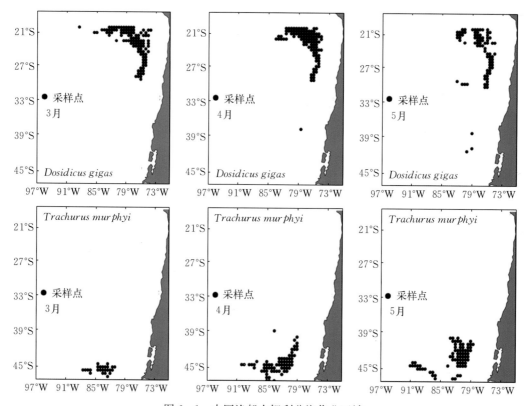

图 6-1　中国渔船在智利公海作业区域

研究表明，茎柔鱼和智利竹筴鱼资源量及渔场分布随 SST、SSH、SSS 等海表面环境变量的变化而具有不同时间尺度的变动差异（晋伟红，2012；汪金涛等，2014；Bertrand et al.，2014；Arkhipkin et al.，2015；Medina et al.，2017）。此外，基于两者垂直移动的生物学特性，本研究选取海表面高度（SSH）、海表面盐度（SSS）、混合层深度（Mixed layer depth，MLD）以及不同水层水温（包括 0_m、25_m、50_m、100_m、150_m、200_m、300_m、400_m、500_m）等 12 个环境因子进行分析。所有数据均来自亚太数据研究中心（http://apdrc.soest.hawaii.edu/las_ofes/v6/dataset?catitem=71），时间分别与茎柔鱼和智利竹筴鱼渔业数据时间相匹配，空间分布范围为 70°W—97°W、20°S—47°S，时间分辨率为月，空间分辨率为 0.5°×0.5°。

2. 分析方法

MaxEnt 模型是基于物种存在数据及其分布区域的背景环境数据，在符合限制条件中选择物种存在概率最大的分布为其最优潜在分布（即熵最大原则），是一种基于"当前存在"预测"未知分布"的机器学习方法（Alabia et al.，2015；陈芃等，2016）。模型运算使用软件 MAXENT3.4.1 (http://biodiversityinformatics. amnh. org/open_source/maxent/)，输入层中的物种分布数据为捕捞当月各渔船每日作业位置的渔获数据（去除渔获为 0 的数据），以物种名、经度、纬度的形式输入，并以 CSV 格式存储。环境图层则是由 ArcGis 10.2 输出的 ASCII 格式的 MLD、SSH、SSS 及不同水层水温（0_m、25_m、50_m、100_m、150_m、200_m、300_m、400_m、500_m）的月均值。在运算过程中物种分布数据的 75% 作为构建模型的训练数据，其余 25% 为模型精度验证的测试数据，重复运算设定为 10 次以消除重复数和随机性。

依据受试者工作特征曲线（Receiver operating characteristic curve，ROC）评价模型精度，该曲线以模型对预测结果阈值的判断为依据，以假阳性率（即物种不存在被错误预测为存在的比率）为横坐标，以真阳性率（即物种存在被正确预测的概率）为纵坐标绘制而成，将曲线下面积（Area under curve，AUC）的大小作为衡量模型精度的指标，AUC 值越接近于 1，表明模型预测精度越高（王运生等，2007）。根据 AUC 大小将其划分为 $0.5 \leqslant AUC < 0.6$、$0.6 \leqslant AUC < 0.7$、$0.7 \leqslant AUC < 0.8$、$0.8 \leqslant AUC < 0.9$、$0.9 \leqslant AUC < 1.0$ 等 5 个等级，预测效果分别表示为失败、较差、一般、好、极好（王雷宏等，2015）。

利用 ArcGis 10.2 对模型输出的每个栅格点上物种分布存在概率的 ASCII 格式数据进行可视化处理，将其分布存在概率定义为栖息地适宜性指数（HSI），范围为 0~1，依据适宜程度将其划分为 0.0~0.2、0.2~0.4、0.4~0.6、0.6~0.8、0.8~1.0 等 5 个等级，并将 $HSI \geqslant 0.6$ 的区域视为物种适宜栖息地，利用 MATLAB 绘制各月物种潜在栖息地分布图（龚彩霞等，2020）。

依据模型输出结果中各环境因子贡献率大小选取各月关键环境因子，其原理为模型运算过程中通过改变某一环境变量的特征系数以增加模型增益，将模型增益的增值赋予该环境因子并视为该环境因子对物种分布的贡献率，同时在模型运算过程结束时以百分比的方式输出（Urbani et al.，2015）。按照从大到小的顺序选取各月环境变量贡献率排名前三的因子为该月关键环境因子。将选取的各月关键环境因子与渔业数据相匹配，分别绘制以关键环境因子为横坐标、捕捞努力量和物种适生概率为纵坐标的捕捞努力量频次分布图及物种对环境因子的响应曲线图，对比分析两种情况下物种适宜环境范围以验证各月关键环境因子选取的合理性。

（二）结果

1. 模型计算结果及评价

茎柔鱼和智利竹笋鱼 3—5 月 MaxEnt 模型模拟精度 AUC 值均大于 0.9，两者潜在分布与其实际作业位置变化趋势基本一致，多数捕捞活动集中在适宜栖息地范围内并表现出明显的月间差异，表明模型模拟两者潜在分布与其实际分布的吻合度较高，即分析结果较为可靠（表6-1、图6-2）。在两者潜在栖息地空间分布变化中，茎柔鱼适宜栖息地集中分布在75°W—82°W，20°S—30°S区域内，适宜面积于5月有明显的增加趋势；智利竹筴鱼适宜栖息地在3—5月逐渐北移且适宜面积增加，最适宜栖息地北移纬度差为2°~4°。

表6-1 茎柔鱼和智利竹筴鱼3—5月MaxEnt模型统计结果

月份	样本量		AUC		标准偏差	
	D. gigas	*T. murphyi*	*D. gigas*	*T. murphyi*	*D. gigas*	*T. murphyi*
3	264	25	0.939	0.989	0.019	0.005
4	246	69	0.940	0.970	0.009	0.014
5	181	75	0.911	0.958	0.022	0.014

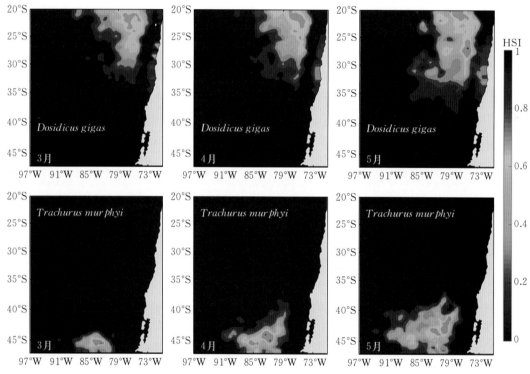

图6-2 东南太平洋智利海域茎柔鱼和智利竹筴鱼3—5月潜在栖息地分布

2. 各月关键环境因子的选取

3—5月茎柔鱼各月关键环境因子相同，均为SSH、SSS和Temp_400 m，关键环境因子累计贡献率依次为81.9%、83.4%和78.6%；3—5月智利竹筴鱼各月关键环境因子存在月间差异，依次为Temp_400 m、Temp_500 m、SST，Temp_400 m、Temp_500 m、MLD，Temp_500 m、SST、Temp_400 m，关键环境因子累计贡献率依次为77.1%、80.8%、84.2%。茎柔鱼和智利竹筴鱼各月关键环境因子的累计贡献率均大于60%，表明依据此方法选取的环境因子对两者渔场的分布具有重要的作用（表6-2）。

表 6 - 2　东南太平洋智利海域 3—5 月茎柔鱼和智利竹筴鱼渔场各环境因子贡献率（％）

环境变量	*Dosidicus gigas*			*Trachurus murphyi*		
	3 月	4 月	5 月	3 月	4 月	5 月
MLD	0.7	8.8	8.2	1.4	10.3	3.1
SSH	42.1	40	42.8	2.3	0.7	0.6
SSS	14.6	22.9	19.7	2.1	0.9	6.4
SST	0.5	1.5	0.7	7.3	8.9	35.6
Temp _ 25 m	3.6	1.3	8.7	6.1	0.8	0.0
Temp _ 50 m	4.8	0.6	1.2	2.1	1.8	0.3
Temp _ 100 m	0.3	0.6	0.6	3.3	2.4	0.1
Temp _ 150 m	0.4	1.9	1	0.1	0.2	0.4
Temp _ 200 m	0.1	0.3	0.5	2.3	1.5	0.5
Temp _ 300 m	0.3	1	0.1	3.3	2.0	4.3
Temp _ 400 m	25.2	20.5	16.1	63.4	46.4	10.2
Temp _ 500 m	0.4	0.5	0.5	6.4	24.1	38.4

3. 各月关键环境因子适宜范围

茎柔鱼和智利竹筴鱼各月适生概率对各关键环境因子响应曲线及其捕捞努力量频次分布图结果表明，茎柔鱼和智利竹筴鱼在模拟条件下各月关键环境变量适宜范围与其实际分布时关键环境变量的适宜范围较为一致，表明各月关键环境因子的选取具有一定的合理性（图 6 - 3、图 6 - 4、表 6 - 3）。

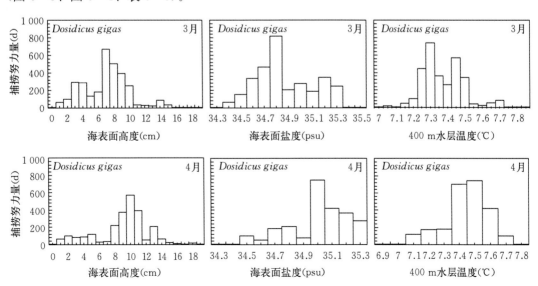

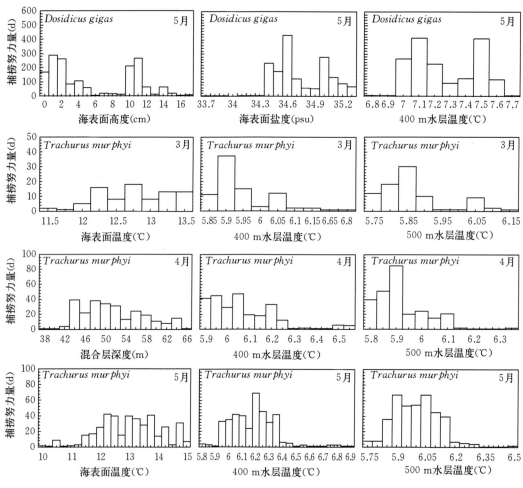

图 6 - 3　2011—2017 年 3—5 月茎柔鱼和 2013—2017 年 3—5 月智利竹筴鱼捕捞
努力量在各月关键环境因子下的频次分布

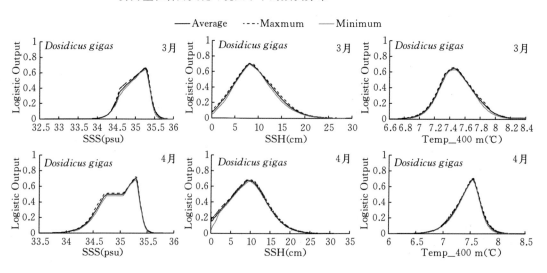

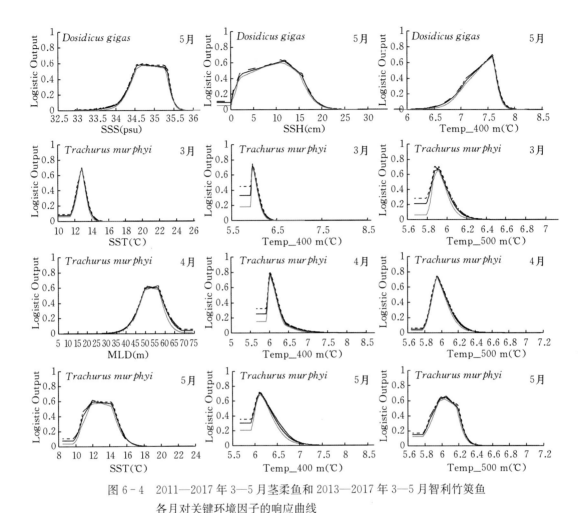

图 6-4　2011—2017 年 3—5 月茎柔鱼和 2013—2017 年 3—5 月智利竹筴鱼
各月对关键环境因子的响应曲线

表 6-3　基于模拟和实际分布条件下茎柔鱼和智利竹筴鱼各月关键环境因子的适宜范围对比

月份	关键环境因子		响应曲线适宜范围		实际分布适宜范围	
	D. gigas	T. murphyi	D. gigas	T. murphyi	D. gigas	T. murphyi
3	SSH/cm	Temp_400 m/℃	3~14	5.8~6.25	3~10	5.85~6.05
	SSS/psu	SST/℃	34.5~35.5	12~13.5	34.5~35.3	12.25~13.5
	Temp_400 m/℃	Temp_500 m/℃	7.2~7.7	5.85~6.0	7.3~7.5	5.75~5.9
4	SSH/cm	Temp_400 m/℃	3~15	5.9~6.3	8~13	5.9~6.2
	SSS/psu	Temp_500 m/℃	34.5~35.4	5.7~6.15	34.7~35.3	5.8~6.1
	Temp_400 m/℃	MLD/m	7.3~7.8	46~61	7.3~7.6	44~58
5	SSH/cm	Temp_500 m/℃	1~17	5.85~6.25	0~14	5.85~6.15
	SSS/psu	SST/℃	34.5~35.4	11~15	34.4~35.3	11.5~14.25
	Temp_400 m/℃	Temp_400 m/℃	7.1~7.7	5.95~6.45	7~7.6	5.95~6.35

（三）讨论分析

1. 最大熵模型结果及其优势分析

本研究利用 MaxEnt 模型模拟了 2011—2017 年 3—5 月智利茎柔鱼和 2013—2017 年 3—5 月智利竹筴鱼的潜在栖息地分布，各月模型输出结果对比显示，茎柔鱼和智利竹筴鱼潜在分布与其实际作业位置变化趋势基本一致。模型预测精度指标 AUC 检测两物种各月模型精度均大于 0.9，表明模型结果具有较强的可靠性。与以往探究海洋物种时空分布的栖息地模型（Li et al.，2014）、神经网络模型（汪金涛等，2014）、广义可加模型（Bertrand et al.，2014）等传统模型相比，MaxEnt 模型仅基于物种存在数据和背景环境数据，突破了探究物种渔场分布的传统模型对渔业统计数据在时间和空间上需求的局限性，对有限样本具有较大优势。此外，MaxEnt 模型无需考虑缺失值，也可以避免结果的过度拟合，目前已成功应用于西北太平洋柔鱼（Alabia et al.，2015；龚彩霞等，2020）、阿根廷滑柔鱼（*Illex argentinus*）(陈芃等，2016)、西北太平洋公海鲐（*Scomber japonicus*)（薛嘉伦等，2018）、黄鳍金枪鱼等（赖诗涵，2018），体现了该模型的实用性。实际上，不同月份内海洋环境变量对海洋中上层物种的影响程度是不同的，即存在影响程度较高的关键环境因子和影响程度较低的非关键环境因子。目前在茎柔鱼和智利竹筴鱼渔场与环境关联的研究中，众多结果忽略了环境对物种影响程度的月间差异，这些研究所选取的环境因子大多剔除了与物种分布关联度较高的因子，且人为设定因素影响较大。最大熵模型在两物种有限分布基础上，有效考虑环境变量间的相关关系，利用环境变量对模型增益效果计算其贡献率大小，从而表征该环境变量的重要性程度，由各环境因子贡献率大小筛选出各月影响两物种渔场分布的关键环境因子进行分析研究，忽略影响甚微的因素，增强了探测茎柔鱼和智利竹筴鱼渔场时选取环境变量的科学性，同时对提高两者渔场预报的可靠性具有一定的科学帮助。

2. 关键环境因子变化

海洋环境变量是调控中上层生态种资源丰度与空间分布格局变动的重要非生物因素，如浅层 MLD 可通过物理和生物过程获得较高光照强度，促进浮游生物丰度的提升，丰富了饵料充足度；海表面温度可能会直接影响物种生长繁殖及洄游等生物学行为，对其渔场的探测也具有重要作用（Chang et al.，2013；Paulino et al.，2016；Du et al.，2020）。在茎柔鱼各月关键环境因子变化中，SSH 对茎柔鱼秋季栖息地分布的影响程度较高，这与 Arkhipkin 等（2015）研究认为 SSH 是调控茎柔鱼栖息地变化的一个关键因素等的研究结果较为一致。SSH 是海水动力学的指标，它是热力学、陆地、海洋和大气过程的动态累积结果，同时也可以将当地的食物浓度驱动得到不同的空间模式（Chen et al.，2010；Long et al.，2012；Li et al.，2016）。智利北部主要受南赤道流和上升补偿流的影响，在海面风场的影响下，海面洋流的月间或季节性变化差异明显（Lin et al.，2006）。此外，不同尺度气候变化对海流也有较大的影响，如厄尔尼诺期间南赤道洋流和秘鲁洋流的环流轴偏转，流场和上升流减弱，拉尼娜事件期间流场则被再次加强，上升流增强（Montes et al.，2011；Mogollón et al.，2017）。因此，随多个海流的频繁变化，海水的辐合和上升流变得明显。此外，智利南部 36°S 海域附近除受到秘鲁寒流的影响外，还受到信风及副高交替控制，有秘鲁-智利潜流、极地暗流等众多海流的存在，海流影响程度整体较高，故 SSH 对茎柔鱼潜在分布的影响更为关键（林丽茹等，2006；陈峰等，2016）。智利竹筴鱼各月关键环境因子虽具有差异性，但其具有海温占据较为重要位置这一共性，这与以往的研究结果较为一致（Bertrand et al.，2014；汪金涛等，2014；Li et al.，2016；李媛洁等，2019）。智利竹筴鱼渔场分布于东南太平洋南部西风漂流冷水流与北部逆赤道暖水流的交汇处，Li 等（2016）利用栖息地模型预测表明智利海域竹筴鱼潜在适宜栖息地纬度重心与其渔场重心变化趋势一致，认为适宜栖息地和渔场纬度重心的季节性变化可能取决于副热带锋面带或副热带水团，且在此变化过程中海洋温度发挥了重要作用。陈春光等（2014）采用最短距离对智利竹筴鱼中心渔场进行聚类分析以探究其月间变动规律，研究表明适宜的海温是形成智利竹筴鱼中心渔场的重要条件。此外，智利竹筴鱼适宜栖息地于秋季主要分布于智利南部这一变化则可能是由于北部暖水团强于南冷水团而引起的（牛明香等，2009）。

具有昼夜垂直移动特性的头足类和中上层鱼类，其潜在栖息地分布不仅受海表面环境变量的影响，同时还受到不同水层水温的影响，如基于水温垂直结构的栖息地指数模型可以较好地预测西北太平洋柔鱼和印度洋大眼金枪鱼的渔场分布（Song and Zhou，2010；陈新军等，2012）。由于摄食和繁殖行为以及环境条件变化等的影响，茎柔鱼和智利竹筴鱼具有高度垂直移动特性，如茎柔鱼的垂直迁移范围可从表层到 500 m 水深以下，而纬度上的横向迁移也可达数百英里[*]（Nigmatullin et al.，2001；Chavez et al.，2008）。故本研究除考虑 SST、SSH、SSS、MLD 外，同时还加入了 25 _ m、50 _ m、100 _ m、150 _ m、200 _ m、300 _ m、400 _ m、500 _ m 水层水温研究其潜在栖息地分布。研究结果表明，茎柔鱼秋季主要栖息于深水层，这一研究结果与钱卫国等（2008）的结论相似，即分布于智利北部区域的茎柔鱼主要受深层水温的影响。智利竹筴鱼各月关键环境因子研究结果表明，3—5 月关键水温层因子均包括 Temp _ 400 m、Temp _ 500 m，栖息的水层相对稳定。秋季，分布于智利南部的竹筴鱼白天集群于 40～450 m 水层深处，夜晚则密集分布于20～40 m 水层，因秋季智利竹筴鱼的捕捞量较少，故其昼夜活动浮动差较小，因而栖息的水层较稳定（张敏等，2000）。本研究加入不同水温层影响因素后发现，各月影响茎柔鱼和智利竹筴鱼潜在分布的关键环境因子与两者垂直洄游特性具有一致性。因此，在选取环境变量预测茎柔鱼和智利竹筴鱼渔场时，应考虑多贴合其生物学特性，除考虑海表面影响因素外，深层水温也不容忽略。

除 SSH 和海温对茎柔鱼潜在分布影响外，SSS 是影响茎柔鱼潜在分布变化的另一重要环境因子。海面风可推动海流速度变化从而导致鱼类种群动态变化，如 Peterman 等（1987）研究认为风速越高，美洲鳀（*Engraulis mordax*）幼鱼的死亡率越高。在南半球夏秋季，由于海面风速较慢，南赤道洋流的流速相对较慢，有利于浮游生物的积累，并通过食物链的传递和积累促进了种群丰富度的增加（Lin et al.，2006；Bakun et al.，2014）。秋季，东南太平洋智利海域茎柔鱼最适宜栖息地集中分布在 76°W—77°W，23°S—30°S 区域内，即智利南部北上的冷水涡与南赤道逆流暖水涡的交汇处附近，因而

---

[*] 英里为非法定计量单位（mi）。1 mi＝1.6 km。

SSS 对其影响较大（钱卫国等，2008；方学燕等，2014）。

本研究利用最大熵模型对茎柔鱼和智利竹筴鱼潜在栖息地变动及其渔场环境差异进行分析，根据环境因子贡献率大小选取秋季 3—5 月各月关键环境因子，虽强化了研究选取环境因子的合理性，但仍存在一定的局限性：最大熵模型是基于统计学的基础上和背景环境限制条件下，根据物种存在位置数据推测其潜在分布，若研究目标在研究时间尺度内洄游行为较强时，样本数据选择的偏差会造成环境数据的偏差，使得模型预测精度降低。因此，在以后的研究中可以规避采样限制以提高 MaxEnt 模型在渔业应用中的实用性。此外，气候变化会影响物种分布范围、季节性活动、迁移模式、资源丰度以及与其他物种的交互关系等，如 Acros 等（2001）认为 ENSO 事件对智利竹筴鱼种群的影响存在滞后效应，且厄尔尼诺事件期间竹筴鱼生物量呈现增加的趋势。因此在以后的研究中，可将气候变化等因素量化并与影响物种潜在分布的关键环境因子结合来构建物种分布模型以分析物种资源丰度与分布的时空变动，为准确评估海洋中上层物种的栖息地分布格局及其资源管理提供科学帮助。

第二节　茎柔鱼和智利竹筴鱼栖息地对 ENSO 现象的协同响应

在全球海洋范围内，同海域或跨海域的海洋物种其资源丰度或分布可能会在各种时间尺度上同时发生波动，此波动机制主要与大规模气候变化或局部海洋环境条件在不同时间尺度下的影响有关（Barange et al.，2009；Cahuin et al.，2014；Yatsu et al.，2017）。例如，秘鲁洪堡洋流系统（Humboldt current system，HCS）中的鳀和沙丁鱼因受空气、海温、CO_2 及海域生产力变化的影响，会发生"冷水期鳀优势种"到"暖水期沙丁鱼优势种"的循环转变（Chavez et al.，2003）。此外，洪堡洋流北部海域和黑潮洋流系统同样存在由环境变化引起的多物种同步性变化现象，除鳀和沙丁鱼资源量存在交替变化现象外，竹筴鱼和鲐资源量的变化趋势相似（Oozeki et al.，2019）。物种同步性变化的研究有利于了解多个关联物种资源变动与环境的关系，为有效利用和管理物种资源提供科学依据。

目前开发的茎柔鱼渔场中，智利渔场是捕捞茎柔鱼最为重要的渔场之一，其渔获量占据头足类总渔获量较高比例。此外，智利竹筴鱼渔获量同样居东南太平洋前列，尤以智利海域居多，二者因其较高的商业价值成为远洋渔业国家重要的捕捞对象（Gerlotto et al.，2013；Li et al.，2016；Yu et al.，2018）。智利竹筴鱼与茎柔鱼潜在分布可能会由于气候的年际变动而发生显著的年际变化。例如，不同 ENSO 事件的影响，相较于厄尔尼诺事件，茎柔鱼生境在拉尼娜事件期间和正常气候年份可能更为适宜（Li et al.，2017）；对于竹筴鱼其栖息地可能在厄尔尼诺期间向西北方向移动，而拉尼娜期间则反向迁移（杨香帅等，2019）。目前虽对智利海域竹筴鱼与茎柔鱼适宜生境对不同 ENSO 事件的响应差异研究较少，但对比以往研究发现（Li et al.，2017；杨香帅等，2019），厄尔尼诺期间秘鲁茎柔鱼 CPUE 低于正常月份，而智利竹筴鱼 CPUE 却高于正常月份，拉尼娜期间变化相反。因此，本研究基于智利茎柔鱼栖息地对 ENSO 的响应与秘鲁海域相似的假设基础上，认为气候变化可能会导致智利外海智利竹筴鱼与茎柔鱼适宜生境发生同步变化，利用 2011—2017 年茎柔鱼和 2013—2017 年竹筴鱼渔业数据结合不同环境因子建立栖息地模型，探究 1950—2017 年长时间序列下二者栖息地对 ENSO 事件响应的差异，为二者资源利用与管理提供科学依据。

（一）材料方法

1. 材料

本研究智利竹筴鱼与茎柔鱼捕捞数据来自上海海洋大学中国远洋渔业数据中心，数据包括捕捞位置（经度、纬度）、捕捞时间（年、月、日）、日产量（单位：t）及捕捞努力量。数据空间覆盖范围为 $70°W—97°W$，$20°S—47°S$，空间分辨率为 $0.5°×0.5°$，时间分辨率为季度。其中，茎柔鱼渔业数据时间跨度为 2011—2017 年秋季（3—5 月），竹筴鱼为 2013—2017 年秋季（3—5 月），二者均以 2017 年数据进行模型验证，其余年份数据用于构建模型。

以往研究表明，海表面高度（SSH）、海表面盐度（SSS）及 400 m 水层温度（Temp_400 m）是影响秋季智利海域茎柔鱼分布的关键环境因子，而海表面温度（SST）、400 m 水层温度（Temp_400 m）和混合层深度（MLD）是影响竹筴鱼分布的关键环境因子（冯志萍等，2021）。因此，本研究针对茎柔鱼的环境数据选取 SSHA、SSS 和 Temp_400 m，时间为 1950—2017 年秋季（3—5 月）；针对竹筴鱼的环境数据选取 SST、MLD 以及 Temp_400 m，时间为 1950—2017 年秋季（3—5 月）。所有环境数据均来源于亚太数据研究中心（http://apdrc.soest.hawaii.edu/las_ofes/v6/dataset? catitem=71），空间分布范围为 $70°W—97°W$，$20°S—47°S$，时间分辨率为季度。在数据分析前，需将所有环境数据空间分辨率转化为 $0.5°×0.5°$ 并与渔业数据相匹配。

本研究主要分析厄尔尼诺和拉尼娜事件对智利外海竹筴鱼与茎柔鱼栖息地适宜性变动的影响，厄尔尼诺和拉尼娜事件利用海洋尼诺指数（ONI）来表征，尼诺指数依据 Nino 3.4 区（$120°W—170°W$，$5°S—5°N$）海表温距平值（SSTA）来获取，其数据来自美国 NOAA 气候预报中心（https://origin.cpc.ncep.noaa.gov/products/analysis_monitoring/ensostuff/ONI_v5.php）。

2. 分析方法

依据 NOAA 对厄尔尼诺和拉尼娜事件的定义，本研究将 1950—2017 年发生的异常气候年份进行归类，结果如下：厄尔尼诺年份包括 1953 年、1958 年、1969 年、1983 年、1987 年、1992 年、1998 年、2015 年、2016 年，拉尼娜年份包括 1950 年、1955 年、1956 年、1971 年、1974 年、1975 年、1985 年、1989 年、1999 年、2000 年、2008 年、2011 年，其余为正常气候年份。

本研究定义经纬度 $0.5°×0.5°$ 为一个渔区，选取捕捞努力量作为计算适应性指数（SI）的指标，将 2011—2016 年秋季茎柔鱼渔业数据与其关键环境因子进行匹配，同时将 2013—2016 年竹筴鱼渔业数据与其关键环境因子数据进行匹配。依据智利竹筴鱼与茎柔鱼捕捞努力量在渔场各环境变量不同范围内的频率分布情况，计算各环境变量不同范围内二者出现的概率（即 SI 值），认定最高捕捞努力量出现的位置为智利竹筴鱼与茎柔鱼资源分布最多的海域，对应 SI 值为 1；捕捞努力量为 0 时，则认为是智利竹筴鱼与茎柔鱼资源分布最少的海域，对应 SI 值为 0（Yen et al.，2012）。SI 计算公式为（郭爱等，2018；

Yu et al.，2018）：

$$SI = \frac{Effort_i}{Effort_{i,\max}} \qquad (6-1)$$

式 6-1 中，$Effort_i$ 为环境变量第 i 区间内总捕捞努力量；$Effort_{i,\max}$ 为环境变量第 i 区间内最大捕捞努力量。

利用 SPSS 以最小二乘法拟合估算好的 SI 值和各环境变量分段区间值之间的 SI 模型，其拟合公式为（Li et al.，2014）：

$$SI_X = \exp\left[a \times (X_{ij} - b)^2\right] \qquad (6-2)$$

式 6-2 中，SI_X 为各环境变量的 SI 值；a，b 为应用最小二乘法估计的模型参数；X_{ij} 为某一经纬度（i 代表经度，j 代表纬度）相对应的环境变量值。

在已建好的 SI 模型基础上，基于算数加权法（Arithmetic Weighted Model，AWM）赋予各环境变量以不同的权重并建立综合栖息地模型（HSI）（环境因子权重总和为 1）。环境变量权重模型设置如下（Xue et al.，2017；Yu et al.，2018）：模型 1 为 0，1，0；模型 2 为 0，0，1；模型 3 为 0.1，0.8，0.1；模型 4 为 0.1，0.1，0.8；模型 5 为 0.25，0.5，0.25；模型 6 为 0.25，0.25，0.5；模型 7 为 0.333，0.333，0.333；模型 8 为 0.5，0.25，0.25；模型 9 为 0.8，0.1，0.1；模型 10 为 1，0，0。HSI 值的计算公式如下：

$$HSI_{D.gigas} = W_{SSHA} \times SI_{SSHA} + W_{SSS} \times SI_{SSS} + W_{Temp\_400m} \times SI_{Temp\_400m} \quad (6-3)$$

$$HSI_{T.murphyi} = W_{SST} \times SI_{SST} + W_{Temp\_400m} \times SI_{Temp\_400m} + W_{MLD} \times SI_{MLD} \quad (6-4)$$

式 6-3、式 6-4 中，W_{SSHA}、W_{SSS}、W_{Temp_400m} 对应茎柔鱼环境变量 $SSHA$、SSS、$Temp\_400m$ 的权重；SI_{SSHA}、SI_{SSS}、SI_{Temp_400m} 对应茎柔鱼 $SSHA$、SSS、$Temp\_400m$ 的 SI 值；W_{SST}、W_{Temp_400m}、W_{MLD} 对应智利竹筴鱼环境变量 SST、$Temp\_400m$、MLD 的权重；SI_{SST}、SI_{Temp_400m}、SI_{MLD} 对应智利竹筴鱼 SST、$Temp\_400m$、MLD 的 SI 值。

依据上述基于不同权重的 HSI 模型，分别计算 2011—2016 年茎柔鱼和 2013—2016 年智利竹筴鱼秋季渔场内的 HSI 值，其范围在 0~1。将二者 HSI 划分为 0.0~0.2、0.2~0.4、0.4~0.6、0.6~0.8、0.8~1.0 五个区间，并认为 $HSI \geqslant 0.6$ 的区域为适宜栖息地（方学燕等，2014；Li et al.，2014）。计算各 HSI 区间内产量、捕捞努力量的占比，选取 $0 \leqslant HSI \leqslant 0.2$ 区间中产量和捕捞努力量占比最少、$HSI \geqslant 0.6$ 区间中产量和捕捞努力量占比最高的 HSI 模型为最优模型。利用 MATLAB 绘制最优模型预测下 2017 年智利竹筴鱼与茎柔鱼 HSI 时空分布图，并与实际捕捞努力量分布进行叠加，统计在不同 HSI 间隔内两者捕捞量和捕捞努力量所占比例，并将 $HSI \geqslant 0.6$ 区间内捕捞努力量的累计占比作为模型预测精度的指标，以验证模型预测的准确性与可行性。

利用交相关函数分析 Niño 3.4 指数与各环境变量的相关性，分别绘制在不同 ENSO 事件下智利竹筴鱼与茎柔鱼渔场环境变量均值的时空分布图，对比分析各环境因子均值在不同事件下的变化差异。

基于筛选的最优 HSI 模型，分别追算 1950—2017 年智利竹筴鱼和茎柔鱼渔场内的 HSI 值，并利用交相关函数评估 Niño 3.4 指数与智利竹筴鱼和茎柔鱼 HSI 的相关性，由 ANOVA 检验二者 HSI 在不同 ENSO 事件下的显著性差异，计算不同气候事件下智利竹筴鱼与茎柔鱼最适 HSI 面积比例，绘制在不同气候事件下二者适宜 HSI 时空分布图。

（二）结果

1. 栖息地模型的构建与验证

利用最小二乘法拟合智利竹筴鱼与茎柔鱼捕捞努力量与各环境变量间的 SI 曲线，结果见图 6-5。经统计检验，秋季所有环境因子的 SI 模型各参数变量均通过显著性检验（$P<0.05$），同时均方根方差（Root mean squared error，RMSE）较低和相关性系数（R^2）较高。此外，拟合的 SI 曲线与观察到的 SI 值变化趋势基本一致。

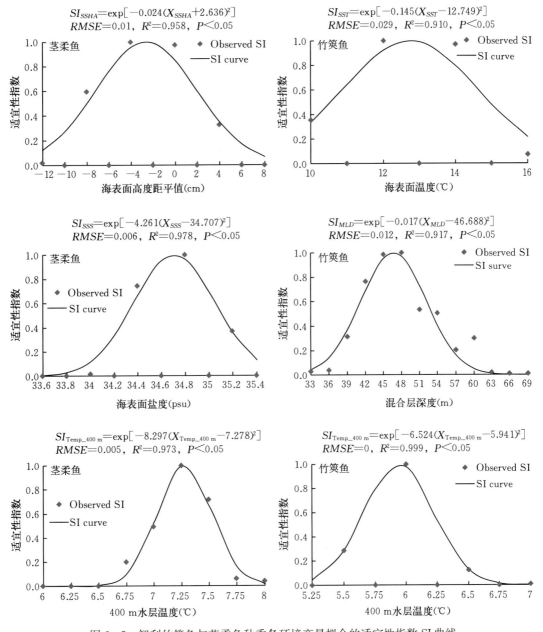

图 6-5　智利竹筴鱼与茎柔鱼秋季各环境变量拟合的适宜性指数 SI 曲线

综合比较各 HSI 区间内产量和捕捞努力量所占比例发现，茎柔鱼最优权重模型为模型 8，其环境因子 SSHA、SSS、Temp _ 400 m 对应权重分别为 0.5、0.25、0.25，此权重模型下产量和捕捞努力量在 0≤HSI≤0.2 区间所占比例分别为 0.9% 和 2.5%，在 0.2≤HSI≤0.6 区间所占比例分别为 32.2% 和 35.8%，在 0.6≤HSI≤1.0 区间所占比例分别为 75.5% 和 72.1%。智利竹䇲鱼最优权重模型为模型 8，其环境因子 SST、Temp _ 400 m、MLD 权重分别为 0.5、0.25、0.25，此权重模型下产量和捕捞努力量在 0≤HSI≤0.2 区间所占比例分别为 3.9% 和 3.5%，在 0.2≤HSI≤0.6 区间所占比例分别为 37.3% 和 35.9%，在 0.6≤HSI≤1.0 区间所占比例分别为 76.8% 和 78.5%。将最优模型预测的 2017 年智利竹䇲鱼与茎柔鱼 HSI 与两者实际捕捞努力量进行叠加的结果显示，秋季两者捕捞努力量分布在 HSI≥0.6 区间内的比例分别为 74.5% 和 99.3%，即对茎柔鱼和竹䇲鱼栖息地的预测精度分别为 74.5% 和 99.3%，表明不同权重的综合 HSI 模型可以较好地评估和预测智利外海智利竹䇲鱼与茎柔鱼栖息地变动情况（图 6 - 6）。

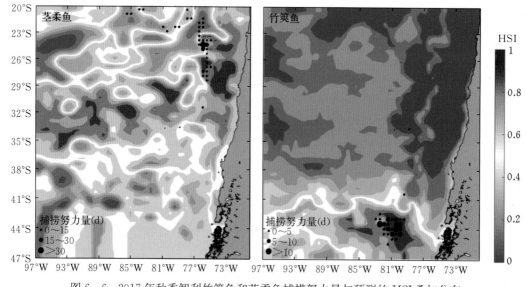

图 6 - 6　2017 年秋季智利竹䇲鱼和茎柔鱼捕捞努力量与预测的 HSI 叠加分布

2. 不同 ENSO 事件下环境因子的变化分析

各环境因子与 Niño 3.4 指数交相关分析表明（图 6 - 7），SSHA、Temp _ 400 m 与 Niño 3.4 指数均呈显著正相关，前者在滞后 2 个月时相关性最大，相关系数值为 0.232 9；后者在滞后 1 个月时相关性最大，相关性系数值为 0.219 8。SST 和 SSS 与 Niño 指数呈较弱的正相关，前者在提前 4 个月时相关性最大，而后者在滞后 6 个月时相关性最大。MLD 与 Niño 3.4 指数呈较弱的负相关，在提前 4 个月时相关性最大。

在厄尔尼诺事件期间，SSHA 在 30°S 以北以及智利沿岸附近海域均为正值，在 82°W—97°W，30°S—47°S 海域内为负值，空间上由东北向西南方向呈现递减趋势。在拉尼娜事件期间，SSHA 大范围海域内均为负值，仅在 85°W—97°W，37°S—47°S 范围内出现正值，空间上 SSHA 由东北向西南方向呈现递增趋势。SSS 在拉尼娜和厄尔尼诺事件期间变化差异较小，空间上南部区域盐度较低于北部区域。SST、Temp _ 400 m 变化趋

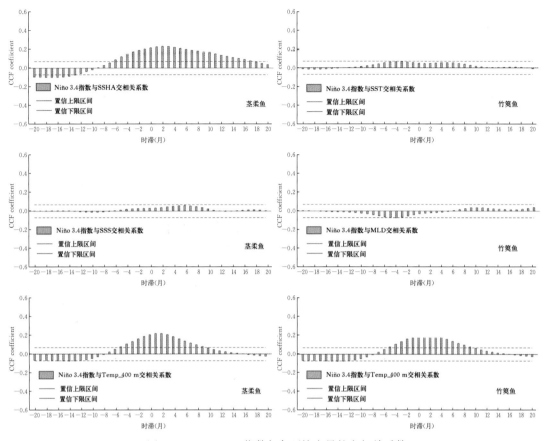

图 6-7　Niño 3.4 指数与各环境变量的交相关系数

势与 SSS 相似，不同气候事件下其变化差异较小，空间上智利北部区域高于南部区域，时间上厄尔尼诺事件期间略高于拉尼娜事件期间。在厄尔尼诺事件期间，智利沿岸区域 MLD 整体在 8～40 m 范围内变化，而外海海域变化范围为 38～68 m，整体高于沿岸附近；在外海海域中，智利北部、南部 MLD 高于中部区域，空间上呈由外部向内部递减的变化趋势。在拉尼娜事件期间，MLD 在智利沿岸区域与外海变化趋势与厄尔尼诺事件期间变化相似，但智利北部和南部海域的 MLD 显著高于厄尔尼诺事件期间，空间变化趋势与厄尔尼诺事件期间相似（图 6-8）。

3. 不同 ENSO 事件下 HSI 变化分析

HSI 与 Niño 3.4 指数交相关分析 1950—2017 年智利竹筴鱼与茎柔鱼 HSI 与 Niño 3.4

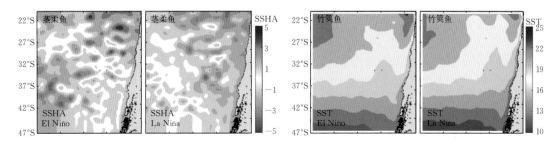

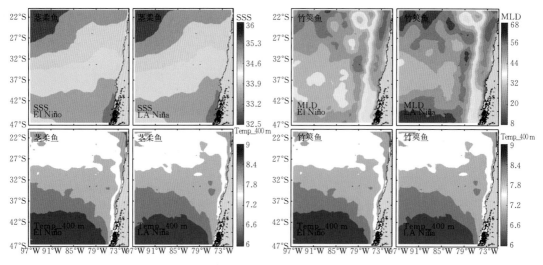

图 6-8　不同 ENSO 事件下各环境变量时空分布

指数相关性结果显示，智利竹筴鱼 HSI 与 Niño 3.4 指数呈显著正相关性，而茎柔鱼 HSI 与 Niño 3.4 指数呈显著负相关，二者 HSI 与 Niño 3.4 指数相关关系均在时滞为 0 年时相关性最大，相关系数分别为 0.315 8 和 −0.330 4（图 6-9）。

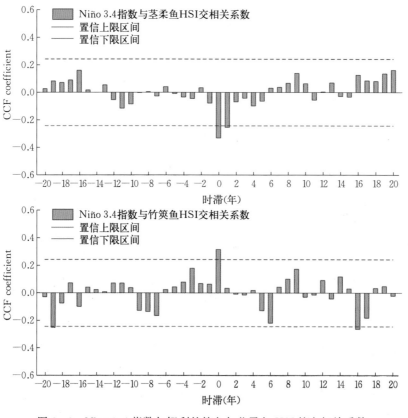

图 6-9　Niño 3.4 指数与智利竹筴鱼与茎柔鱼 HSI 的交相关系数

　　ANOVA 检验结果表明，不同 ENSO 事件下智利竹筴鱼与茎柔鱼 HSI 存在显著性差异（$P<0.05$）（图 6-10）。厄尔尼诺期间，智利竹筴鱼与茎柔鱼 HSI 整体变化呈相反趋势，智利竹筴鱼 HSI 呈先降低后增加再降低的变化趋势，而茎柔鱼 HSI 表现为先增加后降低再增加的变化趋势。在拉尼娜事件期间，1950—1999 年二者 HSI 变化趋势相似，其后变化趋势相反。

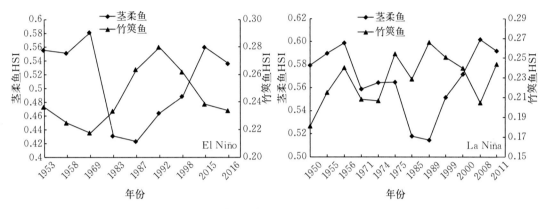

图 6-10　不同 ENSO 事件下智利竹筴鱼与茎柔鱼平均 HSI 值变化

　　不同 ENSO 事件下两者适宜栖息地面积比例结果表明，茎柔鱼适宜栖息地面积在拉尼娜事件期间显著高于厄尔尼诺年份，而智利竹筴鱼变化与茎柔鱼相反（图 6-11）。在空间分布上，厄尔尼诺事件期间，茎柔鱼适宜栖息地主要分布在 75°W—97°W，29°S—35°S 的长条形区域中，面积较小且最适宜栖息地偏向西南方向；智利竹筴鱼适宜栖息地

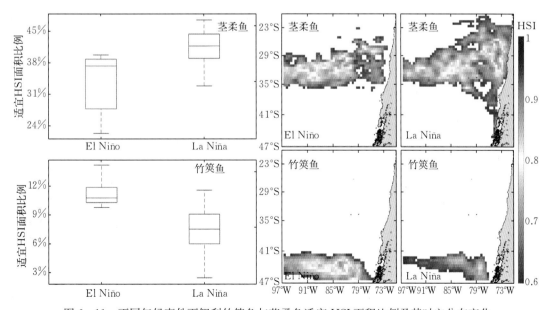

图 6-11　不同气候事件下智利竹筴鱼与茎柔鱼适宜 HSI 面积比例及其时空分布变化

主要分布在 76°W—97°W，41°S—47°S 的海域内，整体上面积较大，其中最适宜面积集中分布于 82°W—88°W，44°S—46°S 区域中，有向西偏移的趋势。拉尼娜期间，茎柔鱼适宜栖息地面积在经纬度方向上均有所增加，纬度向北延伸到 20°S 区域、向南延伸到 40°S 以南的海域，经度变化虽较纬度不明显，但其在智利沿岸附近适宜面积有所增加，最适宜栖息地向东北方向偏移；智利竹筴鱼适宜栖息地面积在西南方向上有明显的缩减现象，最适宜栖息地面积大幅度减少且向东南方向迁移。

（三）讨论分析

1. HSI 模型结果及其评价

本研究利用 2011—2016 年秋季茎柔鱼和 2013—2016 年秋季竹筴鱼渔业数据结合不同权重环境因子构建栖息地模型，依据两者产量及捕捞努力量在 $0 \leqslant HSI \leqslant 0.2$ 区间中所占比例最少和 $HSI \geqslant 0.6$ 区间中所占比例最大原则选取最优权重模型，利用 2017 年数据验证最优模型的准确性和可行性，在此基础上探究 1950—2017 长时间序列下两者栖息地在不同 ENSO 事件下变动差异。模型运行结果表明，2017 年智利竹筴鱼与茎柔鱼实际捕捞努力量多数分布在 $HSI \geqslant 0.6$ 的区域内，表明在赋予各环境变量以不同权重基础上建立的栖息地模型可以较好地预测头足类和鱼类的潜在分布。栖息地适宜性指数模型是在 20 世纪 80 年代由美国鱼类和野生动物保护委员会提出用来定量描述野生动物栖息地质量的模型，现已广泛应用于头足类和鱼类生境质量与海洋环境及气候之间的关联研究中（Yi et al.，2016）。例如，基于加权 AMM 的 HSI 模型能够较好预测东海日本鲐的栖息地适宜性及与 ENSO 事件的关联，不同强度的厄尔尼诺和拉尼娜事件可能对东海日本鲐的栖息地适宜性及其种群变动有较大的影响（Yu et al.，2014）。基于算术平均法的栖息地模型同样可以探究秘鲁海域茎柔鱼栖息地与海洋环境因子间的关联性，受海洋环境因子影响，茎柔鱼栖息地存在季节性变动差异且各季度中影响茎柔鱼分布的最关键环境因子不同（Yu et al.，2019）。在以往构建 HSI 模型的方法如几何平均模型（Geometric mean model，GMM）（Li et al.，2016）、连乘法（Continued product model，CPM）及最小/最大法（Minimum/Maximum model，MINM/MAXM）（Van der Lee et al.，2006；Chang et al.，2012）和算术平均法（AMM）（Yu et al.，2019）等。几何平均法、连乘法和最小法所构建的栖息地模型会低估物种的潜在分布；最大法构建的模型会高估物种栖息地分布；而算术平均法则使得各环境变量对物种的影响程度均衡化，增大模型预测误差。与上述栖息地模型相比，基于不同权重的加权法构建的栖息地模型有效考量了各环境变量对物种潜在分布的影响程度，赋予各环境因子不同权重，选取 $0 \leqslant HSI \leqslant 0.2$ 区间内产量、捕捞努力量所占比例最小和 $0.6 \leqslant HSI \leqslant 1.0$ 区间内产量、捕捞努力量所占比例最大的模型为最优权重模型，从而获取对物种分布影响最大的最关键环境因子，降低模型误差，提高预报精度。此外，捕捞努力量作为分析海洋物种渔获量指标，已广泛应用于 HSI 模型的构建（陈新军等，2012；Li et al.，2014）。CPUE 是累计渔获量和捕捞量的比率，通常表征的是渔获量在渔场中的随机分布。目前虽有研究利用 CPUE 作为构建 HSI 模型的指标（Bordalo - Machado et al.，2006；Yen et al.，2012），但在实际的围网渔业生产过程中，若某一渔区的渔获率保持在较高水平时，渔民往往集中在这一渔区作业；若渔区渔获率降低幅度增大时，渔民则会迁移至另一个渔区作业。这表明捕捞努力量不是随机分布的，其与环境因子的拟合关系表明其受环境影响较为显著。因此，在本研究中选用捕捞努力量构建 SI 模型而非 CPUE。

2. 不同 ENSO 事件下环境因子变化差异分析

不同 ENSO 事件下各环境因子时空分布结果表明，厄尔尼诺期间的海温和海表面高度均高于拉尼娜期间，这与以往研究结果较为一致。厄尔尼诺和拉尼娜事件是具有相反相位的两个气候事件，是指赤道中部和东部太平洋地表水的异常增温和降温，影响着大尺度区域范围的大气环流和局部区域的气候变化（Wang et al.，2017）。Tian 等（2006）利用栖息地指数模型探究了西北太平洋柔鱼潜在栖息地分布，研究发现 SSHA 偏低时有利于柔鱼形成适宜的栖息地。温健等（2020）基于 SST 和 SSHA 构建栖息地指数模型以分析不同强度 ENSO 事件对秘鲁海域茎柔鱼栖息地适宜性的变动规律，研究发现厄尔尼诺期间，茎柔鱼渔场水温偏高，海表面高度偏高；拉尼娜事件期间变化相反。本研究各环境变量时空变化结果同时表明，厄尔尼诺期间，智利竹筴鱼适宜栖息地 MLD 偏低，拉尼娜期间偏高。MLD 对大气与海洋之间的动量、热量交换起着重要的作用，如 Chang 等（2013）在评估剑鱼栖息地适宜性的过程中发现，该物种适宜生境的空间变化与 MLD 的变化有较大关联。较浅的混合层可以通过物理、生物学过程获得更强的光照度以及更高的浮游生物数量（Nishikawa et al.，2014），为海洋物种创造更好的生存条件，如 Yu 等（2016）通过构建栖息地模型以分析西北太平洋柔鱼栖息地的时空分布及其生境热点，认为柔鱼倾向于出现在 MLD 相对较浅的海域，这与本研究对比不同事件下 MLD 及竹筴鱼适宜生境变化结果较为一致。此外，混合层深度变化还可能会通过影响浮游植物光合作用强度，从而影响水中溶解氧浓度，间接影响物种时空分布。竹筴鱼栖息地分布受溶解氧的限制，主要分布于溶解氧浓度较高的智利中南部海域（Chang et al.，2013）。本研究认为在厄尔尼诺事件期间，混合层相对较浅时海水中浮游植物的光合作用加强，溶解氧浓度增加，有利于智利竹筴鱼潜在分布。

3. 不同 ENSO 事件下智利竹筴鱼与茎柔鱼栖息地变动差异

智利竹筴鱼与茎柔鱼 HSI 与 Nino 3.4 指数相关性及两者适宜面积于不同事件下的变化结果表明，厄尔尼诺事件对智利竹筴鱼产生较为有利的影响，其适宜面积增加，最适栖息地向西移动；该事件对茎柔鱼却产生不利的影响，使茎柔鱼适宜面积减少，最适栖息地向西南方向移动。拉尼娜期间两者适宜面积变化与厄尔尼诺期间相反，智利竹筴鱼最适栖息地向东南方向偏移，而茎柔鱼向东北方向迁移，这与以往研究结果较为一致。Robinson 等（2016）认为拉尼娜事件加强了东太平洋海域上升流的强度，提高了海域生产力水平及叶绿素 a 浓度，使得茎柔鱼适宜面积增加，资源丰度增加。Dioses 等（1988）研究发现在厄尔尼诺期间竹筴鱼分布区域会扩大，在强厄尔尼诺事件下竹筴鱼分布会进一步扩张。

根据不同 ENSO 事件下两者适宜生境变化结果推测，在厄尔尼诺期间同海域的智利竹筴鱼与茎柔鱼相比，智利竹筴鱼可能为优势种，而在拉尼娜期间茎柔鱼可能为优势种，这可能是由于短期剧烈的气候变化引起海流及海域内其他物种种群丰度变化造成的。上升流是茎柔鱼渔场形成的最根本原因，而智利竹筴鱼渔场则是由西风漂流和秘鲁寒流共同作用形成的（杨嘉樑等，2017；Yu et al.，2019）。厄尔尼诺期间，海温升高，上升流被削弱，生产力下降，导致茎柔鱼适宜面积减少，种群丰度锐减（Waluda et al.，2006）；随着赤道东部暖水的南移，其与北上的智利南部较冷的秘鲁寒流及西风漂流冷水相遇形成较弱的冷暖水交汇，将大量硝酸盐、磷酸盐等营养物质带到海洋中上层，促进浮游生物大量繁殖，为竹筴鱼提供了丰富的饵料（林丽茹等，2006；Xu et al.，2014）。同时，受剧烈气候变化的影响，海洋物种的种间关系也会发生变动。张敏等（2000）认为厄尔尼诺现象对智利海域中的鳀、头足类会产生负面影响，使其种群数量减少，而对智利竹筴鱼无负面影响，由于智利竹筴鱼竞争物种及其天敌数量的大量减少，其生存空间和摄食物相对充足，促使其资源量出现了增加的现象。此外，厄尔尼诺或拉尼娜气候事件的循环发生，改变了东南太平洋海域众多经济鱼类产卵场和摄食场的环境条件，促使海域内物种种群丰度和空间分布发生变化（Igarashi et al.，2017），如 Dagoberto 等（2001）认为厄尔尼诺期间，15℃等温线南移，智利竹筴鱼幼鱼大量南移到智利中南部海域并滞留到其性成熟阶段，使得中南部智利竹筴鱼的生物量增加。

本研究利用不同权重栖息地模型探究 1950—2017 年智利竹筴鱼与茎柔鱼在不同 ENSO 事件下栖息地变动差异，认为厄尔尼诺事件对智利竹筴鱼较为有利，而对茎柔鱼较为不利；在拉尼娜期间的变化则与厄尔尼诺年份相反。本结果存在一定的局限性：物种同步性变化很大程度上归因于大规模的气候变化，不同强度的 ENSO 事件可能对海洋生物的潜在分布影响不同，如中太平洋厄尔尼诺事件导致柔鱼适宜生境面积减少，而东太平洋弱厄尔尼诺事件在秋冬季时可能会改善柔鱼的生存环境（Alabia et al.，2016）。受中强度或高强度厄尔尼诺事件的影响，智利竹筴鱼的幼鱼大量向智利南部迁移，成鱼则向西南方向移动，此变化现象在弱厄尔尼诺事件几乎没有变化（Arcos et al.，2001）。因此，在以后的研究中可贴合智利竹筴鱼不同生长阶段对不同强度 ENSO 事件的响应机制研究其与茎柔鱼栖息地的变动差异。此外，Yu 等（2021）对比不同 PDO 时期西北太平洋柔鱼和东南太平洋茎柔鱼栖息地同步变动差异，发现两者栖息地适宜面积存在此消彼长的变化现象，而此气候模态下茎柔鱼和智利竹筴鱼栖息地变动差异如何尚不清楚。因此，在以后的研究中可将 PDO 指数与环境因子及渔业数据结合构建栖息地模型以探究两者栖息地的变动差异，为茎柔鱼和智利竹筴鱼资源利用与管理提供科学依据。

第三节　茎柔鱼和智利竹筴鱼栖息地对不同强度厄尔尼诺的协同响应

秘鲁-智利上升流系统（Peru-Chile under current，PCUS）是全球单位面积渔获量最高的东部边界上升流系统，因距离厄尔尼诺事件地理位置较近而易受 ENSO 现象的影响，加之季节性或永久性的不同纬向上升流、靠近海岸的极地暗流等众多错综复杂变化的海流，共同推动了 PCUS 稳态的更替性变化（Penven et al.，2005；Chavez et al.，2008；Gutiérrez et al.，2016）。在海洋环境或不同时间尺度气候事件变化的驱动下，PCUS 内部物种交互关系的变化往往伴随着两者资源量、栖息范围、空间分布格局等行为的同步性改变，如系统内秘鲁鳀和南美沙丁鱼两物种资源量于冷暖期以此长彼消的同步性变化方式主导了该系统年代际的"跃变"（张敏等，2000；Chavez et al.，2003）。因此，探究物种同步性变化有助于了解和掌握海洋环境和气候变化下生态系统结构与功能的变化，为生态系统质量的监测评估提供帮助。

智利渔场是远洋渔业国家于 PCUS 内捕捞茎柔鱼的重要作业渔场，同时也是全球捕捞智利竹筴鱼渔获量最多的区域（冯志萍等，2021；谢峰等，2021）。茎柔鱼和智利竹筴鱼隶属于 PCUS 营养生态位的中间层，栖息环境变化对两者资源量或空间分布的影响往往会通过生态效应间接影响其他营养层面的物种，是 PCUS 的关键中上层生态种（Cury et al.，2000；胡贯宇等，2018）。目前，虽有研究认为茎柔鱼和智利竹筴鱼资源丰度与栖息地适宜性受厄尔尼诺事件的调控（杨香帅等，2019；温健等，2020），但不同强度厄尔尼诺事件对物种集群环境的影响程度有差异，如郭爱等（2018）研究发现相对于中强度厄尔尼诺事件，超强厄尔尼诺事件驱动中国近海鲐主要作业海域内的温度下降和海表面高度上升，鲐渔场适宜栖息地面积显著减小，导致鲐单位捕捞努力量渔获量骤减。因此，本研究基于影响茎柔鱼和智利竹筴鱼潜在分布的关键环境因子，探究 1950—2017 年长时间序列下两者栖息地适宜性对不同强度厄尔尼诺事件的响应差异，为两者资源的管理和利用提供科学依据。

（一）材料方法

1. 材料

时空分辨率为季度和 $0.5° \times 0.5°$ 的茎柔鱼与智利竹筴鱼渔业数据均来自上海海洋大学中国远洋渔业数据中心，时限分别为 2011—2017 年秋季和 2013—2017 年秋季，数据信息主要涉及渔船作业位置、作业时间、日产量（单位：t）及捕捞努力量。数据空间范围覆盖两者中心渔场并以 20°S—47°S，70°W—97°W 为界。

参照以往影响智利海域茎柔鱼和智利竹筴鱼栖息地分布的关键环境因子的研究（冯志萍等，2021），本研究选取关键环境因子海表面高度距平值（SSHA）、海表面盐度（SSS）和 400 m 水层温度（Temp_400 m）为茎柔鱼研究变量，海表面温度（SST）、混合层深度（MLD）和 Temp_400 m 为智利竹筴鱼研究变量。所有环境变量均来源于亚太数据研究中心（http://apdrc. soest. hawaii. edu/las_ofes/v6/dataset?catitem=71），时间为 1950—2017 年，数据范围及时空分辨率与渔业数据相匹配。

为探究东南太平洋智利海域茎柔鱼和智利竹筴鱼适宜栖息地在长时间序列的不同强度厄尔尼诺事件下的协同响应，本研究选用地理位置距离研究区域较近的 Niño 1+2 区（80°W—90°W，0°S—10°S）的月 SSTA 作为气候变化的指标，其数据来源于（http://iridl. ldeo. columbia. edu/SOURCES/. Indices/）。

2. 分析方法

鉴于美国 NOAA 对不同 ENSO 事件的划分基础，将厄尔尼诺事件依据 ONI 大小划分为 $0.5 \leqslant ONI \leqslant 0.9$ 的弱厄尔尼诺（Weak El Niño，WE）、$1.0 \leqslant ONI \leqslant 1.4$ 的中强厄尔尼诺（Moderate El Niño，ME）、$1.5 \leqslant ONI \leqslant 1.9$ 的强厄尔尼诺（Strong El Niño，SE）和 $ONI \geqslant 2.0$ 的超强厄尔尼诺（Very Strong El Niño，VSE）四个等级。不同强度厄尔尼诺事件的认定则是根据 ONI 连续三个月处于以上临界值区间内（http://ggweather.com/

enso/oni. htm）。依据上述划定方法，本研究将 1950—2017 年发生的不同强度厄尔尼诺事件进行归类，结果如下：WE 年份包括 1952 年、1953 年、1958 年、1969 年、1976 年、1977 年、1979 年、2004 年、2006 年和 2014 年；ME 年份包括 1951 年、1963 年、1968年、1986 年、1994 年、2002 年、2009 年；将 VSE 和 SE 整体划定为 SE 事件，包括 1957年、1965 年、1972 年、1982 年、1987 年、1991 年、1997 年和 2015 年。

采用交相关函数分析 Niño 1+2 指数与各环境因子的相关性，计算不同强度厄尔尼诺事件下各环境因子距平值以分析不同强度气候事件下海洋环境的变化。

基于最小二乘法建立的海洋环境因子适宜性指数（SI）模型（冯志萍等，2021），分析各环境因子适宜性指数于不同强度厄尔尼诺事件下的变化差异，同时计算不同强度气候事件下各环境因子适宜 SI（$SI \geqslant 0.6$）所占比例，以探究茎柔鱼与智利竹筴鱼适宜海洋环境在不同强度气候事件下的变动差异。

依据冯志萍等（2021）构建的最优权重栖息地指数模型（HSI）追算 1950—2017 年智利茎柔鱼与竹筴鱼渔场 HSI，根据 HSI 大小将 $HSI \leqslant 0.2$、$HSI \geqslant 0.6$ 和 $HSI \geqslant 0.8$ 分别定义为不适宜、适宜和最适宜栖息地（Li et al.，2014；方学燕等，2014；冯志萍等，2021）。计算不同强度厄尔尼诺事件下茎柔鱼和智利竹筴鱼 HSI 距平值及两者不适宜、适宜和最适宜栖息地面积比例，绘制不同强度气候事件下两者适宜栖息地空间分布图以分析两者栖息地的协同变化。计算茎柔鱼和智利竹筴鱼适宜栖息地重心以反映不同强度气候事件下两者适宜栖息地空间分布格局的变动情况，计算公式如下：

$$LONG_{HSI} = \frac{\sum (Lon_{ij} \times HSI_{ij})}{\sum HSI_{ij}} \qquad (6-3)$$

$$LATG_{HSI} = \frac{\sum (Lat_{ij} \times HSI_{ij})}{\sum HSI_{ij}} \qquad (6-4)$$

式 6-3、式 6-4 中，$LONG_{HSI}$、$LATG_{HSI}$ 分别代表两物种适宜栖息地经度 i 和纬度 j 重心。

利用空间相关分析法分别计算各关键环境因子与其对应物种栖息地适宜性在空间上的相关性并绘制相关性空间分布图。基于交相关函数分别分析两物种关键环境因子与其栖息地适宜性纬度重心的相关性并筛选相关系数最大的环境因子；在此基础上分析该环境因子适宜范围内平均纬度重心于不同强度厄尔尼诺事件下的变动差异；根据上述不同强度厄尔尼诺事件年份的划定结果，挑选不同强度气候事件年份并绘制与茎柔鱼和智利竹筴鱼栖息地适宜性纬度重心交相关系数最大的环境因子等值线，以便进一步探究关键环境因子与两物种栖息地适宜性的关联性。

（二）结果

1. 不同强度气候事件下环境因子变化

Niño 1+2 指数与环境因子的交相关结果表明，SSHA 和 Temp_400 m 与 Niño 1+2指数呈较强的正相关，两者均在超前 1 个月时相关性最大，相关系数分别为 0.268 6 和0.264 3；SSS 和 SST 与 Niño 1+2 呈较弱的正相关，前者在滞后 1 个月时相关性最大，相关系数为 0.144 3，后者则在时滞为 0 时相关性最大，相关系数为 0.109 0；MLD 与 Niño 1+2 指数呈负相关，在提前 4 个月时相关性最大，相关系数为 0.118 8。不同强度厄尔尼诺事件下，SSHA 随气候事件强度的增强而增加，SSSA 和 MLDA 随气候事件强度的增强而逐渐减小，SSTA 和 Temp_400 mA 则是在 WE 和 SE 事件下的大于 ME 事件下的（图 6-12）。

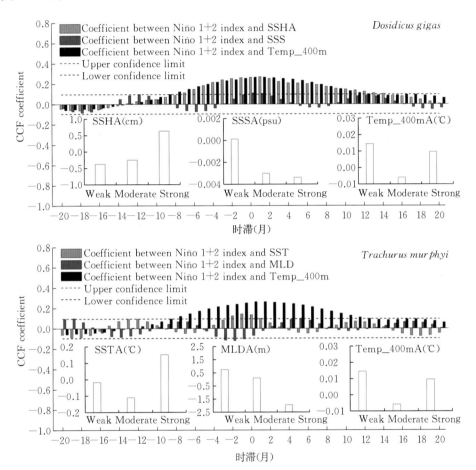

图 6-12　Niño 1+2 指数与各环境因子交相关系数及不同强度气候事件下环境因子距平值变化

2. 不同强度气候事件下环境因子 SI 变化

茎柔鱼关键环境因子适宜性指数 SI_{SSHA}、SI_{SSS} 和 $SI_{Temp\_400 m}$ 随厄尔尼诺事件强度的增强而逐渐减小，智利竹筴鱼关键环境因子适宜性指数 SI_{SST}、SI_{MLD} 和 $SI_{Temp\_400 m}$ 则表现为 WE 和 SE 事件下的大于 ME 事件下的（图 6-13）。

不同强度厄尔尼诺事件下各物种关键环境因子适宜的适宜性指数所占比例变化差异明显（图 6-14）。其中，茎柔鱼适宜 SI_{SSHA} 和 $SI_{Temp\_400 m}$ 所占比例随气候事件强度的增强而逐渐减少，适宜 SI_{SSS} 所占比例表现为 ME 事件下最大和 SE 事件下最小；智利竹筴鱼适宜 SI_{SST} 所占比例随气候强度的增强逐渐减小，而适宜 $SI_{Temp\_400 m}$ 所占比例表现与其相反，适宜 SI_{MLD} 所占比例的变化与 SI_{SSS} 的变化相反。

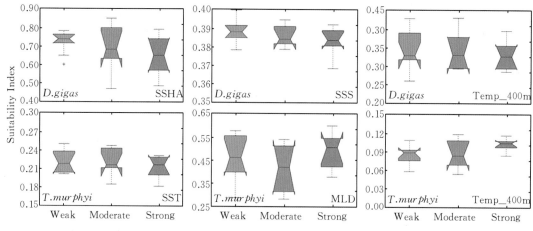

图 6-13　不同强度厄尔尼诺事件下茎柔鱼和智利竹筴鱼关键环境因子适宜性指数变化

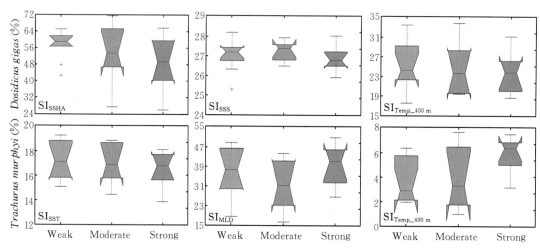

图 6-14　不同强度厄尔尼诺事件下智利茎柔鱼与竹筴鱼关键环境因子
适宜的适宜性指数所占比例变化

3. 不同强度气候事件下两者栖息地适宜性变化

不同强度厄尔尼诺事件下茎柔鱼 HSIA 随气候事件强度的增强而逐渐减小，而智利竹筴鱼 HSIA 表现为 WE 和 SE 事件下的大于 ME 事件下的。不同强度气候事件下，茎柔鱼不适宜栖息地面积比例随气候事件强度的增强而逐渐增加，适宜栖息地面积比例表现为 ME 事件下最大和 SE 事件下最小，最适宜栖息地面积比例则随气候事件强度的增强而逐渐减少；智利竹筴鱼不适宜栖息地面积比例表现为 ME 事件下最大和 WE 事件下最小，适宜和最适宜栖息地面积比例变化均表现为 WE 和 SE 事件下的大于 ME 事件下的，而 WE 和 SE 事件下的变化差异较小（图 6-15）。

WE 事件下茎柔鱼适宜栖息地空间上呈东西向条状集中分布在 75°W—97°W，22°S—38°S 的智利中北部区域，随气候事件强度的增强，其适宜栖息地面积明显减少，在 SE 事件下其适宜栖息地 85°W 以西的面积缩减至 30°S—35°S 区域内。WE 和 SE 事件下智利竹

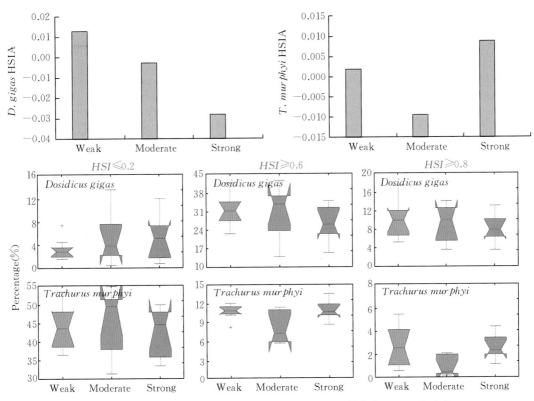

图 6-15　不同强度厄尔尼诺事件下智利茎柔鱼和竹筴鱼 HSIA 及两者
不适宜、适宜和最适宜栖息地面积比例变化

筴鱼适宜栖息地面积及空间分布范围变化差异甚微，集中分布在 42°S—47°S 海域内，而在 ME 事件下于智利西南方向明显减少（图 6-16）。

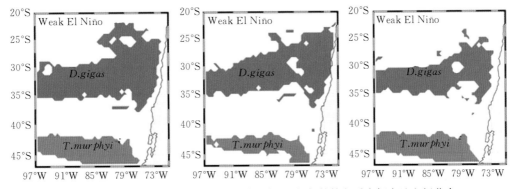

图 6-16　不同强度厄尔尼诺事件下智利茎柔鱼与竹筴鱼适宜栖息地空间分布

不同强度厄尔尼诺事件下茎柔鱼适宜栖息地重心随气候事件强度的增强逐渐向西南方向移动，智利竹筴鱼适宜栖息地重心在 WE 和 SE 事件下分布于智利西南海域，在 ME 事件下向东北方向移动。经度方向上，SE 事件下茎柔鱼适宜栖息地重心与 WE 和 SE 变化差异明显，经度差约为 1°；WE 和 SE 事件下的智利竹筴鱼适宜栖息地重心与 ME 事件下的变化差异明显，经度差约为 1.5°。纬度方向上两者适宜栖息地重心变化趋势与经度方向上的变化趋势相似，不同强度气候事件下两者纬度重心差变化均较小（图 6-17）。

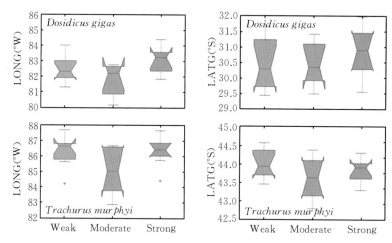

图 6-17　不同强度厄尔尼诺事件下智利茎柔鱼与竹䇲鱼适宜栖息地重心变化

4. 不同强度气候事件下环境因子与两物种栖息地适宜性的关系

空间相关性结果表明，SSHA、SSS 和 Temp_400 m 与茎柔鱼渔场 HSI 呈负相关性，SST、Temp_400 m 与智利竹䇲鱼渔场 HSI 呈正相关，MLD 与智利竹䇲鱼渔场 HSI 呈负相关（图 6-18）。

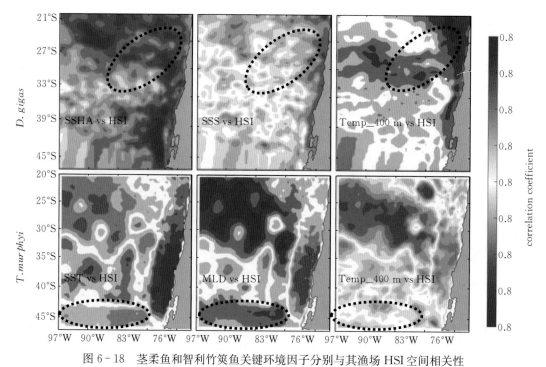

图 6-18　茎柔鱼和智利竹䇲鱼关键环境因子分别与其渔场 HSI 空间相关性

关键环境因子与茎柔鱼和智利竹䇲鱼栖息地适宜性纬度重心交相关结果表明，

SSHA、SSS 和 Temp＿400 m 与茎柔鱼栖息地适宜性纬度重心均成正相关，分别在时滞为－2 年、0 年和 2 年时相关性最大，相关系数分别为 0.364 3、0.273 6 和 0.521 9（图 6－19）。SST、MLD 和 Temp＿400 m 与智利竹筴鱼栖息地适宜性纬度重心均呈正相关，分别在时滞为 0 年、9 年和－6 年时相关性最大，相关系数分别为 0.509 4、0.356 3 和 0.334 0。对于关键环境因子与茎柔鱼栖息地适宜性纬度重心相关系数最大的 Temp＿400 m 和与智利竹筴鱼栖息地适宜性纬度重心相关性最大的 SST，不同强度厄尔尼诺事件下，适宜 Temp＿400 m 平均纬度随气候事件强度的增强逐渐南移，适宜 SST 平均纬度变化则表现为 WE 和 SE 事件较 ME 事件南移（图 6－20）。

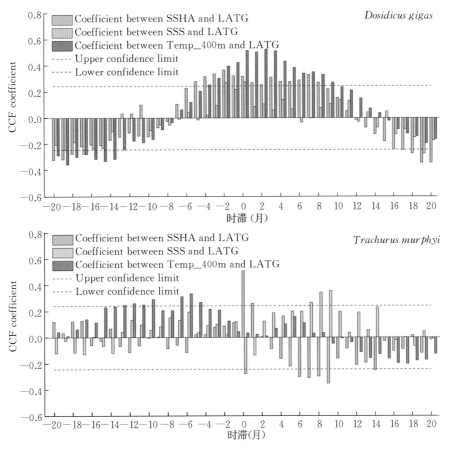

图 6－19　茎柔鱼和智利竹筴鱼关键环境因子分别与其栖息地适宜性纬度重心的交相关系数

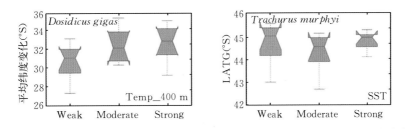

图 6－20　不同强度厄尔尼诺事件下适宜 Temp＿400 m 与适宜 SST 平均纬度变化

不同强度厄尔尼诺事件下，茎柔鱼最适宜 Temp _ 400 m（7.5 ℃）等值线变化差异较小，而 WE 和 SE 事件下智利竹筴鱼最适宜 SST（12 ℃）等值线较 ME 事件南移（图 6 - 21）。

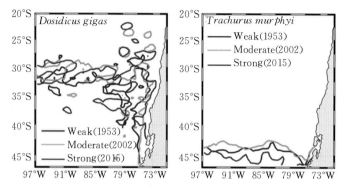

图 6 - 21　不同强度厄尔尼诺事件下茎柔鱼最适宜 Temp _ 400 m 和
智利竹筴鱼最适宜 SST 等值线空间分布

（三）讨论分析

气候变化调控海洋条件如海洋温度、化学成分、初级生产力等的变化，进而驱动海洋物种资源丰度与分布的变动，如海洋物种的耐寒性和耐热性是其分别于极地或赤道热带区域分布的边缘线（Li et al.，2016；Hastings et al.，2020；Weelden et al.，2021）。然而，物种对海洋区域空间条件的依赖不仅仅取决于海温亲和力，还依靠生态系统内其他关键生态资源的可用性，如饵料的丰富度及其来源的稳健性、海洋初级生产力等海域基质条件以及栖息区域内的海洋动力等，仅选用海洋热量条件探究物种对气候变化的响应可能会在研究的全面性方面有所欠缺（Helmuth et al.，2006；Hastings et al.，2020）。因此，为较好了解东南太平洋智利海域茎柔鱼和智利竹筴鱼种群空间分布格局对气候变化的响应，本研究参照冯志萍等（2021）基于最大熵模型（MaxEnt）对东南太平洋智利海域茎柔鱼和智利竹筴鱼关键环境因子筛选的研究结果，剔除关键环境因子中相关性较高的因子，同时贴合两者垂直移动的生物学特性及其对智利海域生态资源需求的多面性，选取相关性较低的 SSHA、SSS、Temp _ 400 m 和 SST、MLD、Temp _ 400 m 分别为茎柔鱼和智利竹筴鱼的关键环境因子以探究两者适宜栖息地对同一气候变化的协同响应。

厄尔尼诺事件是每 3～7 年发生在赤道太平洋海域大规模表层海水和热带大气环流异常的海气耦合系统中最强年际变化信号的 ENSO 事件的暖位相，是强烈海气作用的结果（Montecinos et al.，2005；Behera et al.，2021）。厄尔尼诺事件引发的赤道洋流和信风的改变强烈影响了区域海洋条件，而不断变化的海洋环境对海洋鱼类生命周期如性腺成熟时间、洄游路径和产卵位置的改变、栖息地分布范围等产生重大影响（Chen et al.，2008；Pecl and Jackson，2008；Brander et al.，2010），如周为峰等（2021）基于全球海洋 Argo 网格温跃层数据集（BOA _ Argo）和同期商业渔船渔捞日志数据研究发现，厄尔尼诺事件下赤道中西太平洋东西面的温跃层上界深度差减小，黄鳍金枪鱼的 CPUE 随温跃层上界温度高值区的东移而东移。然而，有研究认为厄尔尼诺事件在热带太平洋表现出明显的不规则性，具体表现为 SST 异常持续的时长和强度的不规则性，由此演化出不同强度类型的厄尔尼诺事件，对海洋物种的资源丰度与分布造成了不同程度的影响（刘长征等，2010；周一博等，2018），如 Yu 等（2018）研究发现在弱厄尔尼诺事件下太平洋褶柔鱼冬生群 CPUE 降低，而中等强度的厄尔尼诺事件下其 CPUE 和资源补充量则增加。此外，物种种群动态在集群范围内的重新分布不仅仅取决于物种对气候变化的驱动响应，还取决于与其有相互关系的物种的同步性响应（Davis et al.，1998；Hastings et al.，2020）。因此，探究智利海域关键中上层物种中茎柔鱼和智利竹筴鱼栖息地分布对不同强度、不同时空尺度气候和环境变化驱动的协同响应可为两者资源的合理利用和管理提供科学帮助。

　　茎柔鱼和智利竹筴鱼作为南太平洋渔业管理组织（South Pacific Regional Fisheries Management Organization，SPRFMO）的重点监管物种，对两者栖息地年际或年代际时间尺度内的单一物种或多物种协同变动研究仍是该组织目前比较认可的且较为重要的前沿研究（SPRFMO，2020）。本研究基于智利海域茎柔鱼和智利竹筴鱼的关键环境因子分析不同强度厄尔尼诺事件下两者适宜栖息地的年际变动，研究发现茎柔鱼适宜栖息地面积随厄尔尼诺事件强度的增强而逐渐减少，其关键环境因子 SSHA 随气候强度的增强而增加，SSS 变化与 SSHA 相反，表明较低的 SSHA 和较适宜的 SSS 适宜茎柔鱼栖息。SSH 代表海水的辐合和涌升，也体现了热力学、海洋和大气之间的动力学累计效应，其对海洋生态种的影响往往反映了不同 ENSO 事件对物种的影响（Li et al.，2016；陈芃等，2020）。在中等强度和强厄尔尼诺事件期间，赤道太平洋信风的减弱变化扰乱了地表风应力和海洋温跃层上界压力梯度间的平衡，使得热带西太平洋海洋温跃层上方的热力异常导致的海面风应力异常伴随热带太平洋水体振荡沿赤道自西向东扩展，此过程中产生有利于水体振荡的异常风应力及散度场反过来进一步加强混合层水体振荡向东扩展，促使热带西太平洋因水体东移而海表面降低、赤道东太平洋因水体堆积而海表面升高及温跃层加深（赵永平等，2007；Neelin，2010；Alizadeh-Choobari，2017）。赤道太平洋东部及南美洲海表面高度的增加也间接体现了厄尔尼诺事件期间该海域因暖水的堆积而削弱了东南信风驱动下南美洲西海岸上升流及其携带下层海水中无机盐等营养物质的上泛强度，促使浮游生物的丰富度降低，从而间接弱化了茎柔鱼的饵料充足度，导致其适宜栖息地面积减少（Halpern，2002；Rahn et al.，2012）。SSS 作为全球水循环的指标，在热带气候动力过程中具有重要作用，往往体现了与 ENSO 大气环流异常引起的海洋淡水通量、海洋平流、海洋混合层深度（MLD）等的变化（Huang et al.，2008；Cravatte et al.，2009；Nguyen et al.，2018；Qi et al.，2019；方祝骏等，2019）。表层平流作用和降水变化是 SSS 对厄尔尼诺事件响应变化的主要机制，厄尔尼诺事件期间，赤道西太平洋温暖淡水向东移动，促使南太平洋复合带 SPCZ 区域降水的减少，间接导致 SSS 的降低（Cravatte et al.，2009；Zhi et al.，2020）。SSS 的降低也体现了智利海域北上冷涡旋与南下的南赤道暖涡交汇强度减弱，不利于渔场生产力的发展，从而影响茎柔鱼适宜栖息地的扩张（牛明香等，2009）。智海等（2021）基于海表面盐度指数区分热带太平洋两种类型厄尔尼诺事件，研究发现中太平洋厄尔尼诺的 SSS 最大异常值呈东北-西南分布，东太平洋厄尔尼诺的 SSS

异常相对平行于赤道。不同强度厄尔尼诺事件下，智利海域内茎柔鱼适宜栖息地空间上呈东北-西南且近似平行于赤道的条状分布，由此推测智利海域北部可能受中太平洋和东太平洋两类厄尔尼诺事件的共同作用。

不同强度厄尔尼诺事件下，智利竹筴鱼适宜栖息地面积变化表现为 WE 和 SE 事件下的大于 ME 事件下的，其关键环境因子 SST 和 Temp_400 m 变化与其适宜栖息地变化相似，而 MLD 则随气候强度的增强而减少，表明海温在智利竹筴鱼栖息地空间分布中具有重要的作用。Zheng 等（2012）研究认为在中西太平洋区域的厄尔尼诺事件期间，由淡水通量负异常引起的负盐度异常向西偏移，而此时的 MLD 也向西偏移，体现了 SSS 与 MLD 变化的一致性，故而 MLD 在不同强度厄尔尼诺事件下随气候强度的增强及 SSS 的减小而减小。MLD 可以体现海气通量变化，其厚度决定了海洋净表面热通量在垂向分配的体积。厄尔尼诺事件期间，在海洋表层热通量和大尺度风场的影响下，赤道太平洋东部海洋表层的增温远大于次表层，使得上层海洋层结和混合层深度变浅，促使海洋表层吸收的太阳辐射得到进一步积累，并在加强的状态下使混合层升温变浅（Sutton et al.，2007；许丽晓，2014）。海温等值线的南北移动与智利竹筴鱼栖息地变动具有一致性，具体表现为智利海域海温升高，其等值线向南移动，智利竹筴鱼也向南洄游；反之则向北迁移（Li et al.，2016；冯志萍等，2021）。然而，与茎柔鱼关键环境因子 SSHA 和 SSS 在不同强度厄尔尼诺事件下逐级变化趋势不同的是，智利竹筴鱼关键环境因子 SST 和 Temp_400 m 在不同强度厄尔尼诺事件下的变化却表现为 WE 和 SE 事件大于 ME 事件，这可能与太平洋西部和中部的多次强偶发性西风事件及不同类型厄尔尼诺事件的发生有关。

Philander 等（1983）统计 1950—1983 年发生的厄尔尼诺事件时发现，该阶段发生的厄尔尼诺事件中存在南美洲沿岸海表面最先异常升温并逐渐传递到赤道太平洋西部海域和赤道中部太平洋最先异常升温并逐渐传递到赤道东太平洋南美洲海域两种类型的厄尔尼诺事件，即东部型厄尔尼诺和中部型厄尔尼诺事件。中部型和东部型厄尔尼诺事件对南北美西海岸的影响可能是相反的，如中部型厄尔尼诺事件发生时美国西部冬季以北干南湿的气候变化为主，而东部型厄尔尼诺事件发生时则是以偏湿的气候为主（Weng et al.，2007；Yu et al.，2013）。伍红雨等（2014）指出东部型拉尼娜事件发生时我国冬季华南气温以偏低为主，而中部型拉尼娜事件发生时华南冬季气温出现过显著偏高的情况，即热中心和事件动态变化不同的厄尔尼诺事件所产生的影响存在差异性。依据 2017 年中国气象局颁布的气象行业标准《厄尔尼诺/拉尼娜事件判别方法》，本文中强度厄尔尼诺事件年份 1968 年、1994 年、2002 年和 2009 年均属于中部型厄尔尼诺事件，其中 1994 年、2002 年和 2009 年属于中等强度的中部型厄尔尼诺事件，而弱、强的厄尔尼诺事件年份均属于东部型厄尔尼诺事件。相较于东部型厄尔尼诺事件的海温异常模式，中部型厄尔尼诺事件最大增温现象集中在赤道太平洋中部，对赤道太平洋东部和南美洲的增温效应相对短暂且影响程度较弱（Mcphaden et al.，2004；Alizadeh-Choobari，2017；周一博等，2018）。此外，东部型厄尔尼诺事件期间，东太平洋和中太平洋赤道沿线的东风应力异常通常保持在 100°W—120°W 以东的范围内，在中等强度厄尔尼诺事件期间，其在纬向上程度增强，可能在一定程度上削弱了赤道太平洋东部温跃层加深的趋势，导致东部太平洋和南美洲海域海温异常程度减弱（Mcphaden et al.，2004）。因而，智利海域智利竹筴鱼的关键环境因子 SST 和 Temp_400 m 与其适宜栖息地面积在不同强度厄尔尼诺事件下的变化表现为 WE 和 SE 事件下的大于 ME 事件下的。相较于智利竹筴鱼，茎柔鱼对环境变化的敏感性更强，种群丰度和资源补充量更易受气候和环境变化的影响，且其分布的区域也更接近赤道海域，故受厄尔尼诺事件的影响更为显著。目前，虽有研究发现不同强度厄尔尼诺事件下中西太平洋鲣适宜栖息地面积变化与本研究中智利竹筴鱼适宜栖息地面积变化趋势一致（杨彩莉等，2021），但不同强度厄尔尼诺事件下海温异常的真正变化机制目前尚不清楚，未来需要从海洋—大气耦合的角度出发对海洋与大气间的物理过程进行合理的定量分析以探寻此变化机制。

气候变化引起海流强度、流转轴及热带辐合带（Intertropical convergence zone，ITCZ）等的变动，改变了海域基质条件并迫使具有较强洄游能力的海洋物种放弃原有栖息环境以寻找新的适宜且较为稳定的生存空间，如气候变化引起东北大西洋浮游动物生产力产生季节性变化，致使以摄食浮游动物为食的海洋鱼类栖息地在纬向和垂向上表现出明显的季节迁移变化；太平洋年代际涛动（PDO）影响西北太平洋秋刀鱼（*Cololabis saira*）的冬季产卵场和索饵场，PDO 冷位相时黑潮入侵加强且延伸体明显，秋刀鱼种群向高海洋净初级生产力（NPP）的高纬度方向移动（Akamine，2004；Lee et al.，2009；Rijnsdorp et al.，2009；Stouffer et al.，2015；刘祝楠等，2018）。不同强度厄尔尼诺事件下，东南太平洋智利海域茎柔鱼适宜栖息地重心随气候强度的增强而逐渐南移，其纬度重心的变化主要与其关键环境因子中的海温纬度变化有关；智利竹筴鱼适宜栖息地重心变化则表现为 WE 和 SE 事件相较于 ME 事件南移，其纬度重心主要与适宜的 SST 纬度变化有关。稳定的洋流体系是海洋生态种渔场形成的根本原因，分布于智利北部区域的茎柔鱼渔场的形成主要受以风驱动的沿海上升流影响（Blanco and Luis et al.，2002）。正常年份期间，赤道风推动南美洲西海岸的沿海上升流，抬升温跃层并强化下层海水营养物质的上涌强度，促进浮游植物及动物的生长，为中上层物种的生长繁殖提供了丰富的初级生产力（Blanco and Luis et al.，2002）。厄尔尼诺事件期间，南太平洋高压减弱，ITCZ 向南移动，加强了秘鲁南部和智利北部不利于上升流风的吹拂，智利南部北上的冷涡旋势力弱于北部的南赤道逆流，Temp_400 m 等值线南移，同时赤道东太平洋和南美洲海域内暖水堆积增强了智利北部区域的地表和极地暗流，赤道暖水向极地方向输送的同时压低了温跃层，降低了海域浮游生物生产力，使得茎柔鱼适宜栖息地整体向南移动（Halpern et al.，2002；Strub et al.，2002；Penven et al.，2005）。Acorss 等（2001）研究认为强厄尔尼诺事件下智利竹筴鱼栖息地向西南方向移动，本研究表明智利竹筴鱼适宜栖息地重心在 WE 和 SE 事件下分布于智利西南方向，这与以往研究较为一致；此外，在 ME 事件下智利竹筴鱼适宜栖息地重心相对往东北方向移动，这与其关键环境因子中最适宜 SST 在不同强度气候事件下的变化有关。

本研究从渔业海洋学的角度出发，重点讨论了东南太平洋智利海域茎柔鱼和智利竹筴鱼适宜栖息地在长时间序列的不同强度厄尔尼诺事件下的协同响应，但仍存在几个问题有待后续解决：首先，本研究重心仅限于两物种栖息地分布变化，缺乏对该长时间序列下两者资源量变化及资源量与栖息地间的同步性探究；其次，导致不同强度厄尔尼诺事件下海温变化差异机制和茎柔鱼与智利竹筴鱼适宜栖息地同步变化机制目前仍是不清楚的；第三，秘鲁-智利生态系统受气候变化影响自下而上调控系统内部的生态平衡，饵料生物的种群丰度变化及其产生的生态效应等均有可能从生物因素方面对茎柔鱼和智利竹筴鱼栖息地的协同响应产生影响。因此，在后续研究中应考虑以多学科交叉（包括但不仅限于渔业生物学、生理学、海洋科学等）为研究基点，建立合适的物理-生物耦合模型或海洋动力学模型等以探究或阐明茎柔鱼和智利竹筴鱼协同响应的海洋变化机制。

第四节　茎柔鱼和智利竹筴鱼栖息地对
太平洋年代际涛动的协同响应

洪堡洋流系统（Humboldt current system，HCS）是东太平洋高生产力的海流系统之一，受海洋多变环境的影响，HCS中主要开发的海洋经济鱼类产量呈现出显著的年际变动；同时，各种类为寻求稳定环境以获得较长生存时间和较大生长空间时，产量或生境等呈现出明显的同步性变化（Bakun et al.，2008；陈芃等，2016）。如对溶解氧浓度需求相似的沙丁鱼和竹筴鱼均分布在溶解氧浓度较高的区域内（Bertrand et al.，2011）。而西北太平洋鳀和沙丁鱼两者适宜生长温度分别为 22 ℃ 和 16.2 ℃，两者最佳生长温度间的变化导致了西北太平洋出现了温水期鳀优势种到冷水期沙丁鱼优势种的转变现象（Takasuka et al.，2008）。因此，了解物种对环境因子的响应机制可以为生态学领域不同物种间的种群动态变化提供科学基础。

同海域或跨海域的物种同步性变化也反映了由气候引起的海洋体制的变化。例如，西北太平洋柔鱼与东南太平洋茎柔鱼的潜在分布在不同太平洋年代际涛动（PDO）冷暖位相下呈现同步性变动规律，两者栖息地适宜面积及适宜性强弱在冷暖时期存在交替变化现象，实质反映了PDO现象发生时太平洋东西部的变化差异（McClatchie et al.，2017；Yu et al.，2021）。秘鲁上升流的生物组成也呈现规律性的转变，1950—1970年和1985年以后的冷水时期秘鲁鳀占主导地位，为秘鲁鳀时期；而 1970—1985 年的暖水时期沙丁鱼占主导地位，为沙丁鱼时期（Albeit et al.，2004）。茎柔鱼和竹筴鱼作为智利渔场渔获量较多和经济价值较高的头足类和鱼类（Li et al.，2016；Yu et al.，2018），目前虽有研究发现在不同中小尺度ENSO气候事件影响下，厄尔尼诺事件会降低茎柔鱼栖息地适宜性，同时由于沿海海底水的上涌和转向使得某些鱼类（如鳀）的栖息条件急剧恶化，从而改善了竹筴鱼的集群条件，拉尼娜事件变化相反，但这些研究尚未将大尺度气候变化与两者交替优势种转变及其适宜生境分布联系起来（张敏等，2000；Yu et al.，2019）。因此，本研究利用长时间序列数据探究两者栖息地对不同PDO冷暖位相的响应规律，为两者资源的可持续利用及管理提供科学依据。

（一）材料方法

1. 材料

本研究选取的渔业数据均来源于上海海洋大学中国远洋渔业数据中心，茎柔鱼渔业数据时间跨度为 2011—2017 年 3—5 月，竹筴鱼为 2013—2017 年 3—5 月。数据信息主要为作业经纬度、作业日期、每日捕捞量（单位：t）及捕捞努力量（以 d 计算）。以往研究发现，海表面高度（SSH）、海表面盐度（SSS）和 400 m 水层温度（Temp_400 m）是影响茎柔鱼时空分布最为关键的环境因子，而海表面温度（SST）、混合层深度（MLD）和 400 m 水层温度（Temp_400 m）是影响竹筴鱼分布最为关键的环境因子（Nigmatullin et al.，2001；冯志萍等，2021）。因此，本研究选用 SSHA、SSS 和 Temp_400 m 为茎柔鱼环境因子，SST、MLD 和 Temp_400 m 为竹筴鱼环境因子，所有环境数据均来自亚太数据研究中心（http://apdrc.soest.hawaii.edu/las_ofes/v6/dataset?catitem=71），时限为 1950—2017 年 3—5 月。渔业和环境数据的空间覆盖范围均为 70°W—97°W，20°S—47°S，将所有数据处理成时间分辨率为季度、空间分辨率为 0.5°×0.5° 以完成渔业和环境数据的相互匹配。PDO 指数来源于美国华盛顿大学大气与海洋研究联合研究所（JISAO）网站（http://research.jisao.washington.edu/pdo/PDO.latest）。

2. 分析方法

分别对 1950—2017 年 PDO 指数及各环境因子进行逐年平均，根据 PDO 指数的年际变化，确定 1950—2017 年冷暖位相的具体年限，并分析各环境因子在不同位相时期的年际变化；绘制不同 PDO 冷暖位相时各环境因子的空间分布图以分析其空间变化特征；利用交相关函数分析 PDO 指数与各环境因子的空间相关性以探究各环境变量在空间上与 PDO 指数的交互关系。

基于最小二乘法建立的适应性指数（SI）模型（冯志萍等，2021），分别对各环境因子 SI 值进行逐年平均并绘制其在不同 PDO 冷暖位相时的空间分布图，分析各环境变量适应性指数在不同冷暖时期的时空变化。

依据冯志萍等（2021）构建的最优权重栖息地模型（HSI）计算 1950—2017 年茎柔鱼与竹筴鱼栖息地指数 HSI（范围为 0~1），将两者 HSI 划分为 0~0.2、0.2~0.4、0.4~0.6、0.6~0.8 和 0.8~1 五个区间，并将 $HSI \geq 0.6$ 定义为茎柔鱼与竹筴鱼适宜栖息地（Yu et al.，2021）。

利用交相关函数分析 PDO 指数与茎柔鱼和竹筴鱼 HSI 的时空相关性，计算两者栖息地适宜面积比例以量化两者的空间分布大小；计算两者适宜栖息地重心并绘制适宜生境等值线空间分布图，分析两者适宜生境在不同 PDO 冷暖位相时空间位置的变化特征。其中，经纬度重心计算公式如下：

$$LONG_{HSI} = \frac{\sum (Lon_{yij} \times HSI_{yij})}{\sum HSI_{yij}} \tag{6-5}$$

$$LATG_{HSI} = \frac{\sum (Lat_{yij} \times HSI_{yij})}{\sum HSI_{yij}} \tag{6-6}$$

式 6-5、式 6-6 中，$LONG_{HSI}$、$LATG_{HSI}$ 分别代表 y 年适宜 HSI 的经度（i）重心和纬度（j）重心。

（二）结果

1. 不同 PDO 冷暖位相时各环境因子时空变化

由 PDO 指数及各环境因子年际变化结果可看出，1950—2017 年 PDO 经历了 1950—

1976 年、1999—2017 年两个冷位相以及 1977—1998 年一个暖位相，三个位相对应的 PDO 指数年均值分别为−0.63、0.60 和−0.15。在不同 PDO 冷暖位相时，SSHA、SST 和 SSS 的均值变化趋势相似，均为暖位相均值高于冷位相均值，但 SSS 在不同冷暖位相时的均值变化差异甚微；MLD 在 1977—1998 年暖位相时的均值显著低于 1950—1976 年冷位相均值，但与 1999—2017 年冷位相均值相差甚小。Temp_400 m 与 MLD 变化相反，其在 1977—1998 年暖位相时的均值显著高于 1999—2017 年冷位相时的均值，但与 1950—1976 年冷位相均值相差甚小（图 6 - 22）。

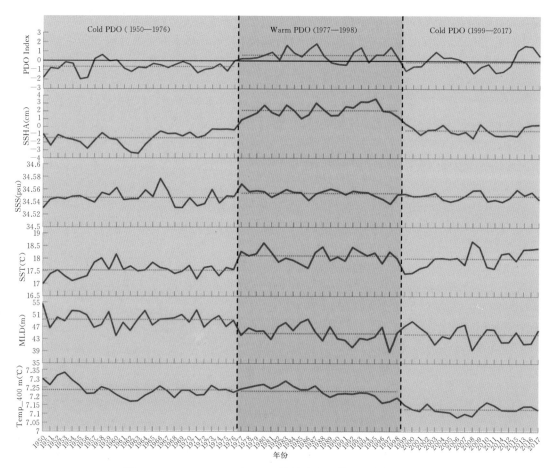

图 6 - 22 1950—2017 年 PDO 指数及各环境因子的年际变化

各环境因子空间变化表现为（图 6 - 23）：SSHA 在 1997—1998 年暖位相时由东北向西南方向递减，大部分海域的 SSHA 为正值，1950—1976 年冷位相时呈现由东北向西南先递增后递减的变化趋势，而 1999—2017 年的冷位相则呈现由东北向西南先递减后递增的变化趋势。SSS 在不同位相时变化甚微，整体上呈现由北向南逐渐递减的趋势。SST 整体变化趋势与 SSS 相似，即海温由北向南逐渐降低，其在不同 PDO 位相时的变化以智利外海西北方向最为显著，暖期时 SST 高于 20 ℃的区域大于冷期。MLD 整体呈由南北向中部区域递减的变化趋势，冷位相时 MLD 高值区域面积大于暖位相，其在 1950—1976 年

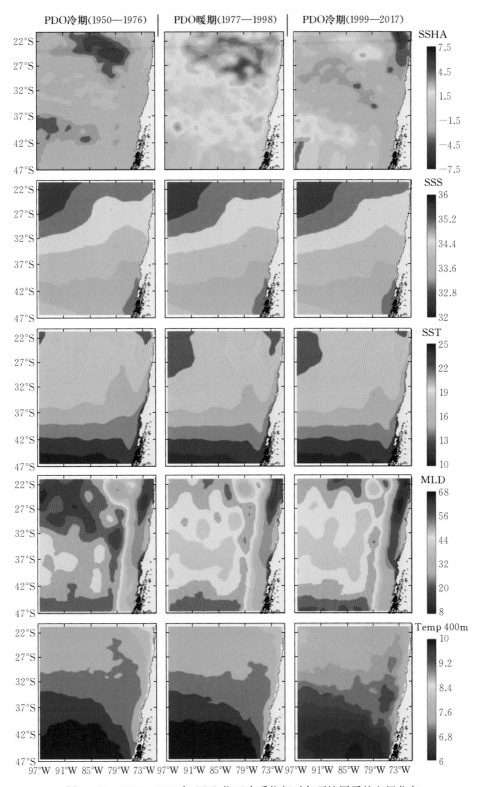

图 6-23 1950—2017 年 PDO 位于冷暖位相时各环境因子的空间分布

冷位相时最高，大面积海域内 MLD 在 45～68 m 范围内变化。1950—1976 年冷位相和 1999—2017 年冷位相时 Temp_400 m 低于 7.6 ℃的海域面积大于 1977—1998 年暖位相，整体呈由南向北逐渐升高的变化趋势。

2. PDO 指数与各环境因子的空间相关性

PDO 指数与各环境因子空间相关性结果表明（图 6-24），在茎柔鱼主要分布的智利北部海域内，影响其潜在分布的关键环境因子 SST 和 SSHA 与 PDO 指数呈正相关，而 MLD 与 PDO 指数呈负相关；在茎柔鱼渔场内，SSS 和 Temp_400 m 与 PDO 指数呈现正相关；在竹筴鱼渔场内，Temp_400 m 与 PDO 指数呈负相关。

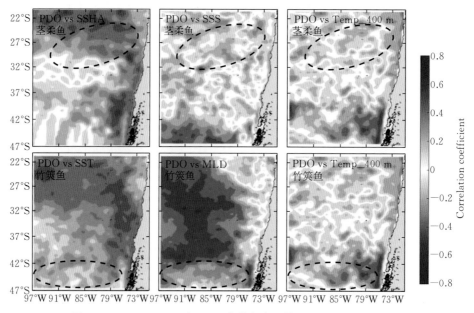

图 6-24　1950—2017 年 PDO 指数与各环境因子空间相关性分布

3. 不同 PDO 冷暖位相时各环境因子 SI 指数的时空变化

由不同 PDO 冷暖位相时各环境因子适宜性指数年际变化结果可看出（图 6-25），茎柔鱼关键环境因子 SSHA、SSS 和 Temp_400 m 适宜性指数在 1977—1998 年暖位相时的均值均高于 1950—1976 年冷位相均值和 1999—2017 年冷位相均值。竹筴鱼关键环境因子中 MLD 和 Temp_400 m 适宜性指数在 1977—1998 年暖位相时的均值均高于 1950—1976 年冷位相均值和 1999—2017 年冷位相均值。SST 适宜性指数变化与 MLD 和 Temp_400 较为不同，其在 1977—1998 年暖位相时的均值为 0.209，虽与 1999—2017 年冷位相均值 0.212 相差较小，但明显低于 1950—2017 年冷位相均值 0.235。

茎柔鱼各环境因子适宜性指数空间变化表现为（图 6-26）：1950—1976 年冷位相时智利沿岸附近大范围海域 SI_{SSHA} 均在 0.6 以上变化；1999—2017 年高于 0.6 的 SI_{SSHA} 主要分布在智利沿岸附近及西北—东南方向的条状区域内；1977—1998 年暖位相时 SI_{SSHA} 空间上呈由东北向西南递增的趋势，高于 0.6 的 SI_{SSHA} 主要分布于 40°S 以南的区域内。SI_{SSS} 在

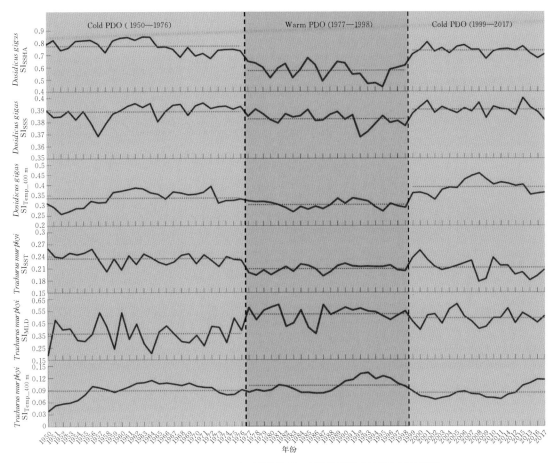

图 6-25 1950—2017 年不同 PDO 时期各环境因子适宜性指数

不同 PDO 冷暖位相条件下变化差异很小，纬度上大于 0.6 的 SI_{sss} 在东北-西南方向上从智利沿岸到外海呈条状分布于 20°S—37°S 区域。大于 0.6 的 $SI_{Temp\_400\,m}$ 在不同 PDO 冷暖位相时空间上呈三角状分布，其在 1977—1998 年暖位相时在纬度方向上的分布面积小于 1950—1976 年和 1999—2017 年冷位相的分布面积，适宜性弱于两个冷位相，同时 1999—2017 年大于 0.6 的 $SI_{Temp\_400\,m}$ 空间上有向东北偏移的趋势。

智利竹筴鱼各环境因子适宜性指数空间变化表现为：大于 0.6 的 SI_{SST} 在不同冷暖位相条件下集中分布于 75°W—97°W，40°S—47°S 的海域范围内，其空间分布面积及指数大小在各位相时变化差异不明显。SI_{MLD} 在不同 PDO 冷暖位相时变化较为显著，在 1950—1976 年冷位相时大于 0.6 的 SI_{MLD} 主要分布于 80°W—97°W，32°S—40°S 的海域内；1977—1998 年暖位相时，分布于智利外海的 SI_{MLD} 整体偏高，其中高 SI_{MLD} 分布面积于纬度上向西南延伸且适宜性增强；1999—2017 年冷位相时，在 0.4～0.6 范围变化的 SI_{MLD} 分布区域较广，而大于 0.6 的 SI_{MLD} 面积于东北方向上显著减少且适宜性减弱。高 $SI_{Temp\_400\,m}$ 主要分布在 42°S—47°S 区域内，且在 1977—1998 年暖位相的分布面积大于 1950—1976 年和 1999—2017 年冷位相的分布面积。

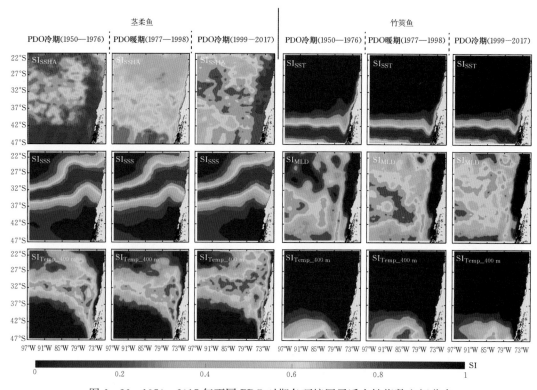

图 6-26　1950—2017 年不同 PDO 时期各环境因子适宜性指数空间分布

4. 不同 PDO 冷暖位相下竹筴鱼与茎柔鱼的 HSI 时空变化

由图 6-27 可看出，交相关结果显示茎柔鱼 HSI 与 PDO 指数呈显著负相关，而竹筴鱼 HSI 与 PDO 指数呈显著正相关，两者 HSI 与 PDO 指数的相关关系均在时滞为 0 年时相关性最大，相关系数分别为 -0.563 4 和 0.454 0。在空间相关性变化中，分布于智利北部海域的茎柔鱼其 HSI 与 PDO 空间上呈现负相关关系，而分布于智利南部海域的竹筴鱼其 HSI 与 PDO 空间上呈现正相关关系。

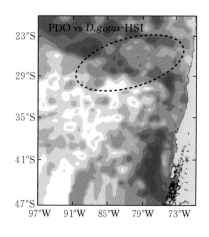
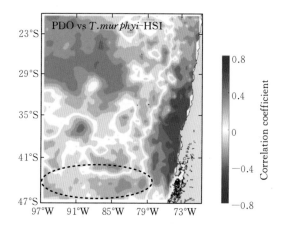

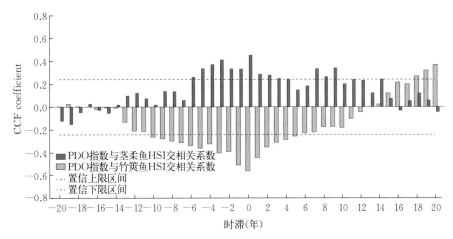

图 6-27　1950—2017 年 PDO 指数与茎柔鱼和竹筴鱼 HSI 的空间相关性和交相关系数

　　茎柔鱼与竹筴鱼 HSI 在不同 PDO 冷暖位相条件下的年际变化结果表明两者 HSI 在冷暖时期变化相反（图 6-28）。茎柔鱼 HSI 在 1977—1998 年暖位相时的均值为 0.470 2，

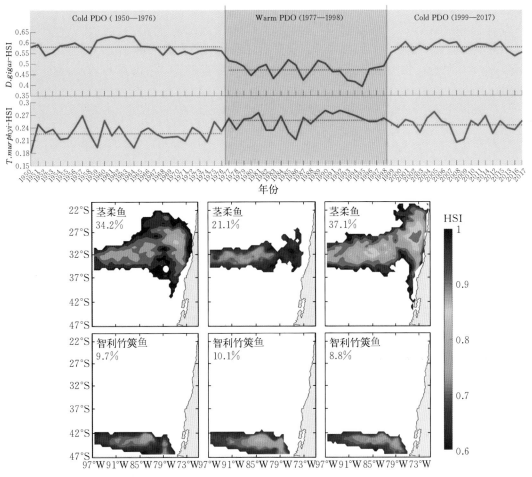

图 6-28　1950—2017 年不同 PDO 时期茎柔鱼与竹筴鱼适宜栖息地面积比例及空间分布

显著低于 1950—1976 年冷位相均值 0.580 7 和 1999—2017 年冷位相均值 0.578 2。竹筴鱼 HSI 在 1977—1998 年暖位相时均值为 0.256 7，高于 1950—1976 年冷位相均值 0.225 6 和 1999—2017 年冷位相均值 0.245 0。

通过计算不同 PDO 冷暖位相条件下茎柔鱼与竹筴鱼适宜 HSI 比例以量化两者适宜栖息地空间分布大小，结果表明：茎柔鱼栖息地适宜面积比例在 1977—1998 年暖位相时为 21.1%，显著少于 1950—1976 年冷位相面积比例 34.2% 和 1999—2017 年冷位相面积比例 37.1%，暖位相时栖息地适宜性也弱于冷位相。竹筴鱼栖息地适宜面积比例在 1977—1998 年暖位相时为 10.1%，高于 1950—1976 年冷位相面积比例 9.7% 和 1999—2017 年冷位相面积比例 8.8%，暖位相时栖息地适宜面积虽略高于冷位相，但适宜性显著强于冷位相。

茎柔鱼与竹筴鱼适宜栖息地重心变化结果表明（图 6-29），茎柔鱼适宜生境在暖位相时向西南方向移动，冷位相时向东北方向移动；竹筴鱼在适宜生境重心受 PDO 冷暖位相影响变化较小。在 1950—1976 年冷位相时，茎柔鱼适宜栖息地重心主要分布在 81.5°W—83°W，30°S—31°S 海域内，竹筴鱼主要栖息于 85°W—88°W，43.5°S—44°S 附近区域内；1999—2017 年冷位相时，茎柔鱼适宜栖息地重心偏向东北方向，主要分布在 80°W—82°W，29°S—30°S 区域内，竹筴鱼变化趋势与茎柔鱼相似；1977—1998 年暖位相时，茎柔鱼适宜栖息地重心向西南方向偏移趋势明显，经度西移到 84.5°W 附近，纬度南移至 31.5°S 附近，竹筴鱼适宜生境经度重心略有东移趋势，纬度重心居于两个冷位相之间。

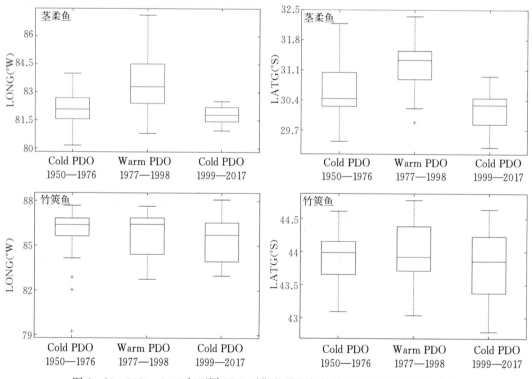

图 6-29　1950—2017 年不同 PDO 时期茎柔鱼与竹筴鱼适宜栖息地重心变化

茎柔鱼与竹筴鱼适宜 HSI 等值线结果表明（图 6-30），PDO 冷位相时茎柔鱼适宜生境纬度方向上的变化幅度较经度方向上的变化幅度更显著，适宜生境在 PDO 冷位相时纬度可延伸到 20°S 和 45°S 附近海域；竹筴鱼于不同 PDO 冷暖位相时空间位置变化不明显。

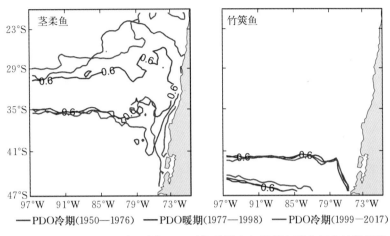

图 6-30　1950—2017 年不同 PDO 时期茎柔鱼与竹筴鱼适宜栖息地等值线

（三）讨论分析

PDO 现象为太平洋海域物种创造了一个年际到年代际时间尺度的气候背景，其冷暖模态的转变对渔场范围内各环境因子具有调控作用（Castillo et al.，2019）。SSH 是海水动力学的表征，代表了海水的辐合和涌升，在栖息地模型中其体现了热力学、陆地、海洋和大气过程间的动力学累积结果（Long et al.，2012；陈芃等，2020）。MLD 对大气与海洋之间的动量、热量交换起着重要的作用，可能会改变营养盐和饵料生物浓度，从而影响海洋物种的资源丰度和分布（Nishikawa et al.，2014）。PDO 是一种以 10 年周期尺度变化的太平洋气候变化现象，在 PDO 暖位相期间西太平洋偏冷而东太平洋偏暖，在冷位相期间西太平洋偏暖而东太平洋偏冷，是两种相反的气候模态（Mantua et al.，2002）。余为等（2017）对比分析 1995—2011 年西北太平洋柔鱼传统作业渔场内 SSHA、SSTA 和 MLDA 在不同 PDO 冷暖位相下的变化差异，研究发现 PDO 指数与 SSHA、SSTA 呈负相关，与 MLDA 呈正相关，即 PDO 暖位相时 SSTA 和 SSHA 偏低而 MLDA 偏高，PDO 冷位相时变化相反。Tian 等（2009）认为较低的 SSHA 有利于增强西北太平洋柔鱼栖息地适宜性，即西北太平洋处于 PDO 暖位相时更有利于形成高产的渔场。本研究发现，PDO 指数与 SSHA、SSS、SST 呈正相关，说明 PDO 暖位相时 SSHA、SSS、SST 偏高而 MLD 偏低，较浅的混合层可以通过物理、生物学过程获得更强的光照度和更高的浮游生物数量以及较高的溶解氧浓度，增强竹筴鱼栖息地的适宜性；PDO 冷位相时则相反，这与 PDO 不同冷暖位相时太平洋东西部海洋环境变化关系较为一致，表明本研究结果较为可靠。此外，已有研究发现，秘鲁外海茎柔鱼渔场内的 SSHA 和 SSTA 在 PDO 冷位相时较低，在此海洋环境条件下茎柔鱼栖息地适宜性更强，这与本文研究结果较为一致（温健等，2020）。

　　茎柔鱼和竹筴鱼作为典型的生态主义者，短生命周期的生活史特征决定两者亲体补充量很大程度上依赖于环境条件，使其资源丰度和分布受环境影响变化显著（Espino et al.，2015；Yu et al.，2015）。已有研究表明，中小尺度的 ENSO 事件交替变更会对茎柔鱼与竹筴鱼资源变动产生较显著影响。如杨香帅等（2019）认为厄尔尼诺期间竹筴鱼 CPUE 高于正常月份均值，渔场重心存在向西北移动的趋势；拉尼娜事件期间 CPUE 低于正常月份均值，渔场重心向东南方向偏移。Yu 等（2016）基于栖息地模型对比分析东南太平洋茎柔鱼栖息地在不同 ENSO 事件下的变化差异，研究认为厄尔尼诺事件减弱了上升流强度，茎柔鱼适宜面积大量缩减；拉尼娜事件增强上升流强度，海水中无机盐及浮游生物数量增加，茎柔鱼适宜面积增加。太平洋海域除厄尔尼诺和拉尼娜高频发生的气候事件外，变化频率低于 ENSO 事件的长期气候变化即 PDO 是促使太平洋海域变化的另一主导因素，对远洋鱼类的资源量和分布具有重要的影响（Miller et al.，2004）。如分布于加利福尼亚北部的茎柔鱼资源丰度和分布受 PDO 影响，其种群密度的季节性分布与海表温和 PDO 变化趋势较为一致（Litz et al.，2014）；东太平洋海域中鳀和沙丁鱼于冷暖时期优势种的转变现象等均与 PDO 有很大关联（Zwolinski et al.，2014；Castillo et al.，2019）。本研究结果表明，茎柔鱼于 PDO 冷位相时适宜面积较大且适宜性较强，而竹筴鱼于 PDO 暖位相时栖息地适宜性较强，即智利海域的茎柔鱼与竹筴鱼在相同 PDO 气候事件背景条件下，暖位相时竹筴鱼为优势种，冷位相时茎柔鱼为优势种，这可能与两者在不同冷暖气候事件下偏好栖息的环境条件有关。太平洋海域生态系统主要受信风控制，该系统东西梯度方向上受不同尺度气候事件影响显著，导致海平面发生变化，从而影响整个太平洋的热力营养结构（Blanco et al.，2017）。PDO 冷位相时，海温和海面高度较低，同时温跃层较浅，上升流强度增强，带动深海底层的营养盐来到表层，丰富了鱼类饵料，提高了茎柔鱼栖息地的适宜性；此位相条件下，混合层较深，海水次表层水温稳定性较弱，同时由于光照强度的减弱，浮游植物通过光合作用产生的溶解氧浓度减小，削弱了竹筴鱼栖息环境的适宜性。

　　不同 PDO 冷暖位相下茎柔鱼与竹筴鱼适宜栖息地重心变化结果表明，在 PDO 冷位相时，茎柔鱼适宜栖息地重心有向西南方向偏移的趋势，PDO 暖位相时向东北方向洄游，而竹筴鱼适宜栖息地重心变化差异较小，两者适宜栖息地重心变化结果可能与两者所处海流环境背景条件有关。南太平洋主要受气旋性环流驱动，秘鲁-洪堡洋流系统是造成这种旋流最直接的原因（Martinez et al.，2009）。在智利中南部海域中，竹筴鱼主要栖息于南太平洋亚热带环流中，四周环绕着北秘鲁-洪堡洋流、西南赤道洋流和向东的南极绕流，这些洋流在 35°S 附近与西风漂流混合（Núñez Elías et al.，2009）。海流的分布限制了智利竹筴鱼主群体分布的南部边界线是南极冷水区，北部边界线是热带水域分布线，同时西风漂流季节性移动的流速和流向变化不明显，使得竹筴鱼种群分布区域的变化于经纬度方向上差异较小（Bertrand et al.，2014）。PDO 暖位相时常伴随有厄尔尼诺事件的发生，此时由于东南信风的减弱，底层冷水上涌减弱，大范围海域海水温度异常增暖，促使茎柔鱼向温度较低的西南方向移动；PDO 冷位相时变化相反（陈大可等，2020）。

　　本研究基于影响智利外海茎柔鱼和竹筴鱼分布较为关键的环境因子与大尺度气候事件 PDO 指数相结合的基础上，探究了 1950—2017 年不同 PDO 冷暖位相时茎柔鱼与竹筴鱼栖息地响应差异，认为在 PDO 暖位相时竹筴鱼为优势种，PDO 冷位相时茎柔鱼为优势种。研究结果虽较好地将大尺度气候变化与两者优势种转变联系起来，但仍存在一定的局限性；东南太平洋智利海域在低频发生的大尺度气候环境背景条件下，伴随有高频发生的中小尺度的不同 ENSO 事件，多重气候背景条件下茎柔鱼与竹筴鱼栖息地对气候变化的响应差异如何目前尚不清楚。此外，由于影响物种种群动态的生物及非生物因子较多，基于已有数据构建的生态位模型并不能很好地反映物种的生态本质。因此，在今后的研究中可将影响智利外海茎柔鱼与竹筴鱼潜在分布的因素尽可能多地考虑进来，同时为降低模型误差以提高研究结果准确性的同时，可以考虑采用多模型结合的方式。

第五节　茎柔鱼和智利竹筴鱼栖息地对全球海洋增暖的协同响应

物种对气候变化的响应研究应随着对物种本身生活史过程认知的逐步加深以及对其在海洋生态系统中所处地位的变化和全球气候系统的研究而逐步完善（Woodworth et al.，2015）。联合国政府间气候变化委员会（Intergovernmental Panel on Climate Change，IPCC）主要任务之一是对如何适应和减缓气候变化的可能对策进行评估，目前其对全球气候系统变化的主要结果已获得多方面的验证（Alabia et al.，2015；赵宗慈等，2018）。当前，全球气候变化对海洋生态系统的影响和在此背景下对大洋性关键经济鱼种资源量的中长期预测已成为海洋生态学研究的热点之一，其对海洋物种的影响主要体现在物种内在机理变化的直接影响和栖息环境改变的外在影响，如气候变化引起的海水温度升高、海洋酸化、海流变化等影响物种生长繁殖、种群动态、资源量的分布、栖息海域范围迁移、渔业生产力和资源的再分配、种间关系变化等（FAO，2009，2016；肖启华等，2016；Dangendorf et al.，2017；Jewett et al.，2017）。因此，掌握大洋性重要经济鱼类资源丰度分布及栖息环境空间格局对全球气候变化的响应状况，可为其资源的可持续利用提供科学帮助。

智利竹筴鱼在智利海域的高产特点使其成为重要的捕捞鱼种，而茎柔鱼在该渔场内的捕捞量也占较高比例（方学燕等，2014；Li et al.，2016；冯志萍等，2021）。研究表明，茎柔鱼和智利竹筴鱼的亲体补充量及渔场分布受不同时空尺度海洋环境因子的变化而具有明显的年际波动，如在异常气候厄尔尼诺事件期间，智利竹筴鱼因智利海域自然条件、生存区域内天敌减少和种间关系变化等因素获得了较好的繁衍条件；受局部海洋环境条件如产卵场适宜水温面积变化、上升流的变化以及不同 ENSO 事件等均对两者栖息地分布及资源量大小产生影响（Ichii et al.，2002；Staaf et al.，2011；Yu et al.，2015；Li et al.，2016；冯志萍等，2021）。2013 年 9 月 IPCC 发布第五次评估指出，随着全球升温增速，物种灭绝的可能性会增大，间接体现了气候变化对驱动海洋生态种产量变动的重要性（IPCC，2013）。目前，针对两物种渔业资源受气候影响的研究主要以局部气候变化引起的海洋环境要素变化为主，缺乏对两者产量及栖息地时空分布对全球气候变化的响应研究（Yu et al.，2019，2021；肖启华等，2021）。为此，本研究利用 IPCC 第六次评估报告中全球耦合模式比较计划第六阶段 CMIP6 模式的不同温室气体排放情景下的海洋环境数据，结合茎柔鱼与智利竹筴鱼渔业生产数据分析未来不同气候变化情景下两者种群丰度与适宜生境的分布情况，并在此基础上提出合理的渔业管理措施以应对气候变化所产生的不确定性影响，为渔业资源的管理和可持续利用提供理论依据。

（一）材料方法

1. 材料

2011—2017 年 3—5 月的茎柔鱼和 2013—2017 年 3—5 月的智利竹筴鱼渔业统计数据均来自上海海洋大学中国远洋渔业数据中心，数据信息包含作业日期（年、月、日）、作业位置（经度、纬度）和渔获量（单位：t），空间分布范围为 70°W—97°W，20°S—47°S，时空分辨率分别为季度和 $0.5° \times 0.5°$。

参考以往影响茎柔鱼和智利竹筴鱼潜在栖息地关键环境因子的研究（冯志萍等，2021），本研究选取影响智利茎柔鱼秋季栖息地变动的关键环境因子海表面高度距平值（SSHA）、海表面盐度（SSS）及 400 m 水层温度（Temp_400m）和智利竹筴鱼的关键环境因子海表面温度（SST）、混合层深度（Ocean mixed layer thickness defined by sigma t，MLOTST）和 Temp_400m 于未来气候变化 SSP126、SSP370 和 SSP585 情景中相对应的海洋环境数据以分析未来不同气候变化情景下茎柔鱼和智利竹筴鱼栖息地及产量的时空变化（其中 SSP126、SSP370 和 SSP585 分别代表能源系统模型产生的低、中、高等程度的基线结果，即温室和反应性气体的低、中、高排放情景）。所有环境数据来源于世界研究计划（Word Climate Research Program，WCRP）数据库（https://esgf-node.llnl.gov/search/cmip6/），时空范围分别为 2015—2100 年 3—5 月和 70°W—97°W，20°S—47°S，时空分辨率分别为季度和 50 km×50 km。

2. 分析方法

本研究以 2015—2020 年、2055—2060 年和 2095—2100 年三个时间段分别表征未来短期、中期及长期的气候变化。

计算环境因子于 2015—2100 年的年均值和未来气候变化短、中、长时期内各环境因子均值，绘制各环境因子于不同气候变化情景下的时间序列图；绘制各环境因子 2100 年与 2015 年的差值空间分布图，结合上述时间序列图以分析未来气候变化下海洋环境的变化。

单位捕捞努力量渔获量（CPUE）可作为表征渔业资源丰度的指标。分析 2015—2100 年茎柔鱼和智利竹筴鱼渔场栖息地指数、适宜和不适宜栖息地面积比例的年际变化；基于冯志萍等（2021a）构建的智利茎柔鱼和竹筴鱼最优权重栖息地模型（HSI）及其与资源丰度、产量间的线性关系，分别预测 2015—2100 年智利茎柔鱼渔场 HSI 和 CPUE 及竹筴鱼渔场 HSI 及其产量。依据 HSI 大小所表征的栖息地适宜程度评价未来气候变化短、中、长时期内两者栖息地质量，绘制未来气候变化不同时期内茎柔鱼和智利竹筴鱼产量的空间分布图；以 2015—2020 年为基底，对比分析智利公海和专属经济区内茎柔鱼适宜栖息地面积和 CPUE 以及智利竹筴鱼适宜栖息地面积比例和产量的增减情况。

基于最小二乘法建立的茎柔鱼和智利竹筴鱼各环境因子适宜性指数（SI）模型（冯志萍等，2021），计算未来气候变化短、中、长时期内各环境因子适宜的 SI 和栖息地重心；分析 2015 年、2030 年、2045 年、2060 年、2075 年和 2090 年两者适宜栖息地重心的空间变化趋势。各重心计算公式如下：

$$LONG_{HSI} = \frac{\sum (Lon_{ij} \times HSI_{ij})}{\sum HSI_{ij}} \qquad (6-7)$$

$$LATG_{HSI} = \frac{\sum (Lat_{ij} \times HSI_{ij})}{\sum HSI_{ij}} \qquad (6-8)$$

$$LONG_{SI} = \frac{\sum (Lon_{ij} \times SI_{ij})}{\sum SI_{ij}} \qquad (6-9)$$

$$LATG_{SI} = \frac{\sum (Lat_{ij} \times SI_{ij})}{\sum SI_{ij}} \qquad (6-10)$$

式 6-7、式 6-8、式 6-9、式 6-10 中，$LONG_{HSI}$、$LATG_{HSI}$、$LONG_{SI}$ 和 $LATG_{SI}$ 分别为适宜栖息地经度（i）、纬度（j）和各环境因子适宜的 SI 经度、纬度重心。

（二）结果

1. SSPs 情景下的环境变化

年际变化：2015—2100 年，大地水准面以上的海表面高度距平值（SSHAGA）在 SSP370 和 SSP585 情景下整体呈下降趋势，在 SSP126 情景下平稳波动。SSS 于 SSP370 和 SSP585 情景下整体呈幅度较小的上升趋势，而在 SSP126 情景下波动明显。SST 和 Temp_400 m 在不同气候情景下均呈上升趋势；MLOTST 在 SSP126 情景下较小幅度增加，在 SSP370 和 SSP585 情景下呈下降趋势（图 6-31）。

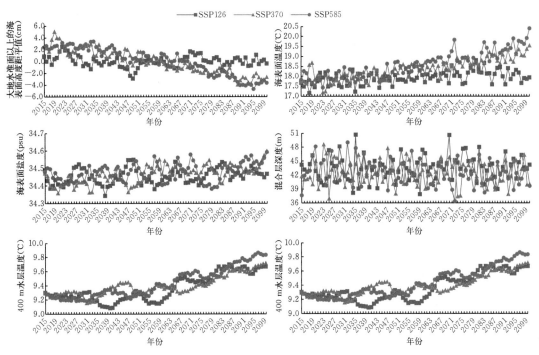

图 6-31 2015—2100 年各环境因子在三种气候变化情景下的年际变化

未来气候变化短、中、长时期内各环境因子变化：SSHAGA 于 SSP126 情景下先下降后增加且与 SSP585 情景下的变化相反，于 SSP370 情景下变化差异甚微；SSS 于 SSP126 情景下先下降后上升且与 SSP370 和 SSP585 情景下的变化相反；SST 在 SSP126 情景下先增加后减小且变化幅度较小，而在 SSP370 和 SSP585 情景下逐渐增加；MLOTST 在 SSP126 和 SSP585 情景下呈先减小后增加的相似变化，且与 SSP370 情景下的变化相反；Temp _ 400 m 在 SSP126 情景下变化差异甚微，在 SSP370 情景下先增加后减小，在 SSP585 情景下逐渐增加（图 6 - 32）。

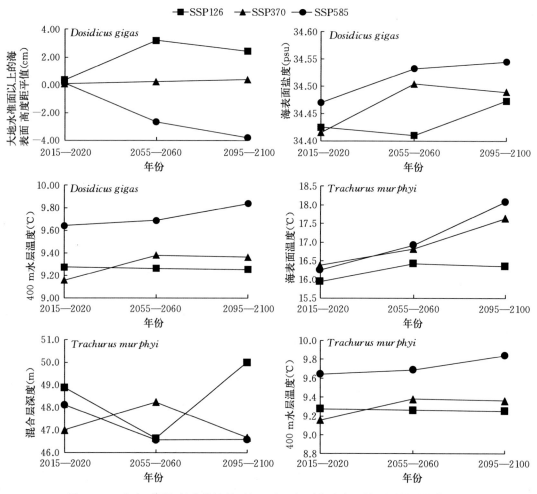

图 6 - 32　未来不同气候变化情景下短、中、长时期内各环境因子的平均值变化

各环境因子 2100 年与 2015 年差值空间分布变化：SSHAGA 在 SSP126 情景下正值分布的区域面积较大且呈由南向北递减的空间变化，而在 SSP370 和 SSP585 情景下整体呈由东北向西南递增的空间变化；SSS 在三种情景下正值呈东西向条状分布在智利中部海域；SST 和 Temp _ 400 m 随温室和反应性气体排放程度的加深，正差值空间分布面积随时间的增加而增大，主要分布在西南和东北近海区域；MLOTST 空间变化差异较小，负差值空间上占据智利海域较大面积（图 6 - 33）。

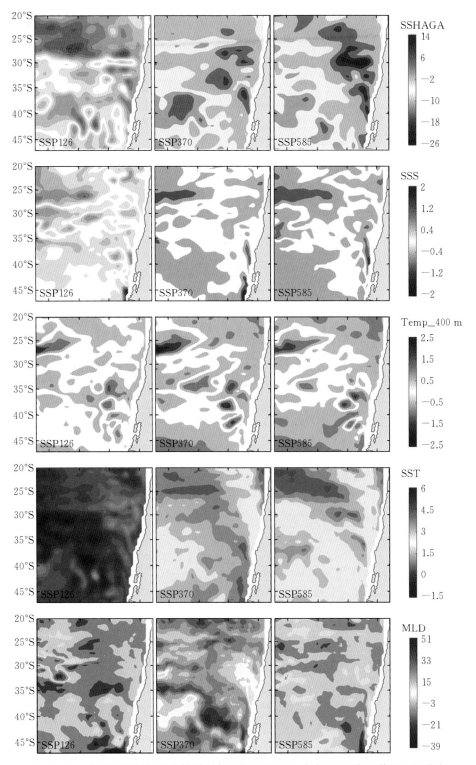

图 6-33 未来不同气候变化情景下各环境因子 2100 年与 2015 年差值的空间分布

2. SSPs 情景下物种栖息地变化

年际变化：2015—2100 年，茎柔鱼渔场 HSI 和适宜栖息地（$HSI \geqslant 0.6$）面积比例于 SSP370 和 SSP585 情景下呈上升趋势，于 SSP126 情景下平稳波动；不适宜栖息地（$HSI \leqslant 0.2$）面积比例于 SSP370 和 SSP585 情景下呈下降趋势，在 SSP126 情景下变化差异较小。智利竹笱鱼渔场 HSI 和适宜栖息地面积比例在不同气候变化情景下整体呈相似的下降趋势，而不适宜栖息地面积比例在 SSP126 情景下略呈下降趋势，在 SSP370 和 SSP585 情景下呈上升趋势（图 6-34）。

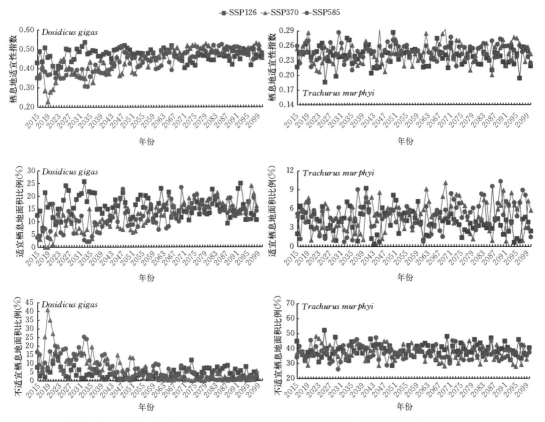

图 6-34　2015—2100 年不同气候变化情景下栖息地指数、适宜栖息地面积比例和
不适宜栖息地面积比例的年际变化

未来气候变化短、中、长时期内栖息地空间变化：茎柔鱼适宜栖息地在 SSP126 情景下的三个时期内除分布在智利中北区域外，中期时 42°S 以南的海域也有分布；其在 SSP370 情景下集中分布在 25°S—37°S 及近海区域，且随着气候变化时期的延长适宜面积增加、适宜性增强；SSP585 情景下中北部近海内适宜栖息地面积随时间的增加而减少，而公海内适宜栖息地面积逐渐增加。智利竹笱鱼适宜栖息地在不同气候变化情景下整体呈东西向条状分布在 42°S—47°S 的"竹笱鱼带"区域内。随气候变化程度的加深和每一气候变化情景下时间尺度的增大，智利竹笱鱼适宜栖息地面积逐渐减少且向智利西南海域移动（图 6-35）。

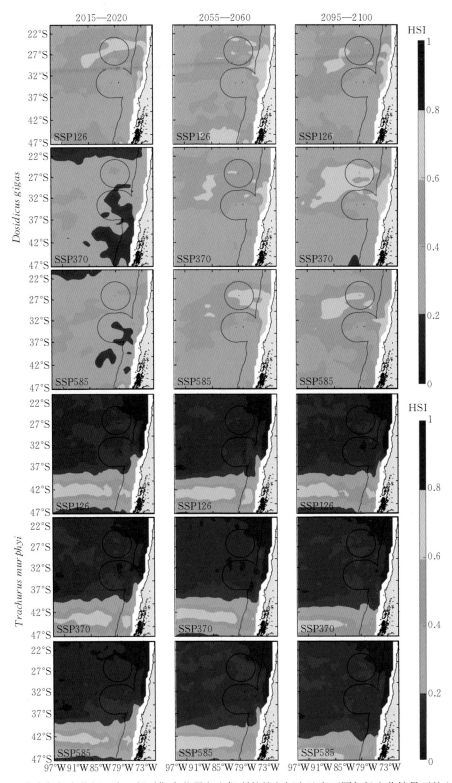

图 6 - 35　未来气候变化短、中、长时期内茎柔鱼和智利竹筴鱼栖息地在不同气候变化情景下的空间分布

智利公海和专属经济区内适宜栖息地面积定量分析结果表明：智利公海内茎柔鱼适宜栖息地面积小于专属经济区内的，智利竹笑鱼变化与其相反。相较于各情景下的短期气候变化，未来中、长时期内专属经济区内茎柔鱼适宜栖息地面积增加的幅度大于公海内的；而公海内智利竹笑鱼适宜栖息地面积基本呈减少变化，且减少幅度小于专属经济区内的（表6-4，表6-5）。

表6-4 未来气候变化短、中、长时期内智利公海和专属经济区内茎柔鱼适宜栖息地面积比例在不同气候变化情景下的增减变化

模 态	年 份	公海适宜生境面积占比（%）	公海面积增减（个百分点）	专属经济区适宜生境面积占比（%）	经济区面积增减（个百分点）
126	2015—2020	13.11	—	16.71	—
	2055—2060	14.84	+1.73	19.59	+2.88
	2095—2100	12.00	−1.11	15.45	−1.26
370	2015—2020	3.51	—	1.97	—
	2055—2060	9.98	+6.47	15.17	+13.2
	2095—2100	16.49	+12.98	20.58	+18.61
585	2015—2020	5.05	—	5.49	—
	2055—2060	8.06	+3.01	18.52	+13.03
	2095—2100	12.78	+7.73	15.36	+9.87

表6-5 未来气候变化短、中、长时期内智利公海和专属经济区内竹笑鱼适宜栖息地面积比例在不同气候变化情景下的增减变化

模 态	年 份	公海适宜生境面积占比（%）	公海面积增减（个百分点）	专属经济区适宜生境面积占比（%）	经济区面积增减（个百分点）
126	2015—2020	9.44	—	1.98	—
	2055—2060	9.16	−0.28	2.67	+0.69
	2095—2100	7.88	−1.56	2.06	+0.08
370	2015—2020	10.86	—	2.72	—
	2055—2060	9.62	−1.24	1.49	−1.23
	2095—2100	6.83	−4.03	1.20	−1.52
585	2015—2020	7.51	—	1.89	—
	2055—2060	9.20	+1.69	0.93	−0.96
	2095—2100	6.51	−1.00	1.07	−0.82

3. SSPs情景下适宜栖息地空间变化趋势

适宜栖息地重心变化：三种气候变化情景下茎柔鱼适宜栖息地重心主要分布在智利中北部，智利竹笑鱼则整体向智利西南方向移动。经度方向上，茎柔鱼适宜栖息地重心于三种情景下虽由西向东再向西移动，但在SSP126情景下变化幅度较小；智利竹笑鱼适宜栖息地重

心在 SSP126 情景下先东移后西移，与 SSP585 情景下的变化相反，在 SSP370 情景下逐渐西移。纬度方向上，茎柔鱼适宜栖息地重心于 SSP370 和 SSP585 情景下由南向北移动，而在 SSP126 情景下由北向南再向北迁移；智利竹筴鱼适宜栖息地重心在 SSP126 情景下先南移后北移，与 SSP370 情景下的变化相反，在 SSP585 情景下逐渐南移（图 6-36）。

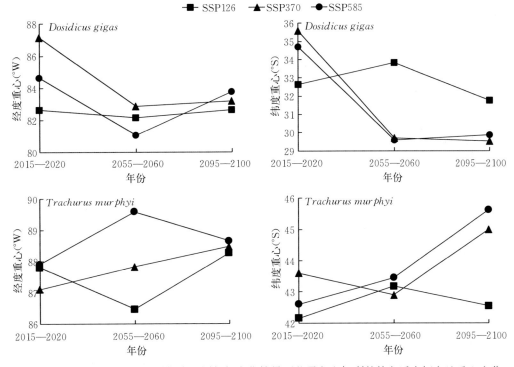

图 6-36　未来短、中、长时期内不同气候变化情景下茎柔鱼和智利竹筴鱼适宜栖息地重心变化

空间上，茎柔鱼适宜栖息地重心在 SSP370 和 SSP585 情景下 2015 年、2030 年、2045 年、2060 年、2075 年、2090 年均呈由中西部向东南再向东北移动的空间态势；而在 SSP126 情景下迁移幅度较小，基本分布在智利中北部。智利竹筴鱼适宜栖息地重心在不同气候变化情景下较为集中地分布在 85°W—91°W，42°S—47°S 的智利西南海域（图 6-37）。

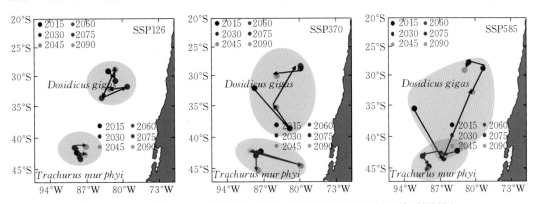

图 6-37　未来短、中、长时期内不同气候变化情景下茎柔鱼和智利竹筴鱼
适宜栖息地重心空间趋势变化

各环境因子适宜 SI 重心变化：

经度方向上：茎柔鱼适宜 SI_{SSHAGA} 重心于三种气候情景下均由西向东再向西移动；适宜 SI_{SSS} 重心于 SSP370 和 SSP585 情景下由东向西移动，于 SSP126 情景下由东向西再向东移动；适宜 $SI_{Temp\_400\ m}$ 重心于 SSP126 情景下由西向东再向西迁移，而在 SSP370 和 SSP585 情景下仅在短期内分布于智利西部，其他时期内无适宜 $SI_{Temp\_400\ m}$ （图 6 - 38）。智利竹筴鱼适宜 SI_{SST} 重心在 SSP126 情景下先西移后东移且变化幅度较小，在 SSP370 和 SSP585 情景下由 84.5°W—85°W 逐渐西移到 86.5°W 区域；适宜 SI_{MLOTST} 重心在 SSP126 情景下先西移后东移，其与 SSP370 和 SSP585 情景下的变化相反（图 6 - 39）。

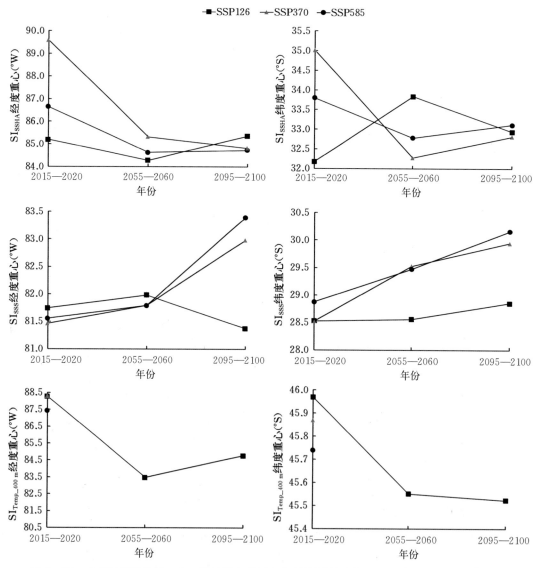

图 6 - 38　未来气候变化短、中、长时期内茎柔鱼各环境因子适宜 SI 重心在不同情景下的变化

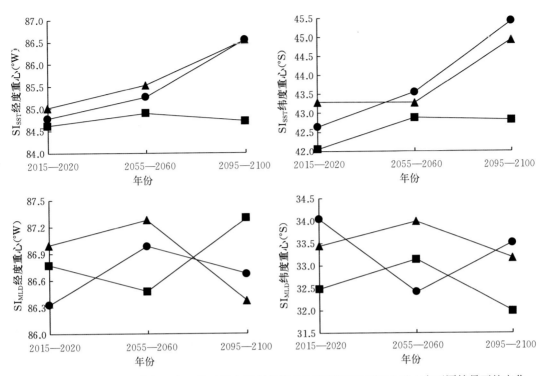

图 6-39 未来气候变化短、中、长时期内智利竹筴鱼各环境因子适宜 SI 重心在不同情景下的变化

纬度方向上：茎柔鱼适宜 SI_{SSHAGA} 于 SSP370 和 SSP585 情景下由南向北再向南移动，与 SSP126 情景下变化相反；适宜 SI_{SSS} 于三种情景下均由北向南移动，纬度差小于 2°；适宜 SI_{Temp_400m} 于 SSP126 情景下由南向北移动，在 SSP370 和 SSP585 情景下仅在短期内分布在智利南部，其他时期内无适宜 SI_{Temp_400m}（图 6-38）。智利竹筴鱼适宜 SI_{SST} 在三种气候变化情景下逐渐南移；适宜 SI_{MLOTST} 重心在 SSP126 和 SSP370 情景下先南移后北移，其与 SSP585 情景下变化相反（图 6-39）。

4. SSPs 情景下茎柔鱼 CPUE 及智利竹筴鱼产量的时空变动

2015—2100 年，茎柔鱼 CPUE 在 SSP370 和 SSP585 情景下呈上升趋势，于 SSP126 情景下平稳波动，而智利竹筴鱼产量在不同气候变化情景下整体呈下降趋势（图 6-40）。

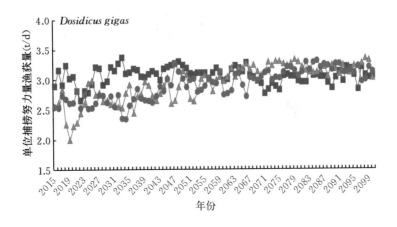

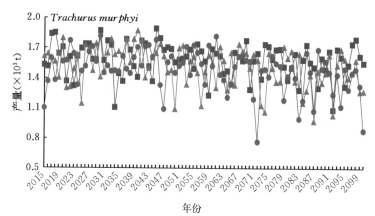

图 6-40　2015—2100 年不同气候变化情景下茎柔鱼 CPUE 和智利竹筴鱼产量的年际变化

　　未来气候变化短、中、长时期内，茎柔鱼较高的 CPUE（>3 t/d）除广泛分布于智利中北部外，42°S 以南也有分布；在 SSP370 情景下较高的 CPUE 主要分布在 25°S—37°S 及近海区域，且随时间的增加而增加；在 SSP585 情景下智利中北部的近海内 CPUE 随时间的推移略微减少，而外海内则逐渐增加。智利竹筴鱼较高产量（>3.3×10³ t）在不同气候变化情景下呈东西向的条状集中分布在 42°S—47°S 的"竹筴鱼带"区域，且向智利西南方向移动；此外，随气候变化程度的加深和每一气候变化情景下时间的增加，智利竹筴鱼产量逐渐减少且向智利西南方向移动（图 6-41）。

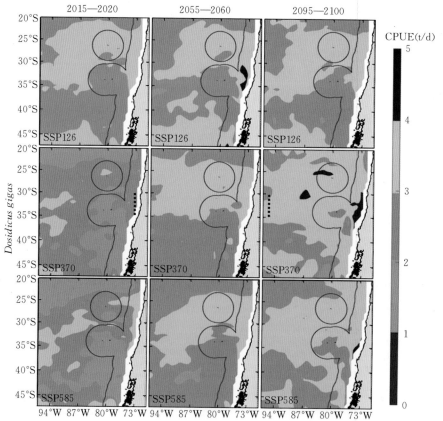

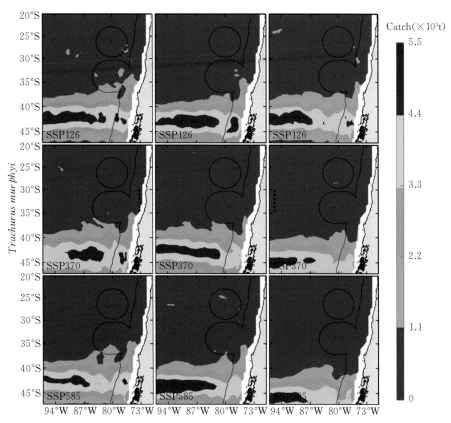

图 6-41 未来短、中、长时期内智利海域茎柔鱼 CPUE 和智利竹筴鱼产量在不同气候变化情景下的空间分布

智利公海和专属经济区内茎柔鱼和竹筴鱼产量在不同气候变化情景下的对比结果表明，相较于气候变化短期，气候变化中长期时公海内茎柔鱼 CPUE 及其增加幅度均小于专属经济区，且公海内 CPUE 的减少幅度大于专属经济区；而公海内竹筴鱼产量的减少幅度在气候变化中期和长期内小于专属经济区内的（表 6-6，表 6-7）。

表 6-6　未来短、中、长时期内智利公海和专属经济区内茎柔鱼 CPUE
在不同气候变化情景下的增减变化

模　态	年　份	公海平均 CPUE (t/d)	公海 CPUE 增减 (t/d)	专属经济区平均 CPUE (t/d)	经济区 CPUE 增减 (t/d)
126	2015—2020	3.038	—	3.064	—
	2055—2060	3.031	−0.007	3.198	0.133
	2095—2100	3.025	−0.013	3.091	0.026
370	2015—2020	2.474		2.292	
	2055—2060	2.921	0.447	3.104	0.812
	2095—2100	3.166	0.691	3.377	1.085
585	2015—2020	2.622	—	2.618	—
	2055—2060	2.853	0.231	3.132	0.514
	2095—2100	3.037	0.415	3.239	0.621

表 6-7　未来短、中、长时期内智利公海和专属经济区内竹筴鱼产量
在不同气候变化情景下的增减变化

模　态	年　份	公海平均 Catch ($\times 10^3$ t)	公海 Catch 增减 ($\times 10^3$ t)	专属经济区平均 Catch（$\times 10^3$ t）	经济区 Catch 增减 ($\times 10^3$ t)
126	2015—2020	1.853	—	1.335	—
	2055—2060	1.737	−0.116	1.221	−0.114
	2095—2100	1.794	−0.059	1.191	−0.144
370	2015—2020	1.818	—	1.178	—
	2055—2060	1.695	−0.123	1.017	−0.161
	2095—2100	1.602	−0.216	1.075	−0.103
585	2015—2020	1.565	—	1.189	—
	2055—2060	1.775	0.21	1.202	0.013
	2095—2100	1.511	−0.264	0.937	−0.252

（三）讨论分析

1. 气候变化下海洋环境变量对物种的影响

全球气候变化对海洋水文要素的影响是广泛性的，其引起的海温升高、海平面上升、海表面盐度区域差异增强等现象，改变了海洋物种栖息环境适宜性，导致物种产生趋利性的洄游行为（FAO，2009；Jones et al.，2015）。2015—2100 年，SSHAGA 和茎柔鱼渔场 HSI 及其 CPUE 在 SSP126 情景下的变化差异均较小，而在 SSP370 和 SSP585 情景下茎柔鱼渔场 HSI 和 CPUE 却随 SSHAGA 的减小而增加，结合该长时间序列不同情景下 SSS 和 Temp_400 m 的变化结果发现，海表面高度是影响茎柔鱼资源丰度及分布变化较为关键的环境因子，其栖息地适宜性随海表面高度的降低而增强。此外，本研究表明 SSHAGA 在−4～0 cm 范围内变化时茎柔鱼渔场 HSI 和 CPUE 较高，即茎柔鱼可能偏好栖息于海表面高度 0 cm 以下的区域内，这可能是由于智利北部冷暖涡旋活动的增强加强了高营养海水的垂直混合强度，丰富了浮游生物量，提高了茎柔鱼集群的可能性，这与以往研究结果较为一致（Yu et al.，2019）。

具有较强洄游能力的大洋性中上层鱼类，其栖息环境的稳定性很大程度上依赖于适宜温度，水温除影响物种生理学过程（如生长繁殖、性腺成熟度等）外，还通过影响该海域内浮游生物数量及其食物链中的低、高级生物资源量变化，促使该物种的资源量发生时空变动（Cao et al.，2009；Shultz et al.，2014）。据 IPCC 报道，北极海冰边缘受大西洋影响向北移动，使得生存于此区域内的部分生物消失，浮游动物及其捕食者也随之北移（McBride et al.，2014）。Alabia 等（2015）认为全球气候变化中海洋变暖会使中西部太平洋柔鱼适宜栖息地面积缩减。智利竹筴鱼具有较强的垂直移动特性，不同生长阶段的智利竹筴鱼对适宜水温的需求不同，小个体主要分布在温度较高的智利北部区域，而大个体则分布在温度较低的智利中南部海域（Arcos et al.，2001；Li et al.，2016）。研究表明，水温是影响智利竹筴鱼栖息地变动最为重要的非生物因子，如 Li 等（2016）利用栖息地

模型研究智利竹筴鱼适宜栖息地和渔场重心的季节性变化，研究认为由副热带水团变化引起的海温是影响智利竹筴鱼渔场和适宜栖息地重心变化的关键环境因子。在本研究中，2015—2100年智利竹筴鱼适宜栖息地地面积比例及其产量的年际变化随 SST 和 Temp _ 400 m 的升高而降低，其关键环境因子适宜性指数重心变化结果显示，适宜的 SI_{SST} 重心主要分布在智利西南海域，其变化趋势与不同气候变化情景下智利竹筴鱼适宜栖息地重心变化结果较为一致，表明在未来不同气候变化情景下，SST 是对智利竹筴鱼产量和栖息地时空变动影响程度最大的环境因子，且随海温的升高其适宜栖息地逐渐南移，这与以往智利竹筴鱼在温度较高的秋季集群于智利南部海域、在温度较低的冬季则向北洄游等的研究结果较为一致（冯志萍等，2021）。海洋混合层深度是海—气通量变化过程和风浪搅拌作用的结果，在不同气候变化情景下，2015—2100年混合层深度在 SSP126 情景下的年际变化基本平稳波动，在 SSP370 和 SSP585 情景下整体呈下降趋势。全球气候变化引起海洋温度持续性升高，受温室气体、海洋表层热通量和大尺度风场等的影响，海洋向大气放热程度减小，海洋表层增暖强于次表层，从而增强了上层海洋层结，使得海洋混合层深度变浅（Sutton et al.，2007；许丽晓等，2014）。本研究 SST 在 SSP370 和 SSP585 气候变化情景下整体升高约 3 ℃，而 Temp _ 400 m 在 SSP370 和 SSP585 气候情景下升高幅度不超过 1 ℃，海洋表层增温幅度大于次表层，故混合层深度变浅。混合层深度变化可以反映物种生存环境内温度、海流、溶解氧及光照强度等的变化，间接体现了其对物种潜在分布的影响。

2. 全球气候变化下物种栖息地适宜性空间变动分析

气候变化引起海流强度、流转轴变动等，影响了水团交汇海域内不同冷暖水团的强度及其延伸范围，从而打破原有交汇水团海域内的水文动态平衡，致使海洋物种通过改变其栖息范围和迁移模式来应对此现象所造成的变化（Lee et al.，2009；Stouffer et al.，2015）。随全球气候变化造成的海流变动，部分西北太平洋低、高纬度鱼类向北移动；秘鲁海流系统内海洋分层现象明显，中上层鱼类的鱼卵和幼体扩散以致增加了其留在大陆架的概率（Brochier et al.，2013；Lu et al.，2014）。未来气候变化短、中、长时期内，茎柔鱼适宜栖息地重心经度上由西向东再向西移动、纬度上由南向北再向南移动，而不同情景下 SI_{SSHAGA} 重心的整体变化与茎柔鱼适宜生境的重心变化较为一致，SI_{SSS} 整体向西南方向移动，而 $SI_{Temp \_ 400 m}$ 重心仅于 SSP126 情景下变化趋势与茎柔鱼适宜生境重心变化相似，在 SSP370 和 SSP585 情景下无适宜 $SI_{Temp \_ 400 m}$。由此推测到 21 世纪末，茎柔鱼潜在栖息地向西南方向移动的趋势可能是对适宜海面高度向西南移动的反应。海表面高度是热力学、陆地、海洋和大气过程间的动力学累计结果，代表了海水的辐合和涌升（Li et al.，2016；陈芃等，2020）。从海洋物理过程来看，在东南太平洋智利海域，SSHAGA 的变化除与气候变暖引起的海温升高有关外，与海流变化也具有较高的相关性。分布于智利中北部海域的茎柔鱼，上升流是其渔场形成的最根本原因，未来气候变化下，副热带环流由于热分层及风压的改变降低了海域的初级生产力，而东部边界上升流系统却因风压的改变导致上升流变化频率增加，致使未来茎柔鱼适宜生境多分布于智利北部且靠近近海的区域内（Hoegh—Guldberg et al.，2014；FAO，2016；Yu et al.，2019；龚彩霞，2020）。赤道逆流与南赤道暖流在未来气候变化下可能会加强，同时其与北上的秘鲁寒流交会强度得以增强，丰富了茎柔鱼生长繁殖所需的饵料，而初级生产力的北移促使茎柔鱼适宜生境集群于智利北部海域的可能性增大（Hoegh—Guldberg et al.，2014；章寒，2019）。茎柔鱼栖息的智利北部高温高盐海域，与2015年海表面盐度相比，随全球变暖事件的发生，21世纪末智利中北部近岸海表面盐度显著高于当前公海海域的海表面盐度，而适宜 SI_{SSS} 空间上整体分布于智利中北部海域且呈西南—东北方向变化，由此也解释了智利茎柔鱼适宜生境分布于西南—东北方向变化且智利中北部专属经济区内茎柔鱼资源丰度和适宜生境面积高于公海的原因（Waluda et al.，2006）。

未来气候变化短、中、长时期内，智利竹筴鱼较高产量和适宜栖息地在SSP126情景下主要分布在75°W—97°W，40°S—47°S海域内，而在SSP370和SSP585情景下，两者随时间的增加向西南方向移动，空间上整体分布在83°W—97°W，42°S—47°S的智利西南部海域，这可能与其渔场的形成主要受西风漂流和秘鲁寒流的影响有关。西风漂流是智利竹筴鱼纬向分布的南部屏障，为其输送东北方向的南极冷水，而秘鲁寒流则调节智利竹筴鱼的经向分布，同时带来强盛的高纬度冷水（牛明香等，2010；冯志萍等，2021）。随强盛的西风漂流和秘鲁寒流的上泛，海水底层丰富的硝酸盐、磷酸盐等营养物质涌升到海水中上层，促进浮游生物的繁殖，为智利竹筴鱼创造了良好的生存环境（牛明香等，2010；Li et al.，2016；冯志萍等，2021）。全球气候变化引起海水温度升高，西风漂流和秘鲁寒流的涌升强度被削弱，营养盐、浮游生物等大量锐减，降低了智利竹筴鱼原有栖息环境的适宜性。同时，随海域温度的持续升高，北部逆赤道暖流的增强使得西风漂流和秘鲁寒流随等温线的南移而南移，迫使智利竹筴鱼向南迁移以寻找新的低温适宜区。此外，分布于智利南部偏西海域的大个体竹筴鱼，因对摄食温度的需求使其逆着西风漂流向西移动，从而使得气候变化下的智利竹筴鱼产量和适宜栖息地重心在经向上向西移动（Cubillos et al.，2008；丁鹏等，2021）。全球气候变化引起海水温度持续性升高和碳循环过程的变化还影响了海水中溶解氧的浓度。IPCC第五次评估报告指出，在全球气候变化趋势下，随海温和二氧化碳浓度的持续上升，海水中溶解氧的浓度将会持续性降低，海域低氧区域面积将进一步扩增，从而威胁到对溶解氧需要较高的海洋物种（Koch et al.，2013；Fu et al.，2018）。智利竹筴鱼对海水中溶解氧的浓度需求较高，这可能也是影响未来不同气候变化情景下智利竹筴鱼产量和适宜栖息地空间变动的原因之一。

3. 应对气候变化下物种资源丰度或产量及其栖息地变动的渔业管理措施

气候变化可能会导致未来全球海域物种捕捞潜力的再分配现象，栖息于中纬度低温区的部分海洋物种，其栖息范围将缩减并向高纬度和深海区迁移，而分布于低纬度高温区的部分海洋物种，则会扩充自己的分布范围，从而破坏了原有低、高纬度海域内的生物多样性和生态平衡，进而造成全球捕捞潜力的再分配现象（Kortsch et al.，2015；肖启华等，2016）。Cheung等（2010）认为，未来全球气候变化会使高纬度海域的捕捞量增加20%～70%，低纬度区域减少40%。未来气候变化短、中、长时期内，智利专属经济区内茎柔鱼资源丰度及其适宜栖息地面积大于公海内的，专属经济区内资源丰度及适宜生境面积增加的幅度大于公海，减小幅度小于公海；智利竹筴鱼产量及其适宜栖息地面积变化与茎柔鱼相反。全球气候变化目前是人类社会和自然生态系统面临的重要问题之一，其产生的一系列海洋环境变化（如盐度、温度、含氧量、海洋循环等）威胁了渔业资源、渔业产业发展和生态平衡等经济、生态安全(肖启华等,2016)。茎柔鱼和智利竹筴鱼资源丰度、产量及分布在全球气候变化背景的迁移对作业于智利公海海域的远洋作业渔船是一个较大的挑战。因此,为降低气候变化带来的不利影响,以促进两者渔业在最大产量上保持持续性捕捞,确保最大限度实现两者渔业资源实现可持续利用目的,必须采取较为灵活的渔业管理措施来适应和减缓气候变化所产生的不确定性影响。为此我们提出如下管理建议(FAO,2018;岳冬冬等,2014;肖启华等,2016;龚彩霞,2020):①加强对茎柔鱼和智利竹筴鱼种群资源评估力度,提升对两者"低开发+衰退恢复"资源状况的掌控能力,提出健全的渔业管理建议,如基于不违背渔业资源可持续利用这一资源养护管理措施目标基础上,控制智利海域两物种总的可捕量(谢峰等,2021)。②利用多模型结合方式提高渔场预报技术。全球气候变化引起的海温升高、海流变化、海洋酸化等改变了全球海域边界条件、风场、热力场、海洋层结、海水营养结构等,导致海洋物种适宜栖息地和中心渔场空间上的迁移变化。因此,可利用全球动力模型结合生态位模型实现物理生物耦合,探究茎柔鱼和智利竹筴鱼资源量和渔场变动对全球气候变化的响应,提高渔场预报技术以便在气候变化下较为精准地探测竹筴鱼渔场。③制定适应气候变化风险的预防性措施。全球气候变化是长时间尺度的气候变动,其诱发的海洋物理特性变化可能会导致极端天气气候事件的频发,而极端天气气候事件对全球变暖的反作用及其对海洋物种资源量的变动都会产生影响(刘红红等,2019)。因此,可制定一套较为完善的预防性措施或适应气候变化的预警系统,以降低气候变化对海洋物种产生的不确定性影响。④重视气候变化对渔业资源影响的影响程度,采取有效的渔业管理措施,减少温室气体的排放,如采用耗能较低的渔船和设备、适度调整休渔期以减少不必要的捕捞努力量(龚彩霞,2020)。

本研究利用东南太平洋智利海域茎柔鱼和智利竹筴鱼渔业生产数据结合 CMIP6 中不同气候变化情景下的海洋环境数据,探究未来气候变化对两者资源丰度或产量及其栖息地时空变动的影响,分析了两者栖息地适宜性空间变化的可能并提出了兼容气候适应性的渔业发展管理意见。然而,全球气候变化对海洋渔业资源的影响是多层次的,本研究仅围绕智利海域茎柔鱼和智利竹筴鱼资源丰度或产量及两者栖息地适宜性对全球气候变化的响应展开研究,未来需要对两者生物机理(如繁殖、洄游等)响应气候变化方面开展研究,以全面而深入地分析全球气候变化对海洋物种的生物和非生物影响机制。此外,全球气候变化下还存在多个驱动茎柔鱼和智利竹筴鱼渔场变动的环境变量,这些环境因子均可能从微生物至较高营养阶层的生物量和能量传递过程中,对两者生长繁殖、空间分布、资源丰度等产生交互、复杂的影响,从而为其渔业管理带来很大的不确定性。因此,为达到持续发展的目的,渔业管理须具有较强的适应性以适应包括气候在内的多个因素对渔业资源变动的影响,以获得在社会经济、生态和可持续发展三者间的平衡效应。

参 考 文 献

操亮亮，力清影，刘必林，2021. 东太平洋公海茎柔鱼饵料中鱼类和头足类组成初步分析 [J]. 应用生态学报，32（12）：4515 - 4522.

曹杰，陈新军，刘必林，等，2010. 鱿鱼类资源量变化与海洋环境关系的研究进展 [J]. 上海海洋大学学报，19（2）：232 - 239.

陈春光，张敏，邹晓荣，等，2014. 东南太平洋智利竹筴鱼中心渔场的月间变动研究 [J]. 南方水产科学，10（5）：60 - 67.

陈大可，连涛，2020. 厄尔尼诺—南方涛动研究新进展 [J]. 科学通报，65（35）：4001 - 4003.

陈锋，2016. 基于整体性原理的秘鲁寒流成因剖析 [J]. 地理教学（15）：31 - 32，39.

陈芃，陈新军，2016. 基于最大熵模型分析西南大西洋阿根廷滑柔鱼栖息地分布 [J]. 水产学报，40（6）：893 - 902.

陈芃，汪金涛，陈新军，2016. 秘鲁鳀资源变动及与海洋环境要素的关系研究进展 [J]. 海洋渔业，38（2）：206 - 216.

陈芃，陈新军，雷林，2018. 秘鲁上升流对秘鲁鳀渔场的影响 [J]. 水产学报，42（9）：1367 - 1377.

陈芃，陈新军，2020. 秘鲁近海秘鲁鳀渔场变化与海洋环境因子的关系 [J]. 上海海洋大学学报，29（4）：611 - 621.

陈新军，赵小虎，2005. 智利外海茎柔鱼产量分布及其与表温的关系 [J]. 海洋渔业，27（2）：173 - 176.

陈新军，赵小虎，2006. 秘鲁外海茎柔鱼产量分布及其与表温关系的初步研究 [J]. 上海海洋大学学报，15（1）：65 - 70.

陈新军，冯波，许柳雄，2008. 印度洋大眼金枪鱼栖息地指数研究及其比较 [J]. 中国水产科学，15（2）：269 - 278.

陈新军，刘必林，田思泉，等，2009. 利用基于表温因子的栖息地模型预测西北太平洋柔鱼（Ommastrephes bartramii）渔场 [J]. 海洋与湖沼，40（6）：707 - 713.

陈新军，刘必林，王尧耕，2009. 世界头足类 [M]. 北京：海洋出版社.

陈新军，陈峰，高峰，等，2012. 基于水温垂直结构的西北太平洋柔鱼栖息地模型构建 [J]. 中国海洋大学学报，42（6）：52 - 60.

陈新军，李建华，刘必林，等，2012. 东太平洋不同海区茎柔鱼渔业生物学的初步研究 [J]. 上海海洋大学学报，21（2）：280 - 287.

陈新军，李建华，易倩，等，2012. 东太平洋赤道附近海域茎柔鱼（Dosidicus gigas）渔业生物学的初步研究 [J]. 海洋与湖沼，43（6）：1233 - 1238.

陈新军，陆化杰，刘必林，等，2012a. 大洋性柔鱼类资源开发现状及可持续利用的科学问题 [J]. 上海海洋大学学报，21（5）：831 - 840.

陈新军，陆化杰，刘必林，等，2012b. 利用栖息地指数预测西南大西洋阿根廷滑柔鱼渔场 [J]. 上海海洋大学学报，21（3）：431 - 438.

陈新军，龚彩霞，田思泉，等，2013. 基于栖息地指数的西北太平洋柔鱼渔获量估算 [J]. 中国海洋大学学报，43（4）：29 - 33.

陈新军，陆化杰，徐冰，等，2018. 秘鲁外海茎柔鱼资源渔场研究 [M]. 北京：科学出版社：2-10.

陈新军，2019. 世界头足类资源开发现状及我国远洋鱿钓渔业发展对策 [J]. 上海海洋大学学报，28 （3）：321-330.

陈新军，龚彩霞，田思泉，等，2019. 栖息地理论在海洋渔业中的应用 [M]. 北京：海洋出版社：82-90.

陈新军，钱卫国，刘必林，等，2019. 主要经济大洋性鱿鱼资源渔场生产性调查与渔业概况 [J]. 上海海洋大学学报，28 （3）：344-356.

陈兴群，林荣澄，2007. 东北太平洋中国合同区的叶绿素 a 和初级生产力 [J]. 海洋学报，29 （5）：146-153.

丁鹏，邹晓荣，冯超，等，2021. 东南太平洋智利竹筴鱼的洄游路线 [J]. 大连海洋大学学报，36 （6）：1027-1034.

董正之，1991. 世界大洋经济头足类生物学 [M]. 济南：山东科学技术出版社：17-19.

方星楠，何妍，余为，等，2021. 秘鲁外海茎柔鱼栖息地时空分布及对环境因子的响应差异 [J]. 中国水产科学，28 （5）：658-672.

方学燕，陈新军，丁琪，2014. 基于栖息地指数的智利外海茎柔鱼渔场预报模型优化 [J]. 广东海洋大学学报，34 （4）：67-73.

方学燕，陈新军，冯永玖，等，2017. 基于综合环境因子的协同克里金法分析茎柔鱼资源丰度空间分布 [J]. 海洋学报，39 （2）：62-71.

方祝骏，智海，林鹏飞，等，2019. 利用热带太平洋关键区海表面盐度指标区分两类厄尔尼诺 [J]. 热带海洋学报，38 （2）：32-42.

冯志萍，余为，陈新军，等，2020. 基于不同权重栖息地模型的秘鲁外海茎柔鱼渔场分析 [J]. 上海海洋大学学报，29 （6）：878-888.

冯志萍，余为，陈新军，等，2021. 基于最大熵模型的智利外海竹筴鱼栖息地研究 [J]. 中国水产科学，28 （4）：431-441.

冯志萍，张艳婧，余为，等，2021. 智利外海智利竹筴鱼与茎柔鱼栖息地变动对 ENSO 事件响应的差异 [J]. 中国水产科学，28 （9）：1195-1207.

龚彩霞，陈新军，高峰，等，2011. 栖息地适宜性指数在渔业科学中的应用进展 [J]. 上海海洋大学学报，20 （2）：260-269.

龚彩霞，2020. 未来气候变化情景下西北太平洋柔鱼资源变动 [D]. 上海：上海海洋大学.

龚彩霞，陈新军，高峰，2020. 基于最大熵模型模拟西北太平洋柔鱼潜在栖息地分布 [J]. 中国水产科学，27 （3）：336-345.

贡艺，李云凯，陈玲，等，2018. 东太平洋不同海区茎柔鱼肌肉脂肪酸组成分析与比较 [J]. 渔业科学进展，39 （6）：147-154.

官文江，陈新军，高峰，等，2013. 东海南部海洋净初级生产力与鲐鱼资源量变动关系的研究 [J]. 海洋学报，35 （5）：121-127.

郭爱，余为，陈新军，等，2018. 中国近海鲐鱼资源时空分布与海洋净初级生产力的关系研究 [J]. 海洋学报，40 （8）：42-52.

郭爱，张扬，余为，等，2018. 两类强度厄尔尼诺和拉尼娜事件对中国近海鲐鱼栖息地的影响 [J]. 海洋学报，40 （12）：58-67.

何鹏程，江静，2011. PDO 对西北太平洋热带气旋活动与大尺度环流关系的影响 [J]. 气象科学，31 （3）：266-273.

胡贯宇，陈新军，刘必林，等，2015. 茎柔鱼耳石和角质颚微结构及轮纹判读 [J]. 水产学报，39 （3）：361-370.

胡贯宇，陈新军，汪金涛，2015. 基于不同权重的栖息地指数模型预报阿根廷滑柔鱼中心渔场 [J]. 海洋学报，37（8）：88-95.

胡贯宇，金岳，陈新军，2017. 秘鲁外海茎柔鱼角质颚的形态特征及其与个体大小和日龄的关系 [J].
    海洋渔业，39（4）：361-371.

胡贯宇，方舟，陈新军，2018. 东太平洋茎柔鱼生活史研究进展 [J]. 水产学报，42（8）：1315-1328.

胡振明，陈新军，2008. 秘鲁外海茎柔鱼渔场分布与表温及表温距平值关系的初步探讨 [J]. 海洋湖沼
    通报（4）：56-62.

胡振明，陈新军，周应祺，2009. 东南太平洋茎柔鱼渔业生物学研究进展 [J]. 广东海洋大学学报，29
    （3）：98-102.

胡振明，陈新军，周应祺，2009. 秘鲁外海茎柔鱼渔场分布和水温结构的关系 [J]. 水产学报，33（5）：
    770-777.

胡振明，陈新军，周应祺，等，2010. 利用栖息地适宜指数分析秘鲁外海茎柔鱼渔场分布 [J]. 海洋学
    报（中文版），32（5）：67-75.

贾涛，李纲，陈新军，等，2010. 9—10月秘鲁外海茎柔鱼摄食习性的初步研究 [J]. 上海海洋大学学
    报，19（5）：663-667.

贾涛，2011. 东南太平洋茎柔鱼种群结构及其空间异质性分析 [D]. 上海：上海海洋大学.

蒋瑞，陈新军，雷林，等，2017. 秋冬季智利竹筴鱼栖息地指数模型比较 [J]. 水产学报，41（2）：240-249.

金岳，陈新军，2014. 利用栖息地指数模型预测秘鲁外海茎柔鱼热点区 [J]. 渔业科学进展，35（3）：19-26.

晋伟红，2012. 基于偏最小二乘法的东南太平洋智利竹筴鱼渔场与海洋温度、盐度关系研究 [D]. 上海：
    上海海洋大学.

赖诗涵，2018. 中西太平洋鲔延绳钓黄鳍鲔潜在栖地分布与预测模式建置之研究 [D]. 台北：台湾海洋
    大学：1-65.

李莉，吕翔，张硕，等，2016. 水温变化对秘鲁外海茎柔鱼栖息地的影响 [J]. 大连海洋大学学报，31
    （6）：685-691.

李婷，赵嵩玲，田园园，等，2020. 基于净初级生产力的东南太平洋茎柔鱼资源变动研究 [J]. 海洋渔
    业，42（5）：513-523.

李璇，陈文忠，2020. 基于 MODIS 卫星遥感数据的西北太平洋初级生产力与环境参数的相关性 [J]. 海
    洋开发与管理，37（4）：32-41.

李媛洁，陈新军，汪金涛，等，2019. 东南太平洋智利竹筴鱼资源渔场时空分布 [J]. 上海海洋大学学
    报，28（4）：616-625.

林丽茹，胡建宇，2006. 太平洋东南海域表层地转流场的季节及年际变化特征 [J]. 海洋科学，30（6）：
    51-58.

刘必林，陈新军，钱卫国，2009. 智利外海茎柔鱼生物学特性的初步研究 [J]. 广东海洋大学学报，29
    （1）：1-5.

刘必林，陈新军，陈海刚，等，2016. 秘鲁外海茎柔鱼繁殖生物学研究 [J]. 上海海洋大学学报，25
    （3）：445-453.

刘红红，朱玉贵，2019. 气候变化对海洋渔业的影响与对策研究 [J]. 现在农业科技，4（10）：244-247.

刘连为，陈新军，许强华，等，2015. 基于微卫星标记的茎柔鱼赤道海域群体与秘鲁外海群体遗传变异
    分析 [J]. 中国海洋大学学报（自然科学版），45（7）：53-57.

刘秦玉，李春，胡瑞金，2010. 北太平洋的年代际振荡与全球变暖 [J]. 气候与环境研究，15（2）：217-224.

刘瑜，郑全安，李晓峰，2020. 西北太平洋柔鱼渔场分布与涡动能变化的相关关系 [J]. 海洋学报，42
    （2）：44-51.

刘长征，薛峰，2010. 不同强度 El Niño 的衰减过程. I 强 El Niño 的衰减过程 [J]. 地球物理学报，53

（1）：39－48.

刘祝楠，陈新军，2018. 不同气候模态下西北太平洋秋刀鱼资源丰度预测模型建立［J］. 海洋学报，40（6）：74－82.

柳沙沙，2020. 夏季辽东半岛顶端海域上升流特征及其影响机制［D］. 上海：上海海洋大学.

陆化杰，2009. 利用耳石微结构研究智利外海茎柔鱼的年龄、生长和种群组成［D］. 上海：上海海洋大学.

陆化杰，王从军，陈新军，2014. 东太平洋赤道公海茎柔鱼生物学特性［J］. 广东海洋大学学报，34（4）：1－8.

吕华庆，2012. 物理海洋学基础［M］. 北京：海洋出版社：90－95.

吕俊梅，琚建华，张庆云，等，2005. 太平洋年代际振荡冷、暖背景下 ENSO 循环的特征［J］. 气候与环境研究，10（2）：238－249.

马成璞，王宗山，邹娥梅，1983. 西太平洋的海流特征［J］. 海洋科学进展（1）：20－32.

牛明香，李显森，徐玉成，2009. 智利外海竹篖鱼中心渔场时空变动的初步研究［J］. 海洋科学，33（11）：105－109.

牛明香，李显森，戴芳群，等，2010. 智利外海西部渔场智利竹篖鱼资源与海表温度分布特征［J］. 海洋环境科学，29（3）：373－377.

钱卫国，陈新军，郑波，等，2008. 智利外海茎柔鱼资源密度分布与渔场环境的关系［J］. 上海水产大学学报，17（1）：98－103.

阮行建，2016. 东南太平洋智利竹篖鱼生殖生物学研究［D］. 上海：上海海洋大学.

孙珊，李显森，戴芳群，等，2008. 秘鲁外海夏季渔业资源与水温分布特征［J］. 海洋水产研究，29（2）：108－117.

唐峰华，樊伟，伍玉梅，等，2015. 北太平洋柔鱼渔场资源与海洋环境关系的季节性变化［J］. 农业资源与环境学报，32（3）：242－249.

唐峰华，杨胜龙，范秀梅，等，2019. 基于 Argo 的西北太平洋公海柔鱼渔场垂直水温结构的变化特征［J］. 上海海洋大学学报，28（3）：427－437.

唐议，盛燕燕，陈园园，2014. 公海深海底层渔业国际管理进展［J］. 水产学报，38（5）：759－768.

田军，刘晶晶，柳中晖，2019. 晚中新世以来东赤道太平洋冷舌的地质演化［J］. 中国科学基金，33（6）：585－591.

万荣，张同征，李增光，等，2020. 黄海近岸海域短吻红舌鳎夏季产卵场的空间分布及其年际变化［J］. 应用生态学报，31（3）：1023－1032.

汪金涛，陈新军，2013. 中西太平洋鲣鱼渔场的重心变化及其预测模型建立［J］. 中国海洋大学学报（自然科学版），43（8）：44－48.

汪金涛，陈新军，高峰，等，2014. 基于环境因子的东南太平洋茎柔鱼资源补充量预报模型研究［J］. 海洋与湖沼，45（6）：1185－1191.

汪金涛，高峰，雷林，等，2014. 基于主成分和 BP 神经网络的智利竹篖鱼渔场预报模型研究［J］. 海洋学报（中文版），36（8）：65－71.

王家樵，2006. 印度洋大眼金枪鱼栖息地指数模型研究［D］. 上海：上海水产大学.

王雷宏，杨俊仙，徐小牛，2015. 基于 MaxEnt 分析金钱松适生的生物气候特征［J］. 林业科学，51（1）：127－131.

王闪闪，管玉平，黄建平，2012. 黑潮及其延伸区海表温度变化特征与大气环流相关性的初步分析［J］. 物理学报，61（16）：510－520.

王亚民，李薇，陈巧媛，2009. 全球气候变化对渔业和水生生物的影响与应对［J］. 中国水产（1）：21－24.

王彦磊，黄兵，郑红莲，等，2009. ENSO 循环及相关研究进展［J］. 沙漠与绿洲气象，3（4）：1－8.

王尧耕，陈新军，2005.世界大洋性经济柔鱼类资源及其渔业［M］.北京：海洋出版社：240-264.

王运生，谢丙炎，万方浩，等，2007.ROC曲线分析在评价入侵物种分布模型中的应用［J］.生物多样性，15（4）：365-372.

魏嫣然，陈新军，林东明，等，2018.秘鲁外海茎柔鱼肌肉组织的能量积累［J］.中国水产科学，25（2）：444-454.

温健，陆鑫一，陈新军，等，2019.基于海表温度和光合有效辐射的西北太平洋柔鱼冬春生群体栖息地热点预测［J］.上海海洋大学学报，28（3）：456-463.

温健，贡静雯，李婷，等，2020.异常气候条件下秘鲁外海茎柔鱼栖息地的时空变动［J］.海洋学报，42（10）：92-99.

温健，陆鑫一，余为，等，2020.秘鲁外海茎柔鱼栖息地适宜性年代际变动［J］.海洋学报，42（6）：36-43.

温健，钱梦婷，余为，等，2020.多类型厄尔尼诺和拉尼娜事件下秘鲁外海茎柔鱼栖息地的变动［J］.中国水产科学，27（9）：1095-1103.

温健，余为，陈新军，2020.不同气候模态下秘鲁外海茎柔鱼栖息地的季节性分布［J］.中国水产科学，27（12）：1464-1476.

伍红雨，杨崧，蒋兴文，2015.华南前汛期开始日期异常与大气环流和海温变化的关系［J］.气象学报，73：319-330.

武胜男，余为，陈新军，2018.太平洋褶柔鱼秋生群产卵场环境变化及对资源丰度的影响［J］.海洋渔业，40（2）：129-138.

武胜男，陈新军，2020.基于GLM和GAM的日本鲭太平洋群体补充量与产卵场影响因子关系分析［J］.水产学报，44（1）：61-70.

肖启华，黄硕琳，2016.气候变化对海洋渔业资源的影响［J］.水产学报，40（7）：1089-1098.

谢峰，张敏，陈新军，2021.世界竹筴鱼资源开发现状及其建议［J］.渔业研究，43（3）：307-315.

徐冰，陈新军，钱卫国，等，2011.秘鲁外海茎柔鱼渔场时空分布分析［J］.中国海洋大学学报，41（11）：43-47.

徐冰，陈新军，李建华，2012.海洋水温对茎柔鱼资源补充量影响的初探［J］.上海海洋大学学报，21（5）：878-883.

徐冰，陈新军，田思泉，等，2012.厄尔尼诺和拉尼娜事件对秘鲁外海茎柔鱼渔场分布的影响［J］.水产学报，36（5）：696-707.

徐冰，陈新军，陆化杰，等，2013.秘鲁外海茎柔鱼资源量丰度和补充量与海表温度的相关关系［J］.海洋渔业，35（3）：396-302.

徐红云，汪金涛，陈新军，等，2016.海表水温变化对东南太平洋智利竹筴鱼栖息地分布的影响［J］.海洋渔业，38（4）：337-347.

许丽晓，2014.北太平洋副热带模态水和副热带逆流的年代际变化及其对全球变暖的响应［D］.青岛：中国海洋大学.

许骆良，陈新军，汪金涛，2015.2003—2012年秘鲁外海茎柔鱼资源丰度年间变化分析［J］.上海海洋大学学报，24（2）：280-286.

薛嘉伦，樊伟，唐峰华，等，2018.基于最大熵模型预测西北太平洋公海鲐潜在栖息地分布［J］.南方水产科学，14（1）：92-98.

闫永斌，陈新军，汪金涛，等，2020.东南太平洋茎柔鱼资源丰度灰色预测研究［J］.渔业科学进展，41（5）：46-51.

杨彩莉，杨晓明，朱江峰，2021.不同类型厄尔尼诺事件中环境因子对中西太平洋金枪鱼围网鲣分布响应［J］.南方水产科学，17（3）：8-18.

杨嘉樑，黄洪亮，刘健，等，2017. 智利竹筴鱼渔场海表温度及叶绿素浓度分布特征 [J]. 中国农业科技导报，19 (10)：113 - 120.

杨香帅，邹晓荣，徐香香，等，2019. ENSO 现象对东南太平洋智利竹筴鱼资源丰度及其渔场变动的影响 [J]. 上海海洋大学学报，28 (2)：290 - 297.

杨修群，朱益民，谢倩，等，2004. 太平洋年代际振荡的研究进展 [J]. 大气科学 (6)：979 - 992.

叶旭昌，2002. 2001 年秘鲁外海和哥斯达黎加外海茎柔鱼探捕结果及其分析 [J]. 海洋渔业 (4)：165 - 169.

叶旭昌，陈新军，2007. 秘鲁外海茎柔鱼胴长组成及性成熟初步研究 [J]. 上海水产大学学报，16 (4)：347 - 350.

易倩，陈新军，余为，2014，等. 基于信息增益技术比较分析智利和秘鲁外海茎柔鱼渔场环境 [J]. 上海海洋大学学报，23 (2)：272 - 278.

易炜，郭爱，陈新军，2017. 不同环境因子权重对东海鲐鱼栖息地模型的影响研究 [J]. 海洋学报，39 (12)：90 - 97.

余为，陈新军，2012. 印度洋西北海域鸢乌贼 9—10 月栖息地适宜指数研究 [J]. 广东海洋大学学报，32 (6)：74 - 80.

余为，陈新军，2015. 西北太平洋柔鱼栖息地环境因子分析及其对资源丰度的影响 [J]. 生态学报，35 (15)：5032 - 5039.

余为，2016. 西北太平洋柔鱼冬春生群对气候与环境变化的响应机制研究 [D]. 上海：上海海洋大学.

余为，陈新军，易倩，2016. 西北太平洋海洋净初级生产力与柔鱼资源量变动关系的研究 [J]. 海洋学报，38 (2)：64 - 72.

余为，陈新军，2017. 东南太平洋秘鲁海域光合有效辐射对茎柔鱼资源丰度和空间分布的影响研究 [J]. 海洋学报（中文版），39 (11)：97 - 105.

余为，陈新军，易倩，2017. 不同气候模态下西北太平洋柔鱼渔场环境特征分析 [J]. 水产学报，41 (4)：525 - 534.

余为，陈新军，2018. 西北太平洋柔鱼冬春生群体栖息地的变化研究 [J]. 海洋学报，40 (3)：86 - 94.

岳冬冬，王鲁民，郑汉丰，等，2014. 中国远洋鱿钓渔业发展现状与技术展望 [J]. 资源科学，36 (8)：1686 - 1694.

张衡，樊伟，崔雪森，2011. 北太平洋长鳍金枪鱼延绳钓渔场分布及其与海水表层温度的关系 [J]. 渔业科学进展，32 (6)：1 - 6.

张敏，许柳雄，2000. 开发利用东南太平洋竹荚鱼资源的分析探讨 [J]. 海洋渔业，22 (3)：137 - 140.

张天蛟，刘刚，Thomas A W，等，2015. 影响鱼类分布的生态水文因子建模及分析 [J]. 农业工程学报，31 (S2)：237 - 245.

张天蛟，2016. 产漂流性卵小型鱼类的生态位建模及分析 [D]. 北京：中国农业大学.

张炜，张健，2008. 西南大西洋阿根廷滑柔鱼渔场与主要海洋环境因子关系探讨 [J]. 上海水产大学学报，17 (4)：471 - 475.

张新军，杨军勇，连大军，2005. 秘鲁外海茎柔鱼资源及渔业开发 [J]. 齐鲁渔业，22 (3)：44 - 45.

张颖，李君，林蔚，等，2011. 基于最大熵生态位元模型的入侵杂草春飞蓬在中国潜在分布区的预测 [J]. 应用生态学报，22 (11)：2970 - 2976.

章寒，2019. 东太平洋赤道海域茎柔鱼探捕研究——基于渔业生物学、渔场变动及捕捞技术分析 [D]. 舟山：浙江海洋大学.

章寒，郑基，虞聪达，等，2019. 东太平洋赤道海域茎柔鱼主要生物学特性比较研究 [J]. 中国水产科学，26 (4)：745 - 755.

赵辉，张淑平，2014. 中国近海浮游植物叶绿素、初级生产力时空变化及其影响机制研究进展 [J]. 广东海洋大学学报，34（1）：98-104.

赵进平，王维波，Cooper，2010. 利用北冰洋多光谱数据计算光合有效辐射的研究 [J]. 极地研究，22（2）：91-103.

赵永平，陈永利，王凡，等，2007. 热带太平洋海洋混合层水体振荡与 ENSO 循环 [J]. 中国科学（地球科学），37（8）：1120-1133.

赵宗慈，罗勇，黄建斌，2018. 从检验 CMIP5 气候模式看 CMIP6 地球系统模式的发展 [J]. 气候变化研究进展，14（6）：643-648.

智海，林鹏飞，方祝骏，等，2021. 区分热带太平洋两类厄尔尼诺事件的海表面盐度指数 [J]. 中国科学（地球科学），51（8）：1240-1257.

周为峰，陈亮亮，崔雪森，等，2021. 异常气候下温跃层及时空因子对中西太平洋黄鳍金枪鱼渔场分布的影响 [J]. 中国农业科技导报，23（10）：192-201.

周一博，方明强，2018. 对厄尔尼诺事件分类结果不一致原因的初步分析 [J]. 中国海洋大学学报（自然科学版），48（8）：152-162.

Akamine S T，2004. Decadal variability in the abundance of Pacific saury and its response to climatic/oceanic regime shifts in the northwestern subtropical Pacific during the last half century [J]. Journal of Marine Systems，52（1-4）：235-257.

Alabia I D，Saitoh S I，Mugo R，et al.，2015. Seasonal potential fishing ground prediction of neon flying squid (*Ommastrephes bartramii*) in the western and central North Pacific [J]. Fisheries Oceanography，24（2）：190-203.

Alabia I D，Saitoh S I，Mugo R，2015. Identifying pelagic habitat hotspots of neon flying squid in the temperate waters of the central north pacific [J]. PLoS One，10（11）：e0142885.

Alabia I D，Saitoh S I，Igarashi H，et al.，2016. Future projected impacts of ocean warming to potential squid habitat in western and central North Pacific [J]. ICES Journal of Marine Science，36（5）：93-97.

Alabia I D，Saitoh S I，Hirawake T，et al.，2016. Elucidating the potential squid habitat responses in the central North Pacific to the recent ENSO flavors [J]. Hydrobiologia，772（1）：215-227.

Alados I，Foyo-Moreno I，Alados-Arboledas L，1996. Photosynthetically active radiation：measurements and modeling [J]. Agricultural & Forest Meteorology，78（1-2）：121-131.

Albeit J，Niquen M，2004. Regime shifts in the Humboldt Current ecosystem [J]. Progress in Oceanography，60（2-4）：201-222.

Albert A，Echevin V，Lévy M，et al.，2010. Impact of nearshore wind stress curl on coastal circulation and primary productivity in the Peru upwelling system [J]. Journal of Geophysical Research-Oceans，115：12-33.

Alegre A，Menard F，Tafur R，et al.，2014. Comprehensive Model of Jumbo Squid *Dosidicus gigas* Trophic Ecology in the Northern Humboldt Current System [J]. PLoS One，9（1）：e85919.

Alheit J，Bakun A，2010. Population synchronies within and between ocean basins：apparent teleconnections and implications as to physical-biological linkage mechanisms [J]. Journal of Marine Systems，79（3）：267-285.

Alizadeh-Choobari O，2017. Contrasting global teleconnection features of the eastern pacific and central pacific El Niño events [J]. Dynamics of Atmospheres and Oceans，80：139-154.

Anatolio T，Carmen Y，Mariategui L，et al.，2001. Distribution and concentrations of Jumbo flying squid (*Dosidicus gigas*) off the Peruvian coast between 1991 and 1999 [J]. Fisheries Research，54（1）：21-32.

Anderson C I H，Rodhouse P G，2001. Life cycles, oceanography and variability：ommastrephid squid in variable oceanographic environments [J]. Fisheries Research, 54 (1): 133 – 143.

Andrade H A, Garcia C A E, 1999. Skipjack tuna fishery in relation to sea surface temperature off the southern Brazilian coast [J]. Fisheries Oceanography, 8 (4): 245 – 254.

Aravena G, Broitman B, Stenseth N C, 2014. Twelve years of change in coastal upwelling along the central – northern coast of Chile: spatially heterogeneous responses to climatic variability [J]. PLoS One, 9 (2): e90276.

Arcos D F, Cubillos L A, Núñez S F, 2001. The jack mackerel fishery and El Niño 1977—1998 effects off Chile [J]. Progress in Oceanography, 49: 597 – 617.

Argüelles J, Tafur R, Taipe A, et al., 2008. Size increment of jumbo flying squid *Dosidicus gigas* mature females in Peruvian waters, 1989—2004 [J]. Progress in Oceanography, 79 (2 – 4): 308 – 312.

Argüelles J, Rodhouse P G, Villegas P, et al., 2011. Age, growth and population structure of the jumbo flying squid *Dosidicus gigas* in Peruvian waters [J]. Fisheries Research, 54 (1): 51 – 61.

Arkhipkin A I, Shcherbich Z N, 2012. Thirty years' progress in age determination of squid using statoliths [J]. Journal of the Marine Biological Association of the United Kingdom, 92 (6): 1389 – 1398.

Arkhipkin A I, Argüelles J, Shcherbich Z, et al., 2014. Ambient temperature influences adult size and life span in jumbo squid (*Dosidicus gigas*)[J]. Canadian Journal of Fisheries and Aquatic Sciences, 72 (3): 400 – 409.

Arkhipkin A I, Rodhouse P G K, Pierce G J, et al., 2017. World squid fisheries [J]. Reviews in Fisheries Science and Aquaculture, 23: 92 – 252.

Bakun A, Weeks S J, 2008. The marine ecosystem off Peru: What are the secrets of its fishery productivity and what might its future hold? [J]. Progress in Oceanography, 79 (2): 290 – 299.

Bakun A, 2014. Active opportunist species as potential diagnostic markers for comparative tracking of complex marine ecosystem responses to global trends [J]. ICES Journal of Marine Science, 71 (8): 2281 – 2292.

Bakun A, Black B A, Bograd S J, et al., 2015. Anticipated effects of climate change on coastal upwelling ecosystems [J]. Current Climate Change Reports, 1 (2): 85 – 93.

Barange M, Coetzee J, Takasuka A, et al., 2009. Habitat expansion and contraction in anchovy and sardine populations [J]. Progress In Oceanography, 83 (1 – 4): 251 – 260.

Barber R T, Chavez F P, 1983. Biological consequences of El Niño [J]. Science, 222 (4629): 1203 – 1210.

Bazzino G, Gilly W F, Markaida U, 2010. Horizontal movements, vertical – habitat utilization and diet of the jumbo squid (*Dosidicus gigas*) in the Pacific Ocean off Baja California Sur, Mexico [J]. Progress in Oceanography, 86 (1 – 2): 59 – 71.

Bell J D, Ganachaud A, Gerkhe P C, et al., 2013. Mixed responses of tropical Pacific fisheries and aquaculture to climate change [J]. Nature Climate Change, 3 (6): 591 – 599.

Bertrand A, Josse E, Bach P, et al., 2002. Hydrological and trophic characteristics of tuna habitat: consequences on tuna distribution and longline catchability [J]. Canadian Journal of Fisheries and Aquatic Sciences, 59 (6): 1002 – 1013.

Bertrand A, Chaigneau A, Peraltilla S, et al., 2011. Oxygen: a fundamental regulating pelagic ecosystem structure in the coastal southeastern tropical Pacific [J]. PLoS One, 6 (12): e29558.

Bertrand A, Dragon a C, Habasque J, et al., 2014. Hydrography biogeochemistry and Chilean jack mackerel stock structure interactions [C]. California: The Second Meeting of the Scientific Committee of SPRFMO.

Bertrand A, Habasque J, Hattab T, et al., 2016. 3 – D habitat suitability of jack mackerel *Trachurus* murphyi in the Southeastern Pacific, a comprehensive study [J]. Progress in Oceanography, 146: 199 – 211.

Blanco L J, 2002. Hydrographic conditions off northern Chile during the 1996 – 1998 La Niño and El Niño events [J]. Journal of Geophysical Research, 107 (C3): 3017.

Bordalo – Machado P, 2006. Fishing effort analysis and its potential to evaluate stock size [J]. Reviews in Fisheries Science & Aquaculture, 14 (4): 369 – 393.

Boucher J M, Chen C S, Sun Y F, 2013. Effects of interannual environmental variability on the transport – retention dynamics in haddock Melanogrammus aeglefinus larvae on Georges Bank [J]. Marine Ecology Progress Series, 487: 201 – 215.

Brierley A S, Kingsford M J, 2009. Impacts of climate change on marine organisms and ecosystems [J]. Current Biology, 19 (14): 602 – 614.

Brochier T, Echevin V, Tam J, et al. , 2013. Climate change scenarios experiments predict a future reduction in small pelagic fish recruitment in the Humboldt current system [J]. Global change biology, 19 (6): 1841 – 1853.

Brown J N, Godfrey J S, Schiller A, 2007. A discussion of flow pathways in the central and eastern equatorial Pacific [J]. Journal of Physical Oceanography, 37 (5): 1321 – 1339.

Cahuin S M, Cubillos L A, Escribano R, 2015. Synchronous patterns of fluctuations in two stocks of anchovy Engraulis ringens Jenyns, 1842 in the Humboldt Current System [J]. Journal of Applied Ichthyology, 31 (1): 45 – 50.

Cairistiona I, Anderson H, Rodhouse P G, et al. , 2001. Life cycles, oceanography and variability: ommastrephid squid in variable oceanographic environments [J]. Fisheries Research (54): 133 – 143.

Campbell R A, 2004. CPUE standardisation and the construction of indices of stock abundance in a spatially varying fishery using general linear models [J]. Fisheries Research, 70 (2): 209 – 227.

Cao J, Chen X J, Chen Y, 2009. Influence of surface oceanographic variability on abundance of the western winter – spring cohort of neon flying squid Ommastrephes bartramii in the Northwest Pacific Ocean [J]. Marine Ecology Progress Series, 381 (12): 119 – 127.

Castillo K, Ibanez C M, Gonzalez C, et al. , 2007. Diet of swordfish Xiphias gladius Linnaeus, 1758 from different fishing zones off central – Chile during autumn 2004 [J]. Revista De Biologia Marina Y Oceanografia, 42 (2): 149 – 156.

Castillo R, Dalla R L, Garcia D W, et al. , 2019. Anchovy distribution off Peru in relation to abiotic parameters: A 32 – year time series from 1985 to 2017 [J]. Fisheries Oceanography, 28 (4): 389 – 401.

Chaigneau A, Eldin G, Dewitte B, 2009. Eddy activity in the four major upwelling systems from satellite altimetry (1992—2007)[J]. Progress in Oceanography, 83 (1 – 4): 117 – 123.

Chang Y J, Sun C L, Chen Y, 2012. Habitat suitability analysis and identification of potential fishing grounds for swordfish, Xiphias gladius, in the South Atlantic Ocean [J]. International Journal of Remote Sensing, 33 (23): 7523 – 7541.

Chang Y J, Sun C L, Chen Y, et al. , 2013. Modelling the impacts of environmental variation on the habitat suitability of swordfish, Xiphias gladius, in the equatorial Atlantic Ocean [J]. ICES Journal of Marine Science, 70 (5): 1000 – 1012.

Chang S K, Hoyle S, Liu I H, 2011. Catch rate standardization for yellowfin tuna (Thunnus albacares) in Taiwan's distant – water longline fishery in the Western and Central Pacific Ocean, with consideration of target change [J]. Fisheries Research, 107: 210 – 220.

Chavez F P, Ryan J, Lluch‐Cota S E, et al., 2003. From anchovies to sardines and back: multidecadal change in the Pacific Ocean [J]. Science, 299 (5604): 217‐221.

Chavez F P, Bertrand A, Guevara‐Carrasco R, et al., 2008. The northern Humboldt current system: brief history, present status and a view towards the future [J]. Progress in Oceanography, 79 (2‐4): 95‐105.

Chavez F P, Messié M, 2009. A comparison of eastern boundary upwelling ecosystems [J]. Progress in Oceanography, 83 (1‐4): 80‐96.

Chavez F P, Messie M, Pennington J T, et al., 2011. Marine Primary Production in Relation to Climate Variability and Change [J]. Annual Review of Marine Science, 3: 227‐260.

Chen D, Cane M A, 2008. El Niño prediction and predictability [J]. Journal of Computational Physics, 227 (7): 3625‐3640.

Chen X J, Zhao X H, Chen Y, 2007. Influence of El Niño/La Niño on the western winter‐spring cohort of neon flying squid (*Ommastrephes bartramii*) in the northwestern Pacific Ocean [J]. ICES Journal of Marine Science, 64 (6): 1152‐1160.

Chen X J, Liu B L, Chen Y, 2008. A review of the development of Chinese distant‐water squid jigging fisheries [J]. Fisheries Research, 89 (3): 211‐221.

Chen X J, Tian S Q, Chen Y, et al., 2010. A modeling approach to identify optimal habitat and suitable fishing grounds for neon flying squid (*Ommastrephes bartramii*) in the Northwest Pacific Ocean [J]. Fishery Bulletin, 108: 1‐15.

Chen X J, Lu H J, Liu B L, et al., 2011. Age, growth and population structure of jumbo flying squid, *Dosidicus gigas*, based on statolith microstructure off the exclusive economic zone of Chilean waters [J]. Journal of the Marine Biological Association of the United Kingdom, 91 (1): 229‐235.

Chen X J, Cao J, Chen Y, 2012. Effect of the Kuroshio on the spatial distribution of the red flying squid *Ommastrephes bartramii* in the Northwest Pacific Ocean [J]. Bulletin of Marine Science, 88 (1): 63‐71.

Chen X J, Li J H, Liu B L, et al., 2013. Age, growth and population structure of jumbo flying squid, *Dosidicus gigas*, off the Costa Rica Dome [J]. Journal of the Marine Biological Association of the United Kingdom, 93 (2): 567‐573.

Chen X J, Han F, Zhu K, et al., 2020. The breeding strategy of female jumbo squid *Dosidicus gigas*: energy acquisition and allocation [J]. Scientific Reports, 10 (1): 1‐11.

Cheung W W L, Lam V W Y, Sarmiento J L, et al., 2010. Large‐scale redistribution of maximum fisheries catch potential in the global ocean under climate change [J]. Global Change Biology, 16 (1): 24‐35.

Cheung W W L, Brodeur R D, Okey T A, et al., 2015. Projecting future changes in distributions of pelagic fish species of Northeast Pacific shelf seas [J]. Progress in Oceanography, 130 (130): 19‐31.

Cornejo R, Koppelmann R, 2006. Distribution patterns of mesopelagic fishes with special reference to *Vinciguerria lucetia* Garman 1899 (Phosichthyidae: Pisces) in the Humboldt Current Region off Peru [J]. Marine Biology, 149 (6): 1519‐1537.

Cravatte S, Delcroix T, Zhang D, et al., 2009. Observed freshening and warming of the western pacific warm pool [J]. Climate Dynamics, 33 (4): 565‐589.

Croquette M, Eldin G, Echevin V, 2004. On the contributions of Ekman transport and pumping to the dynamics of coastal upwelling in the South‐East Pacific [J]. Gayana (Concepción), 68 (2): 136‐141.

Csirke J, Alegre A, Argüelles J, et al., 2015. Main biological and fishery aspects of the jumbo squid (*Dosidicus gigas*) in the Peruvian Humboldt Current System [C]. Port Vila, Vanuatu: 3rd meeting of the Scientific Committee of the SPRFMO.

Cubillos L A, Paramo J, Ruiz P, et al., 2007. The spatial structure of the oceanic spawning of jack mackerel (*Trachurus murphyi*) off central Chile (1998—2001)[J]. Fisheries Research, 90 (1): 261-270.

Dagoberto F, Arcos L A, Cubillos S P, et al., 2001. The jack mackerel fishery and El Niño 1997—1998 effects off Chile [J]. Progress in Oceanography, 49 (1-4): 597-617.

Dangendorf S, Marcos M, Woppelmann G, et al., 2017. Reassessment of 20th century global mean sea level rise [J]. Proceedings of the National Academy of Sciences, 114 (23): 5946-5951.

Davila P M, Figueroa D, Muller E, 2002. Freshwater input into the coastal ocean and its relation with the salinity distribution off austral Chile (35-55°S)[J]. Continental Shelf Research, 22 (3): 521-534.

Davis A J, Jenkinson L S, Lawton J H, et al., 1998. Making mistakes when predicting shifts in species range in response to global warming [J]. Nature, 391 (6669): 783-786.

Davis R W, Ortega-Ortiz J G, Ribic C A, et al., 2002. Cetacean habitat in the northern oceanic Gulf of Mexico [J]. Deep Sea Research Part I Oceanographic Research Papers, 49 (1): 121-142.

De Monte S, Cotte C, D"Ovidio F, et al., 2012. Frigatebird behaviour at the ocean-atmosphere interface: integrating animal behaviour with multi-satellite data [J]. Journal of the Royal Society Interface, 9 (77): 3351-3358.

Dong C M, Mcwilliams J C, Liu Y, et al., 2014. Global heat and salt transports by eddy movement [J]. Nature Communications, 5 (1): 3294.

Du Z Y, He Y M, Wang H T, et al., 2020. Potential geographical distribution and habitat shift of the genus *Ammopiptanthus* in China under current and future climate change based on the MaxEnt model [J]. Journal of Arid Environments, 184: 104328.

Dutrieux P, Menkes C E, Vialard J, et al., 2008. Lagrangian study of tropical instability vortices in the Atlantic [J]. Journal of Physical Oceanography, 38 (2): 400-417.

Echevin V, Puillat I, Grados C, et al., 2004. Seasonal and mesoscale variability in the Peru upwelling system from *in situ* data during the years 2000to 2004 [J]. Gayana (Concepción), 68 (2): 167-173.

Elith J, Phillips S J, Hastie T, et al., 2015. A statistical explanation of MaxEnt for ecologists [J]. Diversity and Distributions, 17 (1): 43-57.

Escribano R, Hidalgo P, Fuentes M, et al., 2012. Zooplankton time series in the coastal zone off Chile: Variation in upwelling and responses of the copepod community [J]. Progress in Oceanography, 97: 174-186.

Espino M, Espinoza P, Niquen M, et al., 2015. Diet diversity of jack and chub mackerels and ecosystem changes in the northern Humboldt current system: A long-term study [J]. Progress in Oceanography, 137: 299-313.

Fabrizia U, Paola D, Roberta F, et al., 2015. Maximum entropy modeling of geographic distributions of the flea beetle species endemic in Italy (Coleoptera: Chrysomelidae: Galerucinae: Alticini)[J]. Zoologischer Anzeiger, 258: 99-109.

Fang X, Chen X, Feng Y, et al., 2017. Study of spatial distribution for *Dosidicus gigas* abundance off Peru based on a comprehensive environmental factor [J]. Acta Oceanologica Sinica, 39 (2): 62-71.

FAO, 2007. FAO Yearbook of Fisheries Statistics [R]. Rome: Food and Agricultural Organization of the United Nations.

FAO, 2009. Climate change implications for fisheries and aquaculture: Overview of current scientific knowledge [R]. Rome: FAO Fisheries and Aquaculture Technical Paper. No. 530.

FAO, 2015. Assessing climate change vulnerability in fisheries and aquaculture: Available methodologies and their relevance for the sector, by Cecile Brugère and Cassandra De Young [R]. Rome: FAO Fisheries and Aquaculture Technical Paper. No. 597.

FAO, 2016. Climate change implications for fisheries and aquaculture: Summary of the findings of the Intergovernmental Panel on Climate Change Fifth Assessment Report [R]. Rome: FAO Fisheries and Aquaculture Circular. No. 1122.

FAO, 2017. Fishery statistical collections: global aquaculture production [EB/OL]. http://www.fao.org/fishery/statistics/global‐aquaculture‐production/en.

FAO, 2018. Impacts of climate change on fisheries and aquaculture: synthesis of current knowledge, adaptation and mitigation options [R]. Rome: FAO Fisheries and Aquaculture Technical Paper. No. 627.

FAO, 2020. FAO Yearbook of Fishery and Aquaculture Statistics [EB/OL]. http://www.fao.org/fishery/statistics/global‐capture‐production/query/en.

Feng Y J, Chen X J, Liu Y, 2017. Examining spatiotemporal distribution and CPUE‐environment relationships for the jumbo flying squid *Dosidicus gigas* offshore Peru based on spatial autoregressive model [J]. Journal of Oceanology and Limnology, 36 (3): 942‐955.

Feng Y J, Cui L, Chen X J, et al. , 2017. A comparative study of spatially clustered distribution of jumbo flying squid (*Dosidicus gigas*) offshore Peru [J]. Journal of Ocean University of China, 16 (3): 490‐500.

Fernández‐Álamo M A, Färber‐Lorda J, 2006. Zooplankton and the oceanography of the eastern tropical Pacific: A review [J]. Progress in Oceanography, 69 (2‐4): 318‐359.

Fiedler P C, 2002. The annual cycle and biological effects of the Costa Rica Dome [J]. Deep Sea Research Part I Oceanographic Research Papers, 49 (2): 321‐338.

Field J C, Baltz K, Phillips A J, et al. , 2007. Range expansion and trophic interactions of the jumbo squid, *Dosidicus gigas*, in the California Current [J]. California Cooperative Oceanic Fisheries Investigations Reports, 48: 131‐146.

Flament P J, Knox R A, Niiler P P, et al. , 1996. The Three‐Dimensional Structure of An Upper Ocean Vortex in The Tropical Pacific Ocean [J]. Nature, 383 (6601): 610‐613.

Frawley T H, Briscoe D K, Britten G L, et al. , 2019. Impacts of a shift to a warm‐water regime in the Gulf of California on jumbo squid (*Dosidicus gigas*)[J]. ICES Journal of Marine Science, 76 (7): 2413‐2426.

Fu W, Primeau F, Moore J K, et al. , 2018. Reversal of increasing tropical ocean hypoxia trends with sustained climate warming [J]. Global Biogeochemical Cycles, 32 (4): 551‐564.

Gastón Bazzino, Gilly W F, Markaida U, et al. , 2010. Horizontal movements, vertical‐habitat utilization and diet of the jumbo squid (*Dosidicus gigas*) in the Pacific Ocean off Baja California Sur, Mexico [J]. Progress in Oceanography, 86 (1‐2): 59‐71.

Gaube P, McGillicuddy Jr D J, Chelton D B, et al, 2014. Regional variations in the influence of mesoscale eddies on near‐surface chlorophyll [J]. Journal of Geophysical Research: Oceans, 119 (12): 8195‐8220.

Gerlotto F, Dioses T, 2013. Bibliographical synopsis on the main traits of life of *Trachurus murphyi* in the South Pacific Ocean [C]. California: The First Meeting of the Scientific Committee of SPRFMO.

Gille S T, 2002. Warming of the southern ocean since the 1950s [J]. Science, 295 (5558): 1275‐1277.

Gilly W F, Elliger C A, Salinas C A, et al. , 2006. Spawning by jumbo squid *Dosidicus gigas* in San Pedro Mártir Basin, Gulf of California, Mexico [J]. Marine Ecology Progress, 313: 125‐133.

Gilly W F, Markaida U, Baxter C H, et al. , 2006. Vertical and horizontal migrations by the jumbo squid

Dosidicus gigas revealed by electronic tagging [J]. Marine Ecology Progress Series, 324: 1 - 17.

Goicochea - Vigo C, Morales - Bojorquez E, Zepeda - Benitez V Y, et al., 2019. Age and growth estimates of the jumbo flying squid (*Dosidicus gigas*) off Peru [J]. Aquat Living Resour, 32: 1 - 12.

González - Pestana A, Acuña - Perales N, Córdova F, et al., 2018. Feeding habits of thresher sharks *Alopias* sp. in northern Peru: predators of Humboldt squid (*Dosidicus gigas*)[J]. Journal of the Marine Biological Association of the United Kingdom, 99 (3): 695 - 702.

Gore J A, Hamilton S W, 1996. Comparison of flow - related habitat evaluations downstream of low - head weirs on small and large fluvial ecosystems [J]. Regulated Rivers: Research and Management, 12 (4 - 5): 459 - 469.

Grados C, Chaigneau A, Echevin V, et al., 2018. Upper ocean hydrology of the Northern Humboldt Current System at seasonal, interannual and interdecadal scales [J]. Progress in Oceanography, 165: 123 - 144.

Gupta A S, Ganachaud A, Mcgregor S, et al., 2012. Drivers of the projected changes to the Pacific Ocean equatorial circulation [J]. Geophysical Research Letters, 39: L09605.

Gutiérrez D, Akester M, Naranjo L, 2016. Productivity and sustainable management of the Humboldt current large marine ecosystem under climate change [J]. Environmental Development, 17: 126 - 144.

Halpern D, 2002. Offshore Ekman transport and Ekman pumping off Peru during the 1997 - 1998 EL Niño [J]. Geophysical Research Letters, 29 (5): 19 - 1.

Harrison D E, Chiodi A M, 2015. Multi - decadal variability and trends in the El Niño - Southern Oscillation and tropical Pacific fisheries implications [J]. Deep Sea Research Part Ⅱ: Topical Studies in Oceanography, 113: 9 - 21.

Hastings R A, Rutterford L A, Freer J J, et al., 2020. Climate change drives poleward increases and equatorward declines in marine species [J]. Current Biology, 30 (8): 1572 - 1577.

Hazen E L, Jorgensen S, Rykaczewski R R, et al., 2013. Predicted habitat shifts of Pacific top predators in a changing climate [J]. Nature Climate Change, 3 (3): 234 - 238.

Heggenes J, 2002. Flexible summer habitat selection by wild, allopatric brown trout in lotic environments [J]. Transactions of the American Fisheries Society, 131 (2): 287 - 298.

Helmuth B, Mieszkowska N, Moore P, et al., 2006. Living on the edge of two changing worlds: forecasting the responses of rocky intertidal ecosystems to climate change [J]. Annual Review of Ecology Evolution & Systematics, 37 (1): 373 - 404.

Heppell S S, Chesney T A, Montero J, et al., 2013. Interannual variability of Humboldt squid (*Dosidicus gigas*) off Oregon and Southern Washington [J]. Cal - COFI Reports, 54: 180 - 191.

Hernández - Muñoz A T, Rodríguez - Jaramillo C, Mejía - Rebollo A, et al., 2016. Reproductive strategy in jumbo squid *Dosidicus gigas* (D'Orbigny, 1835): A new perspective [J]. Fisheries Research, 173: 145 - 150.

Hiddink J G, Ter H R, 2008. Climate induced increases in species richness of marine fishes [J]. Global Change Biology, 14 (3): 453 - 460.

Holmes R M, Thomas L N, Thompson L A, et al., 2014. Potential vorticity dynamics of tropical instability vortices [J]. Journal of Physical Oceanography, 44 (3): 995 - 1011.

Hoving H J T, Gilly W F, Markaida U, et al., 2013. Extreme plasticity in life - history strategy allows a migratory predator (jumbo squid) to cope with a changing climate [J]. Global Change Biology, 19 (7): 2089 - 2103.

Hsin Y C, 2016. Trends of the pathways and intensities of surface equatorial current system in the North Pacific Ocean [J]. Journal of Climate, 29 (18), 6693 - 6710.

Hu G, Yu W, Li B, et al. , 2019. Impacts of El Niño on the somatic condition of Humboldt squid based on the beak morphology [J]. Journal of Oceanology and Limnology, 37: 1440 - 1448.

Hua C X, Li F, Zhu Q C, et al. , 2020. Habitat suitability of Pacific saury (*Cololabis saira*) based on a yield - density model and weighted analysis [J]. Fisheries Research, 221: 105 - 408.

Huang B Y, Xue Y, Behringer D W, 2008. Impacts of Argo salinity in NCEP global ocean data assimilation system: the tropical Indian Ocean [J].Journal of Geophysical Research: Oceans, 113 (C8): C08002.

Ibáñez C M, Christian M, Cubillos L A, 2007. Seasonal variation in the length structure and reproductive condition of the jumbo squid *Dosidicus gigas* (D' Orbigny, 1835) off central - south Chile [J]. Scientia Marina, 71 (1): 123 - 128.

Ibáñez C M, Argüelles J, Yamashiro C, et al. , 2015. Population dynamics of the squids *Dosidicus gigas* (Oegopsida: Ommastrephidae) and *Doryteuthis gahi* (Myopsida: Loliginidae) in northern Peru [J]. Fisheries Research, 173 (2): 151 - 158.

Ibáñez C M, Sepúlveda R D, Ulloa P, et al. , 2015. The biology and ecology of the jumbo squid *Dosidicus gigas* (Cephalopoda) in Chilean waters: a review [J]. Latin American Journal of Aquatic Research, 43 (3): 402 - 414.

Ichii T, Mahapatra K, Watanabe T, et al. , 2002. Occurrence of jumbo flying squid *Dosidicus gigas* aggregations associated with the countercurrent ridge off the Costa Rica Dome during 1997 El Niño and 1999 La Niño [J]. Marine Ecology Progress Series, 231: 151 - 166.

Ichii T, Mahapatra K, Sakai M, et al. , 2011. Changes in abundance of the neon flying squid *Ommastrephes bartramii* in relation to climate change in the central north Pacific Ocean [J]. Marine Ecology Progress Series, 441: 151 - 164.

Igarashi H, Ichii T, Sakai M, et al. , 2017. Possible link between interannual variation of neon flying squid (*Ommastrephes bartramii*) abundance in the North Pacific and the climate phase shift in 1998/ 1999 [J]. Progress in Oceanography, 150: 20 - 34.

IPCC, 2013. Climate change 2013: The Physical science basis. Contribution of working Group I to the Fifth assessment report of the intergovernmental panel on climate change [R]. Geneva, Switzerland: IPCC, 4 - 51.

Iriarte J L, Gonzalez H E, Liu K K, et al. , 2007. Spatial and temporal variability of chlorophyll and primary productivity in surface waters of southern Chile (41. 5 - 43°S)[J]. Estuary Coast Shelf Science, 74: 471 - 480.

Jackson G D, Alford R A, Choat J H, 2000. Can length frequency analysis be used to determine squid growth? - An assessment of ELEFAN [J]. ICES Journal of Marine Science, 57 (4): 948 - 954.

Jayne S R, Marotzke J, 2002. The oceanic eddy heat transport [J]. Journal of Physical Oceanography, 32 (12): 3328 - 3345.

Jewett L, Romanou A, 2017. Ocean acidification and other ocean changes [J]. Climate Science Special Report: Fourth National Climate Assessment, 1: 364 - 392.

Jiménez - Valverde A, Lobo J M, Hortal J, 2008. Not as good as they seem: The importance of concepts in species distribution modelling [J]. Diversity and Distributions, 14 (6): 885 - 890.

Jones M C, Cheung W W L, 2015. Multi - model ensemble projections of climate change effects on global marine biodiversity [J]. ICES Journal of Marine Science, 72 (3): 741 - 752.

Kai E T，Marsac F，2010. Influence of mesoscale eddies on spatial structuring of top predators' communities in the Mozambique Channel [J]. Progress in Oceanography，86（1-2）：214-223.

Kennan S C，Flament P J，2000. Observations of a Tropical Instability Vortex [J]. Journal of Physical Oceanography，30（9）：2277-2301.

Keyl F，Argüelles J，Mariátegui L，et al.，2014. A hypothesis on range expansion and spatio-temporal shifts in size at maturity of jumbo squid（*Dosidicus gigas*）in the Eastern Pacific Ocean [J]. California Cooperative Oceanic Fisheries Investigations Report，49：119-128.

Keyl F，Argüelles J，Mariátegui L，et al.，2008. A hypothesis on range expansion and spatio temporal shifts in size at maturity of jumbo squid（*Dosidicus gigas*）in the Eastern Pacific Ocean [J]. California Cooperative Oceanic Fisheries Investigations Report，49：119-128.

Keyl F，Argüelles J，Tafur R，2011. Interannual variability in size structure，age，and growth of jumbo squid（*Dosidicus gigas*）assessed by modal progression analysis [J]. ICES Journal of Marine Science，68（3）：507-518.

Khanum P，Mumtaz A S，Kumar S，2013. Predicting impacts of climate change on medicinal asclepiads of Pakistan using Maxent modeling [J]. Acta Oecologica-International Journal of Ecology，49：23-31.

Kibler S R，Tester P A，Kunkel K E，et al.，2015. Effects of ocean warming on growth and distribution of dinoflagellates associated with ciguatera fish poisoning in the Caribbean [J]. Ecological Modelling，316：194-210.

Kim H M，Webster P J，Curry J A，2009. Impact of shifting patterns of Pacific Ocean warming on North Atlantic tropical cyclones [J]. Science，325（5936）：77-80.

Koch M，Bowes G，Ross C，et al.，2013. Climate change and ocean acidification effects on seagrasses and marine macroalgae [J]. Global Change Biology，19（1）：103-132.

Kortsch S，Primicerio R，Fossheim M，et al.，2015. Climate change alters the structure of arctic marine food webs due to poleward shifts of boreal generalists [J]. Proceedings of the Royal Society B，282：15-46.

Koslow J A，Allen C A，2011. The influence of the ocean environment on the abundance of market squid，*Doryteuthis*（*Loligo*）*opalescens*，paralarvae in the Southern California Bight [J]. California Cooperative Oceanic Fisheries Investigations Report，52：205-213.

Kuczynski L，Legendre P，Grenouillet G，2018. Concomitant impacts of climate change，fragmentation and non-native species have led to reorganization of fish communities since the 1980s [J]. Global Ecology and Biogeography，27（2）：213-222.

Lan K W，Evans K，Lee M A，2013. Effects of climate variability on the distribution and fishing conditions of yellowfin tuna（*Thunnus albacares*）in the western Indian Ocean [J]. Climatic Change，119（1）：63-77.

Lan K W，Shimada T，Lee M A，et al.，2017. Using remote-sensing environmental and fishery data to map potential yellowfin tuna habitats in the tropical Pacific Ocean [J]. Remote Sensing，9（5）：444-453.

Lee H C，2009. Impact of atmospheric CO_2 doubling on the North Pacific Subtropical Mode Water [J]. Geophysical Research Letters，36（6）：295-311.

Lee P F，Ching C I，Tzeng W N，2005. Spatial and temporal distribution patterns of bigeye tuna（*Thunnus obesus*）in the Indian Ocean [J]. Zoological Studies，44（2）：260-270.

Levitus S，Antonov J I，Boyer T P，et al.，2009. Global ocean heat content 1955—2008 in light of recently revealed instrumentation problems [J]. Geophysical Research Letters，36：L07608.

Li G，Chen X J，Lei L，et al.，2014. Distribution of hotspots of chub mackerel based on remote-sensing data in coastal waters of China [J]. International Journal of Remote Sensing, 35 (11 - 12): 4399 - 4421.

Li G, Cao J, Zou X, 2016. Modeling habitat suitability index for Chilean jack mackerel (*Trachurus murphyi*) in the South East Pacific [J]. Fisheries Research, 178: 47 - 60.

Li Y, Gong Y, Zhang Y, et al. , 2017. Inter - annual variability in trophic patterns of jumbo squid (*Dosidicus gigas*) off the exclusive economic zone of Peru, implications from stable isotope values in gladius [J]. Fisheries Research, 187: 22 - 30.

Li J Y, Chang H, Liu T, 2019. The potential geographical distribution of Haloxylon across Central Asia under climate change in the 21st century [J]. Agricultural and Forest Meteorology, 275: 243 - 254.

Lin X Y, Dong C M, Chen D K, et al. , 2015. Three - dimensional properties of mesoscale eddies in the South China Sea based on eddy - resolving model output [J]. Deep Sea Research Part I: Oceanographic Research Papers, 99: 46 - 64.

Lin L R, Hu J Y, 2006. Seasonal and interannual variations of sea surface geostrophic current in the Southeast Pacific [J]. Marine Science, 30 (6): 51 - 58.

Litz M N C, Phillips A J, Brodeur R D, et al. , 2011. Seasonal occurrences of Humboldt squid (*Dosidicus gigas*) in the northern California Current System [J]. California Cooperative Oceanic Fisheries Investigations Report, 52: 97 - 108.

Liu B L, Chen X J, Chen Y, et al. , 2013. Age, maturation, and population structure of the Humboldt squid *Dosidicus gigas* off the Peruvian Exclusive Economic Zones [J]. Chinese Journal of Oceanology and Limnology, 31 (1): 81 - 91.

Liu B L, Chen X J, Yi Q, 2013. A comparison of fishery biology of jumbo flying squid, *Dosidicus gigas* outside three Exclusive Economic Zones in the Eastern Pacific Ocean [J]. Chinese Journal of Oceanology and Limnology, 31 (3): 523 - 533.

Liu B L, Chen Y, Chen X J, 2015. Spatial difference in elemental signatures within early ontogenetic statolith for identifying Jumbo flying squid natal origins [J]. Fisheries Oceanography, 24 (4): 335 - 346.

Liu B L, Fang Z, Chen X J, 2015. Spatial variations in beak structure to identify potentially geographic populations of *Dosidicus gigas* in the Eastern Pacific Ocean [J]. Fisheries Research, 164: 185 - 192.

Liu B L, Cao J, Truesdell S B, 2016. Reconstructing cephalopod migration with statolith elemental signatures: a case study using *Dosidicus gigas* [J]. Fisheries Science, 82 (3): 425 - 433.

Liu B L, Lin J Y, Chen X J, et al. , 2018. Inter - and intra - regional patterns of stable isotopes in *Dosidicus gigas* beak: biological, geographical and environmental effects [J]. Marine and Freshwater Research, 69 (3): 464 - 472.

Long Z, Perrie W, Tang C L, 2012. Simulated interannual variations of freshwater content and sea surface height in the Beaufort Sea [J]. Journal of Climate, 25 (4): 1079 - 1095.

Lopez S, Meléndez R, Barría P, 2010. Preliminary diet analysis of the blue shark *Prionace glauca* in the eastern South Pacific [J]. Revista de Biología Marinay Oceanografía, 45: 745 - 749.

Lu H J, Lee K T, Lin H L, et al. , 2001. Spatio - temporal distribution of yellowfin tuna *Thunnus albacares* and bigeye tuna *Thunnus obesus* in the Tropical Pacific Ocean in relation to large - scale temperature fluctuation during ENSO episodes [J]. Fisheries Science, 67 (6): 1046 - 1052.

Lu H J, Lee H L, 2014. Changes in the fish species composition in the coastal zones of the Kuroshio Current and China Coastal Current during periods of climate change: Observations from the set - net fishery (1993—2011)[J]. Fisheries Research, 155: 103 - 113.

Maddock I, 1999. The importance of physical habitat assessment for evaluating river health [J]. Freshwater

Biology，41（2）：373－391.

Mantua N J，Hare S R，Zhang Y，et al.，1997. A Pacific interdecadal climate oscillation with impacts on salmon production ［J］. Bulletin of the American Meteorological Society，78（6）：1069－1079.

Mantua N J，Hare S R，2002. The Pacific decadal oscillation ［J］. Journal of Oceanography，58（1）：35－44.

Markaida U，2001. Reproductive biology of jumbo squid *Dosidicus gigas* in the Gulf of California，1995－1997 ［J］. Fisheries Research，54（1）：63－82.

Markaida U，Quiñónez－Velázquez C，Sosa－Nishizaki O，2004. Age，growth and maturation of jumbo squid *Dosidicus gigas*（Cephalopoda：Ommastrephidae）from the Gulf of California，Mexico ［J］. Fisheries Research，66（1）：31－47.

Markaida U，2006. Population structure and reproductive biology of jumbo squid *Dosidicus gigas* from the Gulf of California after the 1997－1998 El Niño event ［J］. Fisheries Research，79（1）：28－37.

Martin A P，Richards K J，2001. Mechanisms for vertical nutrient transport within a North Atlantic mesoscale eddy ［J］. Deep Sea Research Part Ⅱ：Topical Studies in Oceanography，48（4－5）：757－773.

Martinez E，Maamaatuaiahutapu K，Taillandier V，2009. Floating marine debris surface drift：Convergence and accumulation toward the South Pacific subtropical gyre ［J］. Marine Pollution Bulletin，58（9）：1347－1355.

McBride M M，Dalpadado P，Drinkwater K F，et al.，2014. Krill，climate，and contrasting future scenarios for Arctic and Antarctic fisheries ［J］. ICES Journal of Marine Science，71（7）：1934－1955.

McClatchie S，Hendy I L，Thompson A R，et al.，2017. Collapse and recovery of forage fish populations prior to commercial exploitation ［J］. Geophysical Research Letters，44（4）：1877－1885.

McGillicuddy Jr D J，2016. Mechanisms of Physical－Biological－Biogeochemical Interaction at the Oceanic Mesoscale ［J］. Annual Review of Marine Science，8：125－159.

Medellín－Ortiz A，Cadena－Cárdenas L，Santana－Morales O，2016. Environmental effects on the jumbo squid fishery along Baja California's west coast ［J］. Fisheries Science，82（6）：851－861.

Medina G A，Davila R，Estudillo I C，2017. Influence of the oceanographic dynamic in size distribution of cephalopod paralarvae in the southern Mexican Pacific Ocean（rainy seasons 2007 and 2008）［J］. Latin American Journal of Aquatic Research，45（2）：356－369.

Mélanie G，Cravatte S，Blanke B，et al.，2011. From the western boundary currents to the Pacific Equatorial Undercurrent：Modeled pathways and water mass evolutions ［J］. Journal of Geophysical Research：Oceans，116（C12）.

Menkes C E，Kennan S C，Flament P，et al.，2022. A whirling ecosystem in the equatorial Atlantic ［J］. Geophysical Research Letters，29（11）：48－54.

Miller A J，Chai F，Chiba S，et al.，2004. Decadal－Scale Climate and Ecosystem Interactions in the North Pacific Ocean ［J］. Journal of Oceanography，60（1）：163－188.

Mogollon R，Calil P H R，2017. On the effects of Enso on ocean biogeochemistry in the northern Humboldt current system（NHCS）：a modeling study ［J］. Journal of Marine Systems，172：137－159.

Mohri M，1999. Seasonal changes in Bigeye tuna fishing areas in relation to the oceanographic parameters in the Indian Ocean ［J］. Journal of National Fisheries University，47（2）：43－54.

Montecino V，Lange C B，2009. The Humboldt Current System：Ecosystem components and processes，fisheries，and sediment studies ［J］. Progress in Oceanography，83（1－4）：65－79.

Montecinos A，Aceituno P，2005. Seasonality of the ENSO－related rainfall variability in central Chile and associated circulation anomalies ［J］. Journal of Climate，16（2）：281－296.

Montes I, Colas F, Capet X, et al. , 2010. On the pathways of the equatorial subsurface currents in the eastern equatorial Pacific and their contributions to the Peru – Chile Undercurrent [J]. Journal of Geophysical Research Oceans, 115 (C9) .

Montes I, Schneider W, Colas F, 2011. Subsurface connections in the eastern tropical pacific during la Nino 1999—2001 and El Niño 2002—2003 [J]. Journal of Geophysical Research – Oceans, 116: C12022.

Morales – Bojórquez E, Pacheco – Bedoya J L, 2016. Jumbo squid *Dosidicus gigas*: a new fishery in Ecuador [J]. Reviews in Fisheries Science and Aquaculture, 24 (1): 98 – 110.

Moron O, 2000. Caracteristicas del ambiente marino frente a la costa Peruana [J]. Boletin de la Sociedad Chilena de Quimica, 19 (1 – 2): 179 – 204.

Mosek H G, Charter R L, Watson W, et al. , 2000. Abundance and distribution of rockfish (*Sebastes*) larvae in the Southern California Bight in relation to environmental conditions and fishery exploitation [R]. California Cooperative Oceanic Fisheries Investigations Report, 41: 132 – 147.

Müller – Karger F E, Fuentes – Yaco C, 2000. Characteristics of wind – generated rings in the eastern tropical Pacific Ocean [J]. Journal of Geophysical Research: Oceans, 105 (C1): 1271 – 1284.

Murphy E J, Rodhouse P G, 1999. Rapid selection effects in a short – lived semelparous squid species exposed to exploitation: inferences from the optimization of life – history functions [J]. Evolutionary Ecology, 13 (6): 517 – 537.

Neelin J D, 2010. Climate change and climate modeling [M]. Cambridge University Press: 198 – 199.

Nencioli F, Dong C M, Dickey T, et al. , 2010. A vector geometry – based eddy detection algorithm and its application to a high – resolution numerical model product and high – frequency radar surface velocities in the Southern California Bight [J]. Journal of Atmospheric and Oceanic Technology, 27 (3): 564 – 579.

Nesis K N, 1970. The biology of the giant squid of Peru and Chile, *Dosidicus gigas* [J]. Oceanology, 10 (1): 140 – 152.

Nesis K N, 1983. *Dosidicus gigas* [M]. London: Academic Press, 216 – 231.

Nevárez – martínez M O, Hernández – herrera A, Moralesbojórquez E, et al. , 2000. Biomass and distribution of the jumbo squid (*Dosidicus gigas*) in the Gulf of California, Mexico [J]. Fisheries Research, 49 (2): 129 – 140.

Nevárez – Martínez M O, Méndez – Tenorio F J, Cervantes – Valle C, et al. , 2006. Growth, mortality, recruitment, and yield of the jumbo squid (*Dosidicus gigas*) off Guaymas, Mexico [J]. Fisheries Research, 79 (1 – 2): 38 – 47.

Nguyen H, Hendon H, Lim E, 2017. Variability of the extent of the Hadley circulation in the southern hemisphere: a regional perspective [J]. Climate Dynamics, 21: 1 – 14.

Nigmatullin C M, Nesis K N, Arkhipkin A I, 2001. A review of the biology of the jumbo squid *Dosidicus gigas* (Cephalopoda: Ommastrephidae)[J]. Fisheries Research, 54 (1): 9 – 19.

Niquen M, Bouchon M, Cahuin S, et al. , 1999. Efectos del fenomeno El Nino 1997 – 1998 sobre los principales recursos pelagicos en la costa peruana, 1999 [J]. Peruvian Journal of Biology, (Volumen Extraordinario): 85 – 96.

Nishida T, Bigelow K, Mohri M, et al. , 2003. Comparative study on Japanese tuna longline CPUE standardization of yellowfin tuna (*Thunnus albacares*) in the Indian ocean based on two methods: general linear model (GLM) and habitat – based model (HBM)/GLM combined [J]. IOTC Proceedings, 6: 48 – 69.

Nishikawa H, Igarashi H, Ishikawa Y, et al. , 2014. Impact of paralarvae and juveniles feeding environment on the neon flying squid (*Ommastrephes bartramii*) winter spring cohort stock [J]. Fisheries Oceanography, 23 (4): 289 – 303.

Niu M X, Li X S, Xu Y C, 2009. Preliminary study on spatio - temporal change of central fishing ground of Chilean jack mackerel (*Trachurus murphyi*) in the offshore waters of Chile [J]. Marine Sciences, 33 (11): 105 – 109.

Nunez Elías S, Correa Ramirez M, Vasquez Pastene S, 2009. Variability of the *Chilean jack mackerel* fishing habitat in the southern Pacific Ocean [C]. Auckland, New Zealand: Eighth Science Working Group of SPRFMO.

Oerder V, Colas F, Echevin V, et al. , 2015. Peru - Chile upwelling dynamics under climate change [J]. Journal of Geophysical Research: Oceans, 120 (2): 1152 – 1172.

Oozeki Y, Niquen Carranza M, Takasuka A, et al. , 2019. Synchronous multi - species alternations between the northern Humboldt and Kuroshio Current systems [J]. Deep - Sea Research Part II, 159: 11 – 21.

Paulino C, Segura M, Chacón G, 2016. Spatial variability of jumbo flying squid (*Dosidicus gigas*) fishery related to remotely sensed SST and chlorophyll - a concentration (2004—2012)[J]. Fisheries Research, 173: 122 – 127.

Pecl G T, Jackson G D, 2008. The potential impacts of climate change on inshore squid: Biology, ecology and fisheries [J]. Reviews in Fish Biology & Fisheries, 18 (4): 373 – 385.

Pennington J T, Mahoney K L, Kuwahara V S, et al. , 2006. Primary production in the eastern tropical Pacific: A review [J]. Progress in Oceanography, 69 (2 - 4): 285 – 317.

Penven P, Echevin V, Pasapera J, et al. , 2005. Average circulation, seasonal cycle, and mesoscale dynamics of the Peru Current System: A modeling approach [J]. Journal of Geophysical Research - Oceans, 110: C10021.

Peterman R M, Bradford M J, 1987. Wind speed and mortality rate of a marine fish, the northern anchovy (*Engraulis mordax*)[J]. Science, 235 (4786): 354 – 356.

Phillips A J, Ciannelli L, Brodeur R D, et al. , 2014. Spatio - temporal associations of albacore CPUEs in the Northeastern Pacific with regional SST and climate environmental variables [J]. ICES Journal of Marine Science, 71 (7): 1717 – 1727.

Phillips S J, Dudik M, 2008. Modeling of species distributions with Maxent: new extensions and a comprehensive evaluation [J]. Ecography, 31 (2): 161 – 175.

Phillips S J, 2013. A brief tutorial on Maxent [EB/OL]. http://biodiversityinformatics. amnh. org/open _ source/maxent/.

Pickett M H, Schwing F B, 2006. Evaluating upwelling estimates off the west coasts of North and South America [J]. Fisheries Oceanography, 15 (3): 256 – 269.

Pierce G J, Valavanis V D, Guerra A, 2008. A review of cephalopod - environment interactions in European Seas [J]. Hydrobiologia, 612: 49 – 70.

Portner E J, Markaida U, Robinson J C, et al. , 2020. Trophic ecology of Humboldt squid, *Dosidicus gigas*, in conjunction with body size and climatic variability in the Gulf of California, Mexico [J]. Limnology and Oceanography, 65: 732 – 748.

Qi J, Zhang L, Qu T, 2019. Salinity variability in the tropical Pacific during the Central - Pacific and Eastern - Pacific El Niño events [J]. Journal of Marine Systems, 199: 103225.

Rahn D A, 2012. Influence of large scale oscillations on upwelling - favorable coastal wind off central Chile [J]. Journal of Geophysical Research Atmospheres, 117: D19114.

Ramajo L，Valladares M，Astudillo O，et al．，2020．Upwelling intensity modulates the fitness and physiological performance of coastal species：Implications for the aquaculture of the scallop *Argopecten purpuratus* in the Humboldt Current System ［J］．Science of The Total Environment，745：140949．

Ramos J E，Ramos‐Rodriguez A，Bazzino Ferreri G，et al．，2017．Characterization of the northernmost spawning habitat of *Dosidicus gigas* with implications for its northwards range extension ［J］．Marine Ecology Progress Series，572：179‐192．

Rijnsdorp A D，Peck M A，Engelhard G H，2009．Resolving the effect of climate change on fish populations ［J］．ICES Journal of Marine Science，66（7）：1570‐1583．

Robinson C J，Gómez‐Gutiérrez J，De León D A S，2013．Jumbo squid （*Dosidicus gigas*） landings in the Gulf of California related to remotely sensed SST and concentrations of chlorophyll a （1998—2012） ［J］．Fisheries Research，137：97‐103．

Robinson C J，Gómez‐Gutiérrez J，Markaida U，2016．Prolonged decline of jumbo squid （*Dosidicus gigas*） landings in the Gulf of California is associated with chronically low wind stress and decreased chlorophyll a after El Niño 2009—2010 ［J］．Fisheries Research，173：128‐138．

Roden G，Groves G，1959．Recent oceanographic investigations in the Gulf of California ［J］．Journal of Marine Research，18（1）：10‐35．

Rodhouse P G K，2001．Managing and forecasting squid fisheries in variable environments ［J］．Fisheries Research，54（1）：3‐8．

Rodhouse P G K，2013．Role of squid in the Southern Ocean pelagic ecosystem and the possible consequences of climate change ［J］．Deep Sea Research Part Ⅱ：Topical Studies in Oceanography，95：129‐138．

Roper C F E，Boss K J，1982．The giant squid ［J］．Scientific American，246：96‐105．

Rosa R，Seibel B A，2010．Metabolic physiology of the Humboldt squid，*Dosidicus gigas*：Implications for vertical migration in a pronounced oxygen minimum zone ［J］．Progress in Oceanography，86（1‐2）：72‐80．

Rosas‐Luis R，Tafur‐Jimenez R，Alegre‐Norza A R，et al．，2011．Trophic relationships between the jumbo squid （*Dosidicus gigas*） and the lightfish （*Vinciguerria lucetia*） in the Humboldt Current System off Peru ［J］．Scientia Marina，75（3）：549‐557．

Ruiz‐Cooley R I，Gendron D，Aguiniga S，et al．，2004．Trophic relationships between sperm whales and jumbo squid using stable isotopes of C and N ［J］．Marine Ecology Progress Series，277：275‐283．

Ruiz‐Cooley R I，Markaida U，Gendron D，et al．，2006．Stable isotopes in jumbo squid （*Dosidicus gigas*） beaks to estimate its trophic position：comparison between stomach contents and stable ［J］．Journal of the Marine Biological Association of the UK，86（2）：437‐445．

Ruiz‐Cooley R I，Gerrodette T，2012．Tracking large‐scale latitudinal patterns of δ13C and δ15N along the E Pacific using epi‐mesopelagic squid as indicators ［J］．Ecosphere，3（7）：1‐17．

Rykaczewski R R，Checkley D M，2008．Influence of ocean winds on the pelagic ecosystem in upwelling regions ［J］．Proceedings of the National Academy of Sciences，105（6）：1965‐1970．

Sachin T S，Rasheed K，2020．Dynamics and forcing mechanisms of upwelling along the south eastern Arabian sea during south west monsoon ［J］．Regional Studies in Marine Science，40：101519．

Sakai M，Tsuchiya K，Mariategui L，et al．，2017．Vertical Migratory Behavior of Jumbo Flying Squid （*Dosidicus gigas*） off Peru：Records of Acoustic and Pop‐up Tags ［J］．Japan Agricultural Research Quarterly，51（2）：171‐179．

Sanchez P, Demestre M, Recasens L, et al., 2008. Combining GIS and GAMs to identify potential habitats of squid *Loligo vulgaris* in the Northwestern Mediterranean [J]. Hydrobiologia, 612 (1): 91-98.

Sanchez-Velasco L, Ruvalca-Aroche E D, Beier E, et al., 2016. Paralarvae of the complex *Sthenoteuthis oualaniensis* - *Dosidicus gigas* (Cephalopoda: Ommastrephidae) in the northern limit of the shallow oxygen minimum zone of the Eastern Tropical Pacific Ocean (April 2012)[J]. Journal of Geophysical Research-Oceans, 121 (3): 1998-2015.

Sandoval-Castellanos E, Uribe-Alcocer M, Díaz-Jaimes P, 2007. Population genetic structure of jumbo squid (*Dosidicus gigas*) evaluated by RAPD analysis [J]. Fisheries Research, 83 (1): 113-118.

Seibel B A, 2013. The jumbo squid, *Dosidicus gigas* (ommastrephidae), living in Oxygen Minimum Zones Ⅱ: blood-oxygen binding [J]. Deep Sea Research Part Ⅱ Topical Studies in Oceanography, 95 (6): 139-144.

Seibrl B A, 2015. Environmental physiology of the jumbo squid, *Dosidicus gigas* (D'Orbigny, 1835) (Cephalopoda: Ommastrephidae): implications for changing climate [J]. American Malacological Bulletion, 33: 161-173.

Sharma S, Arunachalam K, Bhavsar D, et al., 2018. Modeling habitat suitability of perilla frutescens with maxent in Uttarakhand-a conservation approach [J]. Journal of Applied Research on Medicinal and Aromatic Plants, 10: 99-105.

Sheinbaum J. 2003. Current theories on El Niño-southern oscillation: a review [J]. Geofísica Internacional, 42 (3): 291-305.

Shultz A D, Zuckerman Z C, Tewart H A, et al., 2014. Seasonal blood chemistry response of sub-tropical nearshore fishes to climate change [J]. Conservation Physiology, 2 (1): 1-12.

Silva C, Andrade I, Yáñez E, 2016. Predicting habitat suitability and geographic distribution of anchovy (*Engraulis ringens*) due to climate change in the coastal areas off Chile [J]. Progress in Oceanography, 146: 159-174.

Siregar E S Y, Siregar V P, Jhonnerie R, 2019. Prediction of potential fishing zones for yellowfin tuna (*Thunnus albacares*) using Maxent models in Aceh province waters [J]. IOP Conference Series: Earth and Environmental Science, 284 (1): 12-29.

Siswanto E, Ishizaka J, Yokouchi K, 2006. Optimal primary production model and parameterization in the eastern East China Sea [J]. Journal of Oceanography, 62 (3): 361-372.

Smith N, Kessler W S, Cravatte S, et al., 2019. Tropical Pacific observing system [J]. Frontiers in Marine Science, 2019, 6: 31-40.

Song L M, Zhou Y Q, 2010. Developing an integrated habitat index for bigeye tuna (*Thunnus obesus*) in the Indian Ocean based on longtime fisheries data [J]. Fisheries Research, 105 (2): 63-74.

Staaf D J, Zeidberg L D, Gilly W F, 2011. Effects of temperature on embryonic development of the Humboldt squid *Dosidicus gigas* [J]. Marine Ecology Progress Series, 441 (441): 165-175.

Stewart J S, Field J C, Markaida U, et al., 2013. Behavioral ecology of jumbo squid (*Dosidicus gigas*) in relation to oxygen minimum zones [J]. Deep-Sea Research Part Ⅱ: Topical Studies in Oceanography, 95: 197-208.

Stewart J S, Hazen E L, Bograd S J, et al., 2014. Combined climate-and prey-mediated range expansion of Humboldt squid (*Dosidicus gigas*), a large marine predator in the California Current System [J]. Global Change Biology, 20 (6): 1832-1843.

Stouffer R J, Broccoli A J, Delworth T L, et al., 2015. GFDL's CM2global coupled climate models. part

Ⅳ: idealized climate response [J]. Journal of Climate, 19 (5): 723 – 740.

Strub P T, James C, 2002. The 1997 – 1998 oceanic El Niño signal along the southeast and northeast pacific boundaries – an altimetric view [J]. Progress in Oceanography, 54 (1 – 4): 439 – 458.

Strub P T, Combes V, Shillington F A, 2013. Currents and processes along the eastern boundaries [J]. International Geophysics, 103: 339 – 384.

Sutton R T, Dong B, Gregory J M, 2007. Land/sea warming ratio in response to climate change: IPCC AR4 model results and comparison with observations [J]. Geophysical Research Letters, 34 (2): L02701.

Swartzman G, Bertrand A, Gutiérrez M, et al. , 2008. The relationship of anchovy and sardine to water masses in the Peruvian Humboldt Current System from 1983to 2005 [J]. Progress in Oceanography, 79 (2 – 4): 228 – 237.

Tafur R, Miguel Rabí, 1997. Reproduction of the jumbo flying squid, *Dosidicus giga*s (Orbigny, 1835) (Cephalopoda: Ommastrephidae) off Peruvian coasts [J]. Scientia Marina, 1997, 61: 33 – 37.

Tafur R, Villegas P, Rabí M, et al. , 2001. Dynamics of maturation, seasonality of reproduction and spawn in grounds of the jumbo squid *Dosidicus gigas* (Cephalopoda: Ommastrephidae) in Peruvian waters [J]. Fisheries Research, 54 (1): 33 – 50.

Tafur R, Keyl F, Argueeles J, 2010. Reproductive biology of jumbo squid *Dosidicus gigas* in relation to environmental variability of the northern Humboldt Current System [J]. Marine Ecology Progress Series, 400: 127 – 141.

Taipe A, Yamashiro C, Mariategui L, et al. , 2001. Distribution and concentrations of jumbo flying squid (*Dosidicus gigas*) off the Peruvian coast between 1991 and 1999 [J]. Fisheries Research, 54: 21 – 32.

Takasuka A, Oozeki Y, Kubota H, et al. , 2008. Contrasting spawning temperature optima: Why are anchovy and sardine regime shifts synchronous across the North Pacific? [J]. Progress in Oceanography, 77 (2 – 3): 225 – 232.

Tam J, Taylor M H, Blaskovic V, et al. , 2008. Trophic modeling of the Northern Humboldt Current Ecosystem, Part Ⅰ: Comparing trophic linkages under La Niño and El Niño conditions [J]. Progress in Oceanography, 79 (2 – 4): 352 – 365.

Tian S, Chen X, Chen Y, 2009. Evaluating habitat suitability indices derived from CPUE and fishing effort data for *Ommatrephes bratramii* in the northwestern Pacific Ocean [J]. Fisheries Research, 95 (2 – 3): 181 – 188.

Tian Y J, Ueno Y, Suda M, et al. , 2004. Decadal variability in the abundance of Pacific saury and its response to climatic/oceanic regime shifts in the northwestern subtropical Pacific during the last half century [J]. Journal of Marine Systems, 52 (1): 235 – 257.

Tian Y J, Nashida K, Sakaji H, 2013. Synchrony in the abundance trend of spear squid *Loligo bleekeri* in the Japan sea and the Pacific Ocean with special reference to the latitudinal differences in response to the climate regime shift [J]. ICES Journal of Marine Science, 70 (5): 968 – 979.

Tseng C T, Sun C L, Yeh S Z, 2011. Influence of climate – driven sea surface temperature increase on potential habitats of the Pacific saury (*Cololabis saira*)[J]. ICES Journal of Marine Science, 68 (6): 1105 – 1113.

Tu C, Tian Y, Hsieh C, 2015. Effects of climate on temporal variation in the abundance and distribution of the demersal fish assemblage in the Tsushima Warm Current region of the Japan Sea [J]. Fisheries Oceanography, 24 (2): 177 – 189.

Tzeng W N, Tseng Y H, Han Y S, 2012. Evaluation of multi – scale climate effects on annual recruitment levels of the Japanese eel, *Anguilla japonica*, to Taiwan [J]. PLoS One, 7 (2): e30805.

Uchikawa K, Sakai M, Wakabayashi T, et al., 2009. The relationship between paralarval feeding and morphological changes in the proboscis and beaks of the neon flying squid *Ommastrephes bartramii* [J]. Fisheries Science, 75 (2): 317 – 323.

Urbani F, Paola D A, Frasca R, et al., 2015. Maximum entropy modeling of geographic distributions of the flea beetle species endemic in Italy (Coleoptera: Chrysomelidae: Galerucinae: Alticini)[J]. Zoologischer Anzeiger, 258: 99 – 109.

Van der Lee G E, Van der Molen D T, Van den Boogaard H F, 2006. Uncertainty analysis of a spatial habitat suitability model and implications for ecological management of water bodies [J]. Landscape Ecology, 21 (7): 1019 – 1032.

Venablse W N, Dichmont C M, 2004. GLMs, GAMs and GLMs: an overview of theory for applications in fisheries research [J]. Fisheries Research, 70: 319 – 337.

Walther G R, 2010. Community and ecosystem responses to recent climate change [J]. Philosophical Transactions of the Royal Society B: Biological Sciences, 365 (1549): 2019 – 2024.

Waluda C M, Yamashiro C, Elvidge C D, et al., 2004. Quantifying light – fishing for *Dosidicus gigas* in the eastern Pacific using satellite remote sensing [J]. Remote Sensing of Environment, 91 (2): 129 – 133.

Waluda C M, Rodhouse P G, 2006. Remotely sensed mesoscale oceanography of the Central Eastern Pacific and recruitment variability in *Dosidicus gigas* [J]. Marine Ecology Progress Series, 310: 25 – 32.

Waluda C M, Yamashiro C, Rodhouse P G, 2006. Influence of the ENSO cycle on the light – fishery for *Dosidicus gigas* in the Peru Current: an analysis of remotely sensed data [J]. Fisheries Research, 79 (1 – 2): 56 – 63.

Wang C, Deser C, Yu J Y, et al., 2017. El Niño and Southern Oscillation (ENSO): a review. Coral Reefs of the Eastern Tropical Pacific [J]. Springer, Dordrecht, 4: 85 – 106.

Wang M, Du Y, Qiu B, et al., 2019. Dynamics on Seasonal Variability of EKE associated with TIWs in the Eastern Equatorial Pacific Ocean [J]. Journal of Physical Oceanography, 49 (6): 1503 – 1519.

Wang P, Shen Y, Wang C, 2017. An improved habitat model to evaluate the impact of water conservancy projects on Chinese sturgeon (*Acipenser sinensis*) spawning sites in the Yangtze River, China [J]. Ecological Engineering, 104: 165 – 176.

Wang L H, Yang J X, Xu X N, 2015. Analysis of suitable bioclimatic characteristics of *Pseudolarix amabilis* by Using MaxEnt Model [J]. Forestry Science, 51 (1): 127 – 131.

Watanabe H, Kawaguchi K, 2003. Decadal change in the diets of the surface migratory myctophid fish *Myctophum niditulum* in the Kuroshio region of the western North Pacific: Predation on sardine larvae by myctophyds Fish [J]. Fisheries Science, 69: 716 – 721.

Watson R A, Nowara G B, Hartmann K, 2015. Marine foods sourced from farther as their use of global ocean primary production increases [J]. Nature Communications, 6: 7365.

Weelden C V, Towers J R, Bosker T, 2021. Impacts of climate change on cetacean distribution, habitat and migration [J]. Climate Change Ecology, 1: 10009.

Weng H Y, Ashok K, Behera S K, et al., 2007. Impacts of recent El Niño Modoki on dry/wet conditions in the Pacific Rim during boreal summer [J]. Climate Dynamics, 29: 113 – 129.

Wernberg T, Russell B D, Thomsen M S, et al., 2011. Seaweed communities in retreat from ocean warming [J]. Current Biology, 21 (21): 1828 – 1832.

Willett C S, Leben R R, Lavin M F, 2006. Eddies and Tropical Instability Waves in the eastern tropical